21世纪高等学校计算机专业实用规划教材

Linux 服务器运维管理
（第2版）

◎ 杨海艳 韩国新 编著

清华大学出版社
北京

内 容 简 介

本书是《Linux服务器运维管理》的第2版，口碑与影响力俱佳，旨在打造简单易学且实用性强的轻量级Linux入门教材。

本书基于CentOS 7.5系统编写，且内容通用于RHEL 7、Fedora等系统。本书共分为16章，内容涵盖了部署虚拟环境、安装Linux系统；常用的Linux运维命令；与文件读写操作有关的技术；使用Vim编辑器编写Shell命令脚本；配置与应用远程连接服务；用户身份与文件权限的设置；硬盘设备分区、格式化以及挂载等操作；部署RAID磁盘阵列和LVM以及iSCSI存储服务；使用DHCP动态管理主机地址；使用Apache服务部署静态网站；使用BIND提供域名解析服务；使用Postfix与Dovecot部署邮件系统；使用MariaDB数据库管理系统；使用LNMP架构部署动态网站环境等。此外，本书还深入分析了红帽RHCSA、RHCE、RHCA认证，方便读者备考。

本书适合计划系统、全面学习Linux技术的运维人员阅读，具有一定Linux使用经验的用户也可以通过本书来加强自己的Linux知识。

本书封面贴有清华大学出版社防伪标签，无标签者不得销售。
版权所有，侵权必究。举报：010-62782989，beiqinquan@tup.tsinghua.edu.cn。

图书在版编目(CIP)数据

Linux服务器运维管理/杨海艳，韩国新编著. —2版. —北京：清华大学出版社，2020.8(2025.7重印)
21世纪高等学校计算机专业实用规划教材
ISBN 978-7-302-54792-1

Ⅰ. ①L… Ⅱ. ①杨… ②韩… Ⅲ. ①Linux操作系统—高等学校—教材 Ⅳ. ①TP316.85

中国版本图书馆CIP数据核字(2020)第001654号

责任编辑：黄　芝　薛　阳
封面设计：刘　键
责任校对：时翠兰
责任印制：刘海龙

出版发行：清华大学出版社
网　　址：https://www.tup.com.cn，https://www.wqxuetang.com
地　　址：北京清华大学学研大厦A座　　邮　编：100084
社 总 机：010-83470000　　邮　购：010-62786544
投稿与读者服务：010-62776969，c-service@tup.tsinghua.edu.cn
质量反馈：010-62772015，zhiliang@tup.tsinghua.edu.cn
课件下载：https://www.tup.com.cn，010-83470236

印 装 者：小森印刷(天津)有限公司
经　　销：全国新华书店
开　　本：185mm×260mm　　印　张：17.25　　字　数：417千字
版　　次：2017年1月第1版　2020年9月第2版　　印　次：2025年7月第5次印刷
印　　数：4601～5200
定　　价：49.80元

产品编号：083961-01

第 2 版前言

新一轮科技革命和产业变革带动了传统产业的升级改造。党的二十大报告强调"必须坚持科技是第一生产力、人才是第一资源、创新是第一动力,深入实施科教兴国战略、人才强国战略、创新驱动发展战略,开辟发展新领域新赛道,不断塑造发展新动能新优势"。建设高质量高等教育体系是摆在高等教育面前的重大历史使命和政治责任。高等教育要坚持国家战略引领,聚焦重大需求布局,推进新工科、新医科、新农科、新文科建设,加快培养紧缺型人才。

本书编者长期从事 IT 运维技术与 IT 运维教学工作,2003 年开始接触 Linux 系统并开始学习运维技术,2014 年 4 月考取了红帽工程师 RHCE 证书,并在 2017 年编著出版了《Linux 服务器运维管理》一书。近几年,逐渐兴起的云计算与大数据技术基本都架构在 Linux 系统的基础上,Linux 服务器的运维与管理是 IT 运维人员需要掌握的基本技能。

另外,《虚拟化与云计算系统运维管理-微课版》(ISBN:9787302480532)已于 2017 年 8 月由清华大学出版社出版。

尽管在编写这类图书方面做了一些工作,编者依然深知自己水平有限且技术一般,若不是得益于良师益友的无私帮助,肯定不能如此顺利地取得上述成绩。抱着"Share your ideas and experiments with the world"的座右铭,我坚定了编写本书的信念。此刻,我正是怀揣着一颗忐忑的心,尽自己最大的努力把有用的知识分享给读者,希望你们能够少走一些弯路,更快地入门 Linux 系统。

本书基于 Linux 系统 CentOS 7.5 编写而成,书中内容及实验完全适用于 RHEL、Fedora 等系统。而且配套软件及资料完全免费,课程面向 Linux 新手。本书会从零基础带领读者入门 Linux 系统,然后渐进式地提高内容难度,使其匹配生产环境对运维人员的要求。

本书的载体虽然是 CentOS,但主要内容还是专门针对 RHCSA 和 RHCE 的认证考试,所以读者可通过本书了解到两门考试的区别,从而有针对性地学习和准备考试。

RHCSA 和 RHCE 是两个不同的考试,有各自的侧重点,然而二者之间也有重叠之处。Red Hat 提供了多种认证,而 RHCSA 和 RHCE 是这些认证的基础,也就是说,必须先通过 RHCSA 和 RHCE,Red Hat 才允许参加其他认证考试。有志于在 Linux 领域一展身手的读者,如果还没有参加过 Red Hat 认证考试,可以考虑参加 RHCSA 或 RHCE 中的一项或两项。本书能够为备考助力。

最后想说的是,写作本书的初心在于感恩,感恩我的家人,感恩我的老师,感恩我的同事,感恩我的读者,我要为读者提供一本好的教材,提供一系列远低于高价培训机构的甚至免费开源的图书、视频、资源,为中国的开源事业做一点点自己的贡献。

本书配套微课视频,读者可先扫一扫封底刮刮卡二维码获得权限,再扫一扫正文中的二维码即可观看微课视频。本书还提供教学课件、源码等教学资源,可从出版社官网下载。

编著者:杨海艳

2020 年 5 月

第1版前言

抱着对开源软件的无限热爱,以及对学习过的著作的作者的无限崇敬,很久以来一直想写一本关于 Linux 的书,以期望帮助更多的 Linux 爱好者。从我个人学习的过程中,我发现,一种新的技术、一个新的专业领域,最重要的莫过于入门,一旦入了门那么您在学习上就会有质的飞跃。当然想要在某个专业领域有发言权,还需要时间和经验的积累。如果您翻开了本书,就说明您对 Linux 是非常感兴趣的,或者由于某种原因您必须要去学习它,那么我们将成为志同道合的朋友,我们将一起成就 Linux 的梦。

任何学习的过程都是枯燥无味的,我相信没有谁会喜欢枯燥的学习,如果某人告诉我,他很喜欢学习,那么我一定觉得不可思议。不过静下心来细想,他喜欢的是学习的结果带给他的成功机会,是学习的结果带给他的成就感。之所以有人会说喜欢学习,是因为这种机会与成就感带来的喜悦远大于学习的过程带给他的痛苦。学习 Linux 的过程也是痛苦的,但等您学成之后,它带给您的喜悦是巨大的,一旦您学成 Linux 高手,那么它带给您的将是巨大的成就感与丰厚的回报。

为了减轻大家学习 Linux 系统过程中的痛苦,为了带给大家学习过程中的成就感,本书完全采用项目任务化的模式,每个项目都有明确的项目目标,每个任务都有明确的任务目标,您只要跟着本书完成这些目标明确的任务即可。有些项目来源于实际的工程项目,您也可以原封不动地直接将这些内容应用于企业生产。

另外需要特别指出的是,本书中的很多内容都参考了《鸟哥的 Linux 私房菜》,羽飞、马哥等的视频讲座,以及互联网上的诸多论坛中的帖子,因为当年我就是看着这些书以及收看互联网上大牛的视频讲座入门的,所以非常感谢鸟哥、羽飞、马哥等这些 Linux 前辈的付出。

在编著本书的过程中,冯理明、王月梅等同志给出了非常宝贵的建议,在此非常感谢他们的帮助,还要感谢和我一起奋斗的小伙伴,特别是周成控、张卓维等,他们完成了全书的项目验证工作。

编著者:杨海艳

2016 年 8 月

目　　录

第 1 章　认识 Linux 操作系统 ··· 1
　1.1　自由与开源 ··· 1
　　1.1.1　开源软件最重要的特性 ··· 1
　　1.1.2　开源许可协议 ·· 1
　1.2　Linux 系统的发展与优势 ·· 2
　1.3　常见 Linux 系统版本 ·· 4
　1.4　Linux 的内核版本 ·· 6
　1.5　红帽的认证体系 ·· 6
　习题 ··· 10

第 2 章　Linux 系统的安装与初始化 ·· 11
　2.1　部署虚拟环境 ·· 11
　2.2　安装 CentOS 系统 ··· 19
　2.3　重置 ROOT 管理员密码 ··· 29
　2.4　RPM 管理器 ··· 31
　2.5　systemd 初始化进程 ··· 32
　习题 ··· 33

第 3 章　Linux 系统运维基本命令 ·· 34
　3.1　初识 Shell ··· 34
　3.2　执行查看帮助命令 ·· 35
　3.3　文件管理命令 ·· 37
　　3.3.1　创建文件或修改文件时间 touch 命令 ····················· 37
　　3.3.2　复制文件 cp 命令与移动文件 mv 命令 ··················· 38
　　3.3.3　删除文件 rm 命令 ··· 38
　　3.3.4　查看文件 cat、less、tail、more 命令 ······················ 39
　　3.3.5　文件或目录查找 find、locate 命令 ·························· 40
　　3.3.6　过滤文本 grep 命令 ·· 41
　　3.3.7　比较文件差异 diff 命令 ··· 42
　　3.3.8　在文件或目录之间创建链接 ln 命令 ······················· 42

- 3.3.9 显示文件类型 file 命令 ………………………………………………… 42
- 3.3.10 分割文件 split 命令 …………………………………………………… 43
- 3.3.11 文本操作 awk 和 sed 命令 ……………………………………………… 43
- 3.4 目录管理命令 ……………………………………………………………………… 44
  - 3.4.1 显示当前工作目录 pwd 命令 …………………………………………… 44
  - 3.4.2 建立目录 mkdir 命令 …………………………………………………… 45
  - 3.4.3 删除目录 rmdir 命令 …………………………………………………… 45
  - 3.4.4 查看目录树 tree 命令 …………………………………………………… 45
  - 3.4.5 打包或解包文件 tar 命令 ……………………………………………… 45
  - 3.4.6 压缩或解压缩文件和目录 zip/unzip 命令 …………………………… 46
  - 3.4.7 压缩或解压缩文件和目录 gzip/gunzip 命令 ………………………… 46
  - 3.4.8 压缩或解压缩文件和目录 bzip2/bunzip2 命令 ……………………… 47
- 3.5 系统管理命令 ……………………………………………………………………… 48
  - 3.5.1 查看命令帮助 man 命令 ………………………………………………… 48
  - 3.5.2 查看历史记录 history 命令 …………………………………………… 48
  - 3.5.3 显示或修改系统时间与日期 date 命令 ……………………………… 48
  - 3.5.4 清除屏幕 clear 命令 …………………………………………………… 49
  - 3.5.5 查看系统负载 uptime 命令 …………………………………………… 49
  - 3.5.6 显示系统内存状态 free 命令 ………………………………………… 49
  - 3.5.7 转换或复制文件 dd 命令 ……………………………………………… 50
  - 3.5.8 查看网卡状态 ifconfig 命令 ………………………………………… 50
- 3.6 任务管理命令 ……………………………………………………………………… 51
  - 3.6.1 单次任务 at …………………………………………………………… 51
  - 3.6.2 周期任务 crond ………………………………………………………… 52
- 3.7 管道符、重定向与环境变量 …………………………………………………… 53
  - 3.7.1 输入输出重定向 ………………………………………………………… 53
  - 3.7.2 管道命令符 ……………………………………………………………… 55
  - 3.7.3 命令行的通配符 ………………………………………………………… 57
  - 3.7.4 常用的转义字符 ………………………………………………………… 57
  - 3.7.5 重要的环境变量 ………………………………………………………… 58
- 习题 …………………………………………………………………………………… 60

第 4 章 Vim 编辑器与 Shell 脚本 ……………………………………………………… 63

- 4.1 Vim 文本编辑器 …………………………………………………………………… 63
  - 4.1.1 编写简单文档 …………………………………………………………… 65
  - 4.1.2 配置主机名称 …………………………………………………………… 65
  - 4.1.3 配置 IP 地址 …………………………………………………………… 65
  - 4.1.4 配置 YUM 软件仓库 …………………………………………………… 66
- 4.2 编写 Shell 脚本 …………………………………………………………………… 68

    4.2.1 编写简单的 Shell 脚本 68
    4.2.2 接收用户的参数 69
    4.2.3 判断用户的参数 69
  4.3 流程控制语句 72
    4.3.1 if 条件测试语句 72
    4.3.2 for 条件循环语句 74
    4.3.3 while 条件循环语句 77
    4.3.4 case 条件测试语句 78
  4.4 计划任务服务程序 79
  习题 81

第 5 章 配置与应用远程服务 83

  5.1 配置网络服务 83
    5.1.1 配置网卡 IP 地址 83
    5.1.2 配置网卡负载均衡 86
  5.2 配置远程服务 89
    5.2.1 配置 Telnet 服务 89
    5.2.2 配置 sshd 服务 93
    5.2.3 安全密钥验证 95
    5.2.4 配置 VNC 图形界面服务 96
  5.3 远程文件传输 99
  习题 100

第 6 章 管理用户与用户组 102

  6.1 系统中的用户 103
  6.2 用户密码 104
  6.3 系统中的用户组 105
  6.4 用户组密码 106
  6.5 用户与用户组常用命令 106
  习题 109

第 7 章 管理文件权限 111

  7.1 文件的一般权限 111
  7.2 文件权限常用命令 113
  7.3 文件默认权限 umask 115
  7.4 文件的特殊权限 116
  7.5 文件的隐藏属性 119
  7.6 文件访问控制列表 121
  7.7 用户切换与提权操作 122
  习题 126

第 8 章　管理磁盘存储与分区 127

- 8.1　Linux 系统的文件结构 127
- 8.2　物理设备管理 128
- 8.3　文件资料存储 130
- 8.4　挂载与卸载硬件 132
- 8.5　硬盘分区管理 134
- 8.6　磁盘容量配额限制 140
- 习题 142

第 9 章　管理 RAID 与 LVM 磁盘阵列 144

- 9.1　磁盘阵列 RAID 技术 144
- 9.2　磁盘阵列 RAID 的部署与修复 146
- 9.3　磁盘的逻辑卷组 LVM 150
- 9.4　软硬方式链接 157
- 习题 158

第 10 章　配置网络存储 iSCSI 服务 159

- 10.1　iSCSI 技术概述 159
- 10.2　创建 RAID 磁盘阵列 160
- 10.3　iSCSI 服务器搭建 161
- 10.4　Linux 客户端配置 165
- 10.5　Windows 客户端配置 167
- 习题 173

第 11 章　配置与应用 DHCP 服务 174

- 11.1　DHCP 服务器工作原理 174
- 11.2　解读 DHCP 配置文件 176
- 11.3　架设企业 DHCP 服务器 178
- 11.4　配置 DHCP 保留地址 180
- 习题 182

第 12 章　配置与应用 Web 服务 183

- 12.1　发布默认网站 183
- 12.2　发布个人网站 185
- 12.3　配置网站安全机制 SELinux 187
- 12.4　搭建开放式与认证式个人网站 189
- 12.5　虚拟主机配置案例 193
  - 12.5.1　基于多 IP 的虚拟主机 193

		12.5.2 基于多域名的虚拟主机	195
		12.5.3 基于多端口的虚拟主机	198
	12.6	配置访问控制规则	200
	习题		202

第 13 章　使用 BIND 提供 DNS 域名解析服务 · 204

	13.1	DNS 域名解析服务	204
	13.2	配置主 DNS 服务器	207
		13.2.1 配置正向解析区域	209
		13.2.2 配置反向解析区域	210
	13.3	配置从 DNS 服务器	212
	习题		214

第 14 章　使用 Postfix 与 Dovecot 部署邮件系统 · 216

	14.1	电子邮件工作原理	216
	14.2	部署基础的电子邮件系统	219
		14.2.1 配置 Postfix 电子邮件服务器	220
		14.2.2 配置 Dovecot 服务	222
		14.2.3 配置电子邮件客户端	224
	14.3	设置邮件监控	228
	习题		230

第 15 章　配置网络数据库 MariaDB 服务 · 232

	15.1	MariaDB 的基本配置	232
	15.2	账户的授权与移除	235
	15.3	操作 MariaDB 数据库表	237
	15.4	数据库的备份及恢复	241
	习题		242

第 16 章　安装与配置 LNMP 服务器 · 243

	16.1	编译安装源码包软件	243
	16.2	架设 LNMP 动态网站	245
		16.2.1 配置 MySQL 服务	246
		16.2.2 配置 Nginx 服务	249
		16.2.3 配置 PHP 服务	253
	16.3	搭建 Discuz!论坛	257
	习题		262

参考文献 · 263

第 1 章　认识 Linux 操作系统

近年来，Linux 操作系统受到人们越来越多的关注，对于想去从事 Linux 方面的工作的读者，最受关注的问题莫过于这个行业到底怎么样，能不能挣钱？我以后能做什么？正因为有此疑问，所以有必要先学习本章。本章的主要目的是了解 Linux 系统的基本知识，包括 Linux 系统的特性、发行版本，Linux 系统的发展、优势、前景，Linux 的内核版本以及红帽的认证体系。

1.1　自由与开源

斯托曼发起的"自由软件运动"是信息资本主义时代"赛博空间"里的空想社会主义，其纲领性文献《GNU 宣言》主张：软件应该像空气一样供人自由呼吸，软件版权对社会有害无益。为此，软件的源代码应该共享，软件应该免费，尤其是操作系统软件不应该成为"私有软件"。

简单来说，开源软件的特点是把软件程序与源代码文件一起打包后，提供给用户，让用户在不受限制地使用某个软件功能的基础上还可以按需进行修改，或编制成衍生产品再发布出去。用户具有使用自由、修改自由、重新发布自由以及创建衍生品的自由。这也正好符合了黑客和极客对自由的追求。

1.1.1　开源软件最重要的特性

（1）低风险：使用闭源软件无疑意味着把命运交付给他人，一旦封闭的源代码没有人来维护，用户将进退维谷；而且相较于商业软件公司，开源社区很少存在倒闭的问题。

（2）高品质：相比于闭源软件产品，开源项目通常是由开源社区来研发和维护的；参与编写、维护、测试的用户量众多，一般 bug 还没有等爆发就已经被修补了。

（3）低成本：开源工作者都是在幕后默默且无偿地付出劳动成果，为美好的世界贡献一分力量。因此，使用开源社区推动的软件项目可以节省大量的人力、物力和财力。

（4）更透明：没有人会把木马、后门等放到开放的源代码中，这无异于把自己的罪行暴露在阳光之下。

1.1.2　开源许可协议

如果开源软件为了单纯追求"自由"而牺牲程序员的利益，将会影响程序员的创造激情。因此，世界上现在有六十多种被开源促进组织（Open Source Initiative）认可的开源许可协议来保证开源工作者的权益。对于那些只知道一味抄袭、篡改、破解或者盗版他人作品的不法之徒，终归会受到法律的制裁。对于准备编写一款开源软件的开发人员，建议先了解一下当前最热门的开源许可协议,选择一个合适的开源许可协议来最大限度地保护自己的软件权益。

(1) GNU 通用公共许可证(GNU General Public License,GNU GPL):只要软件中包含遵循 GPL 协议的产品或代码,该软件就必须也遵循 GPL 许可协议且开源、免费。因此,这个协议并不适合商用软件。遵循该协议的开源软件数量极其庞大,包括 Linux 系统在内的大多数的开源软件都是基于这个协议的。GPL 开源许可协议最大的 4 个特点如下所述。

① 复制自由:允许把软件复制到任何人的计算机中,并且不限制复制的数量。
② 传播自由:允许软件以各种形式进行传播。
③ 收费传播:允许在各种媒介上出售该软件,但必须提前让买家知道这个软件是可以免费获得的;因此,一般来讲,开源软件都是通过为用户提供有偿服务的形式来盈利的。
④ 修改自由:允许开发人员增加或删除软件的功能,但软件修改后必须仍基于 GPL 许可协议授权。

(2) 伯克利软件发布版(Berkeley Software Distribution,BSD)许可协议:用户可以使用、修改和重新发布遵循该许可的软件,并且可以将软件作为商业软件发布和销售,前提是需要满足下面 3 个条件。

① 如果再发布的软件中包含源代码,则源代码必须继续遵循 BSD 许可协议。
② 如果再发布的软件中只有二进制程序,则需要在相关文档或版权文件中声明原始代码遵循了 BSD 协议。
③ 不允许用原始软件的名字、作者名字或机构名称进行市场推广。

(3) Apache 许可证版本(Apache License Version)许可协议:在为开发人员提供版权及专利许可的同时,允许用户拥有修改代码及再发布的自由。该许可协议适用于商业软件,现在热门的 Hadoop、Apache HTTP Server、MongoDB 等项目都是基于该许可协议研发的,程序开发人员在开发遵循该协议的软件时,要严格遵守下面 4 个条件。

① 该软件及其衍生品必须继续使用 Apache 许可协议。
② 如果修改了程序源代码,需要在文档中进行声明。
③ 若软件是基于他人的源代码编写而成的,则需要保留原始代码的协议、商标、专利声明及其他原作者声明的内容信息。
④ 如果再发布的软件中有声明文件,则需在此文件中标注 Apache 许可协议及其他许可协议。

(4) Mozilla 公共许可(Mozilla Public License,MPL)许可协议:相较于 GPL 许可协议,MPL 更加注重对开发者的源代码需求和收益之间的平衡。

(5) MIT(Massachusetts Institute of Technology)许可协议:目前限制最少的开源许可协议之一,只要程序的开发者在修改后的源代码中保留原作者的许可信息即可,因此普遍被商业软件所使用。

1.2 Linux 系统的发展与优势

早在 20 世纪 70 年代,UNIX 系统是开源而且免费的。但是在 1979 年时,AT&T 公司宣布了对 UNIX 系统的商业化计划,随之开源软件业转变成了版权式软件产业,源代码被当作商业机密，成为专利产品，人们再也不能自由地享受科技成果。

于是在 1984 年，Richard Stallman 面对如此封闭的软件创作环境，发起了 GNU 源代码开放计划并制定了著名的 GPL 许可协议。1987 年，GNU 计划获得了一项重大突破——gcc 编译器发布，这使得程序员可以基于该编译器编写出属于自己的开源软件。

"Hello everybody out there using minix—I'm doing a (free) operating system."

1991 年 8 月，网络上出现了一篇以此为开篇话语的帖子，这是芬兰赫尔辛基大学的在校生 Linus Torvalds 编写了一款名为 Linux 的操作系统。该系统因其较高的代码质量且基于 GNU GPL 许可协议的开放源代码特性，迅速得到了 GNU 计划和一大批黑客程序员的支持。随后，Linux 系统便进入了如火如荼的发展阶段。

1992 年，已经有大约一千人在使用 Linux。这些使用者都是真正意义上的黑客——那些热衷于技术的高手。

1993 年，一百余名程序员在互联网上参与了 Linux 内核的编写和修改工作，其中核心组由 5 人组成，这时 Linux 的用户大约有十万人。

1994 年，Linux 1.0 发布，当时是按照完全自由免费的协议发布，随后正式采用 GPL 自由软件协议。至此，Linux 的代码开发进入良性循环。很多人开始尝试 Linux，并将修改的内容提交给核心小组。由于拥有了丰富的操作系统平台，Linux 的代码中也提供了对不同硬件系统的支持，大大提高了跨平台移植性。

1994 年 1 月，Bob Young 在 Linux 系统内核的基础之上，集成了众多的源代码和程序软件，发布了红帽系统并开始出售技术服务，这进一步推动了 Linux 系统的普及。1998 年以后，随着 GNU 源代码开放计划和 Linux 系统的继续火热，以 IBM 和 Intel 为首的多家 IT 企业巨头开始大力推动开放源代码软件的发展。

2002 年是 Linux 企业化的一年。2 月，微软公司迫于各州政府的压力，宣布扩大公开代码行动，这是 Linux 开源带来的深刻影响的结果。3 月，内核开发者宣布新的 Linux 系统支持 64 位的计算机。

2003 年 1 月，NEC 宣布将在其手机中使用 Linux 操作系统，代表着 Linux 成功进军手机领域。5 月，SCO 表示就 Linux 使用的涉嫌未授权代码等问题对 IBM 进行起诉，此时人们才留意到，原本由 SCO 垄断的银行、金融等领域，份额已经被 Linux 抢占了不少，也难怪 SCO 如此气急败坏了。9 月，中科红旗发布 Red Flag Server 4 版本，性能改进较多。11 月，IBM 注资 Novell 以 2.1 亿美元收购 SuSE，同期 Red Hat 计划停止免费的 Linux，顿时业内骂声四起。Linux 在商业化的路上渐行渐远。

2004 年 3 月，SGI 宣布成功实现了 Linux 操作系统支持 256 个 Itanium 2 处理器。4 月，美国斯坦福大学 Linux 大型计算机系统被黑客攻陷，再次证明了没有绝对安全的操作系统。6 月的统计报告显示，在世界 500 强超级计算机系统中，使用 Linux 操作系统的已经占到了 280 席，抢占了原本属于各种 UNIX 的份额。9 月，HP 开始网罗 Linux 内核代码人员，以便影响 Linux 系统新版本的内核发展方向，使其朝着对 HP 有利的方向发展，而 IBM 则准备推出 OpenPower 服务器，仅运行 Linux 系统。

到了 2017 年年底，Linux 内核已经发展到了 4.13 版本，并且 Linux 系统版本也有数百个之多，但它们依然都使用 Linus Torvalds 开发、维护的 Linux 系统内核。Red Hat 公司也成为开源行业及 Linux 系统的带头公司。

Linux 系统的应用越来越多，越来越广泛，不仅在于其开源与免费的特点，关键在于 Linux 系统是一款优秀的软件产品，具有类似 UNIX 的程序界面，而且继承了 UNIX 的稳定性，能够较好地满足工作需求。

绝大多数读者应该都是从微软的 Windows 系统开始了解计算机和网络的，因此肯定会有这样的想法："Windows 系统很好用，而且也足以满足日常工作需求"。客观来讲，Windows 系统确实很优秀，但是在安全性、高可用性与性能方面却难以让人满意。Windows 的蓝屏问题相信很多 Windows 用户都遇到过，越来越多的专业运维人员将会选择能够长期稳定运行的、能够处理大数据集群系统的、能够协同工作的 Linux 系统。

具体来说，Linux 系统具有以下优势：稳定且有效率，免费或少许费用，漏洞少且修补快速，多任务多用户，更加安全的用户及文件权限策略，适合小内核程序的嵌入系统，相对消耗资源少等。

1.3　常见 Linux 系统版本

在介绍常见的 Linux 系统版本之前，首先需要区分 Linux 系统内核与 Linux 发行套件系统的不同。本书以"Linux 系统"来替代"Linux 发行套件系统"这个词。

Linux 系统内核指的是一个由 Linus Torvalds 负责维护，提供硬件抽象层、硬盘及文件系统控制及多任务功能的系统核心程序。

Linux 发行套件系统即人们常说的 Linux 操作系统，也即 Linux 内核与各种常用软件的集合产品。

由于众多发行版百花齐放，Linux 的阵营日益壮大，全球大约有数百款 Linux 系统版本，每一款发行版都拥有一大批用户，开发者自愿为相关项目投入精力。Linux 发行版可谓是形形色色，它们旨在满足每一种能想得到的需求。

Linux 的发行版本大体可以分为两类，一类是商业公司维护的发行版本，一类是社区组织维护的发行版本。前者以著名的 Red Hat(RHEL)为代表，后者以 Debian 为代表。下面介绍一下各个发行版本的特点。

红帽企业版 Linux(Red Hat Enterprise Linux，RHEL)：红帽公司是全球最大的开源技术厂商，RHEL 是全世界内使用最广泛的 Linux 系统。RHEL 系统具有极强的性能与稳定性，并且在全球范围内拥有完善的技术支持。RHEL 系统也是红帽认证以及众多生产环境中使用的系统。

社区企业操作系统（Community Enterprise Operating System，CentOS）：通过把 RHEL 系统重新编译并发布给用户免费使用的 Linux 系统，具有广泛的使用人群。CentOS 当前已被红帽公司"收编"，也是本书使用的系统。

CentOS 系统与 RHEL 系统的本质关系为：CentOS 系统是通过把 RHEL 系统释放出的程序源代码经过二次编译之后生成的一种 Linux 系统，其命令操作和服务配置方法与 RHEL 完全相同，但是去掉了很多收费的服务套件功能，不提供任何形式的技术支持，出现问题后只能由运维人员自己解决。但是在 2014 年年初，CentOS 系统被红帽公司"收编"，无论是 CentOS 还是 RHEL，根据 GNU GPL 许可协议，都可以免费使用，甚至是修改其代码创建衍生产品。其开源性和自由程度没有任何差异。

Fedora：由红帽公司发布的桌面版系统套件(目前已经不限于桌面版)。用户可免费体验到最新的技术或工具，这些技术或工具在成熟后会被加入 RHEL 系统中，因此 Fedora 也称为 RHEL 系统的"实验田"。运维人员如果想时刻保持自己的技术领先，就应该多关注此类 Linux 系统的发展变化及新特性，不断改变自己的学习方向。

Debian，或者称 Debian 系列，包括 Debian 和 Ubuntu 等。Debian 是社区类 Linux 的典范，是迄今为止最遵循 GNU 规范的 Linux 系统。Debian 最早由 Ian Murdock 于 1993 年创建，分为三个版本分支：stable，testing 和 unstable。其中，unstable 为最新的测试版本，其中包括最新的软件包，但是也有相对较多的 bug，适合桌面用户。testing 的版本都经过 unstable 中的测试，相对较为稳定，也支持了不少新技术(例如 SMP 等)。而 stable 一般只用于服务器，上面的软件包大部分都比较过时，但是稳定性和安全性都非常高。Debian 最具特色的是 ATP(apt-get)与 dpkg 包管理方式，其实 Red Hat 的 YUM 也是在模仿 Debian 的 APT 方式，但在二进制文件发行方式中，APT 应该是最好的。Debian 的资料也很丰富，有很多支持的社区，有问题求教也有地方可去。

Ubuntu 严格来说不能算一个独立的发行版本，它是基于 Debian 的 Unstable 版本加强而来的，可以这么说，Ubuntu 就是一个拥有 Debian 所有的优点，以及自己所加强的优点的近乎完美的 Linux 桌面系统。根据选择的桌面系统不同，Ubuntu 有三个版本可供选择：基于 Gnome 的 Ubuntu，基于 KDE 的 Kubuntu，以及基于 Xfc 的 Xubuntu。它们都各具特点，界面都非常友好，容易上手，对硬件的支持非常全面，是最适合作桌面系统的 Linux 发行版本。

Gentoo：伟大的 Gentoo 是 Linux 世界中最年轻的发行版本，正因为年轻，所以能吸取在它之前的所有发行版本的优点，这也是 Gentoo 被称为最完美的 Linux 发行版本的原因之一。Gentoo 最初由 Daniel Robbins(FreeBSD 的开发者之一)创建，首个稳定版本发布于 2002 年。由于开发者对 FreeBSD 的熟识，所以 Gentoo 拥有媲美 FreeBSD 的广受美誉的 Portage 包管理系统。不同于 APT 和 YUM 等二进制文件分发的包管理系统，Portage 是基于源代码分发的，必须编译后才能运行，对于大型软件而言比较慢，不过正因为所有软件都是在本地机器编译的，在经过各种定制的编译参数优化后，能将机器的硬件性能发挥到极致。Gentoo 是所有 Linux 发行版本里安装最复杂的，但又是安装完成后最便于管理的版本，也是在相同硬件环境下运行最快的版本。

需要强调的是，FreeBSD 并不是一个 Linux 系统！但 FreeBSD 与 Linux 的用户群有相当一部分是重合的，二者支持的硬件环境也比较一致，所采用的软件也比较类似，所以可以将 FreeBSD 视为一个 Linux 版本来比较。FreeBSD 拥有两个分支版本：stable 和 current。顾名思义，stable 是稳定版，而 current 则是添加了新技术的测试版。FreeBSD 采用 Ports 包管理系统，与 Gentoo 类似，基于源代码分发，必须在本地机器编译后才能运行，但是 Ports 系统没有 Portage 系统使用简便，使用起来稍微复杂一些。FreeBSD 的最大特点就是稳定和高效，是作为服务器操作系统的最佳选择，但对硬件的支持没有 Linux 完备，所以并不适合作为桌面系统。下面给为选择一个 Linux 发行版本犯愁的读者提供一些建议。

如果只是需要一个桌面系统，而且既不想使用盗版，又不想花大量的钱购买商业软件，那么就需要一款适合桌面使用的 Linux 发行版本。如果不想自己定制任何东西，不想在系统上浪费太多时间,那么很简单,就根据自己的爱好在 Ubuntu、Kubuntu 以及 Xubuntu 中选一款,三者的区别仅仅是桌面程序的不一样。

如果需要一个桌面系统,而且还想非常灵活地定制自己的 Linux 系统,想让自己的机器跑得更快,不介意在 Linux 系统安装方面浪费一点儿时间,那么唯一选择就是 Gentoo,尽情享受 Gentoo 带来的自由快感吧!

如果需要的是一个服务器系统,而且你已经非常厌烦各种 Linux 的配置,只是想要一个比较稳定的服务器系统而已,那么最好的选择就是 CentOS 了,安装完成后,经过简单的配置就能提供非常稳定的服务了。本书后面所有的操作都采用 CentOS 6.5 版本。

如果需要的是一个坚如磐石的非常稳定的服务器系统,那么唯一选择就是 FreeBSD。

如果需要一个稳定的服务器系统,而且想深入摸索一下 Linux 各个方面的知识,想自己定制许多内容,那么推荐使用 Gentoo。

几个比较经典的 Linux 发行版本的下载地址如下。

Debian ISO 映像文件地址:http://www.debian.org/distrib/。

Gentoo 镜像文件地址:http://www.gentoo.org/main/en/where.xml。

Ubuntu ISO 映像文件地址:http://www.ubuntu.com/download。

Damn Vulnerable Linux,DVL_1.5_Infectious_Disease ISO 映像文件地址:http://osdn.jp/projects/sfnet_virtualhacking/downloads/os/dvl/DVL_1.5_Infectious_Disease.iso/。

红帽企业级 Linux 测试版 DVD ISO 映像文件地址:https://idp.RedHat.com/idp/。

CentOS 6.4 DVD ISO 映像文件地址:http://wiki.CentOS.org/Download。

Fedora 18(Sphyangboshial Cow)DVD ISO 映像文件:http://fedoraproject.org/en/get-fedora。

OpenSuse 12.3 DVD ISO 映像文件:http://software.opensuse.org/123/en。

Arch Linux ISO 映像文件:https://www.archlinux.org/download/。

1.4 Linux 的内核版本

Linux 内核由 C 语言编写,符合 POSIX 标准。但是 Linux 内核并不能称为操作系统,内核只提供基本的设备驱动、文件管理、资源管理等功能,是 Linux 操作系统的核心组件。Linux 内核可以被广泛移植,而且还对多种硬件都适用。

Linux 内核版本有稳定版和开发版两种。Linux 内核版本号一般由 3 组数字组成,比如 2.6.18 内核版本:第 1 组数字 2 表示目前发布的内核主版本;第 2 组数字 6 表示稳定版本,如为奇数则表示开发中版本;第 3 组数字 18 表示修改的次数。

前两组数字用于描述内核系列,用户可以通过 Linux 提供的系统命令查看当前使用的内核版本。

1.5 红帽的认证体系

红帽公司成立于 1993 年,是全球首家收入超 10 亿美元的开源公司,总部位于美国,分支机构遍布全球。红帽公司作为全球领先的开源和 Linux 系统提供商,其产品已被业界广泛认可并使用,尤其是 RHEL 系统在业内拥有超高的 Linux 系统市场占有率。红帽公司除了提供操作系统之外,还提供了虚拟化、中间件、应用程序、管理和面向服务架构的解决方案。

红帽认证是由红帽公司推出的 Linux 认证,该认证被认为是 Linux 行业乃至整个 IT 领域价值最高的认证之一。红帽认证考试全部采用上机形式,在考查学生基础理论能力的同时还考查了实践动手操作以及排错能力。红帽公司针对红帽认证制定了完善的专业评估与认证标准,其认证主要包括红帽认证系统管理员(RHCSA)、红帽认证工程师(RHCE)与红帽认证架构师(RHCA)。红帽认证进阶等级如图 1-1 所示。

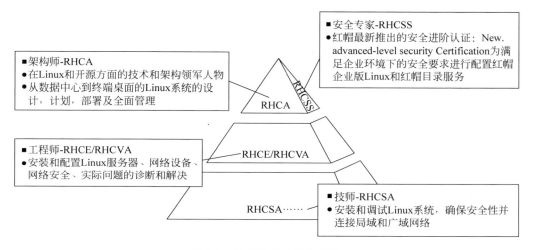

图 1-1　红帽认证进阶等级图

2014 年 6 月 10 日,红帽公司在发布新版红帽企业版系统(RHEL 7)的当天即在红帽英文官网更新了其对 RHCSA 与 RHCE 培训政策的调整,考生只有先通过红帽 RHCSA 认证后才能考取红帽 RHCE 认证。

红帽认证系统管理员(Red Hat Certified System Administrator,RHCSA)属于 Linux 系统的初级认证,比较适合 Linux 爱好者。该认证要求考生对 Linux 系统有一定的了解,并且能够熟练使用 Linux 命令来完成一些任务:①管理文件、目录、文档以及命令行环境;②使用分区、LVM 逻辑卷管理本地存储;③安装、更新、维护、配置系统与核心服务;④熟练创建、修改、删除用户与用户组,并使用 LDAP 进行集中目录身份认证;⑤熟练配置防火墙以及 SELinux 来保障系统安全。

红帽认证管理员(RHCSA)证书示例如图 1-2 所示。

红帽认证工程师(Red Hat Certified Engineer,RHCE)属于 Linux 系统的中级水平认证,难度相对 RHCSA 认证来讲更大,而且要求考生必须已获得 RHCSA 认证。该认证适合有基础的 Linux 运维管理员,主要考查对服务的管理与配置能力有:熟练配置防火墙规则链与 SELinux 安全上下文;配置 iSCSI(互联网小型计算机系统接口)服务;编写 Shell 脚本批量创建用户,自动完成系统的维护任务;配置 HTTP/HTTPS 网络服务;配置 FTP 服务;配置 NFS 服务;配置 SMB 服务;配置 SMTP 服务;配置 SSH 服务;配置 NTP 服务。

红帽认证工程师(RHCE)证书示例如图 1-3 所示。

图 1-2　红帽认证管理员（RHCSA）证书示例

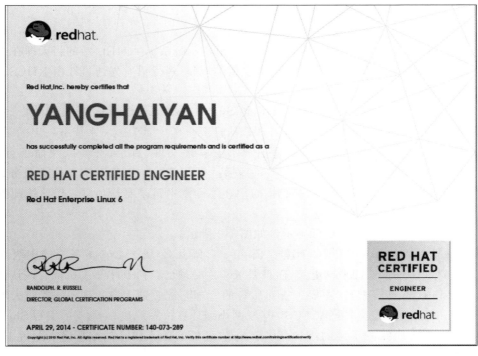

图 1-3　红帽认证工程师（RHCE）证书示例

红帽认证架构师(Red Hat Certified Architect,RHCA)属于 Linux 系统的最高级别认证,是公认的 Linux 操作系统顶级认证,目前中国仅有不到 1000 人(2018 年 7 月更新数据)持有该认证。考生需要在获得 RHCSA 与 RHCE 认证后再完成 5 门课程的考试才能获得 RHCA 认证,因此难度最大,备考时间最长,费用也最高(考试费 1.8~2.1 万元人民币)。该认证考查的是考生对红帽卫星服务、红帽系统集群、红帽虚拟化、系统性能调优以及红帽云系统的安装搭建与维护能力。

红帽认证架构师(RHCA)证书示例如图 1-4 所示。

图 1-4　红帽认证架构师(RHCA)证书示例

红帽 RHEL 7 版本的 RHCA 认证需要完成至少 5 门考试(2017 年新版的考试课程),如表 1-1 所示。这 5 门考试的时间不同,但均为 210 分合格(70%)。而且红帽公司非常注重 RHCA 架构师认证的实用性,所以课程总是在随行业趋势而不断调整。

表 1-1　红帽 RHEL 7 版本的 RHCA 认证考试列表

考 试 代 码	认 证 名 称
EX210	红帽 OpenStack 认证系统管理员考试
EX220	红帽混合云管理专业技能证书考试
EX236	红帽混合云存储专业技能证书考试
EX248	红帽认证 JBoss 管理员考试
EX280	红帽平台即服务专业技能证书考试
EX318	红帽认证虚拟化管理员考试
EX401	红帽部署和系统管理专业技能证书考试
EX413	红帽服务器固化专业技能证书考试
EX436	红帽集群和存储管理专业技能证书考试
EX442	红帽性能调优专业技能证书考试

习 题

一、选择题

1. Linux 和 UNIX 的关系是（　　）。
   A. 没有关系
   B. UNIX 是一种类 Linux 的操作系统
   C. Linux 是一种类 UNIX 的操作系统
   D. Linux 和 UNIX 是一回事
2. Linux 是一个（　　）的操作系统。
   A. 单用户、单任务
   B. 单用户、多任务
   C. 多用户、单任务
   D. 多用户、多任务
3. 红帽认证进阶等级中最高的是（　　）。
   A. RHCE
   B. RHCSA
   C. CHCA
   D. RHCA
4. Linux 的内核版本为稳定版的是（　　）。
   A. 2.6.18
   B. 2.5.16
   C. 2.9.18
   D. 2.7.18

二、简答题

1. 列举 Linux 系统的主要特点。
2. 简述 Linux 系统的主要发行版本。
3. 简述 RHEL 与 CentOS 的区别与联系。

第 2 章　Linux 系统的安装与初始化

本章从零基础详细讲解了虚拟机软件与 CentOS Linux 系统,完整演示了 VM 虚拟机的安装与配置过程,以及 CentOS 7 系统的安装、配置过程和初始化方法。此外,本章还涵盖了在 Linux 系统中找回 ROOT 管理员密码、RPM 与 Yum 软件仓库的知识,以及 RHEL 7 系统中 systemd 初始化进程的特色与使用方法。

2.1　部署虚拟环境

虚拟机是能够让用户在一台真机上模拟出多个操作系统的软件。一般来讲,当前主流的硬件配置足以胜任安装虚拟机的任务,并且依据编者近十年的运维技术学习及多年的实践经验来看,建议读者无论经济条件是否允许,都不应该在学习期间把 Linux 系统安装到真机上面,因为在学习过程中都免不了要"折腾"Linux 操作系统。通过虚拟机软件安装的系统不仅可以模拟出硬件资源,把实验环境与真机文件分离保证数据安全,更酷的是当操作失误或配置有误导致系统异常的时候,可以快速把操作系统还原至出错前的环境状态,进而减少重装系统的等待时间。

当前流行的虚拟机软件有 VMware(VMware ACE)、VirtualBox 和 Virtual PC,它们都能在 Windows 系统上虚拟出多个计算机。

(1) VMware 工作站(VMware Workstation)是 VMware 公司销售的商业软件产品之一。该工作站软件包含一个用于英特尔 x86 相容计算机的虚拟机套装,其允许用户同时创建和运行多个 x86 虚拟机。每个虚拟机实例可以运行其自己的客户机操作系统,如(但不限于)Windows、Linux、BSD 等操作系统。用简单术语来描述就是,VMware 工作站允许一台真实的计算机在一个操作系统中同时开启并运行数个操作系统。VMware Workstation 是需要付费的闭源软件。

(2) VirtualBox 是由德国 InnoTek 软件公司出品的虚拟机软件,现在则由甲骨文 Oracle 公司进行开发,是甲骨文公司 xVM 虚拟化平台技术的一部分。它提供用户在 32 位或 64 位的 Windows、Solaris 及 Linux 操作系统上虚拟其他 x86 的操作系统的功能。用户可以在 VirtualBox 上安装并且运行 Solaris、Windows、DOS、Linux、OS/2 Warp、OpenBSD 及 FreeBSD 等系统作为客户端操作系统。

相对来说,VMware Workstation 产品功能丰富,稳定性较佳,适合稳定性要求高的用户使用;而 VirtualBox 在用户体验方便稍有不足,VMware Workstation 使用向导界面即可完成的克隆、压缩等操作,VirtualBox 需要调用命令行完成。毕竟 VMware Workstation 是需要付费的闭源软件,而 VirtualBox 是免费的开源软件。

虚拟机（Virtual Machine）指通过软件模拟的具有完整硬件系统功能的、运行在一个完全隔离环境中的完整计算机系统。

虚拟系统通过生成现有操作系统的全新虚拟镜像，它具有与真实 Windows 系统完全一样的功能，进入虚拟系统后，所有操作都是在这个全新的独立的虚拟系统中进行的，可以独立安装运行软件，保存数据，拥有自己的独立桌面，不会对真正的系统产生任何影响，而且能够在现有系统与虚拟镜像之间灵活切换。

在本书中，将采用 VMware Workstation 12 软件来搭建学习环境，运行下载完成的 VMware Workstation 虚拟机软件包，将会看到如图 2-1 所示的虚拟机程序安装向导初始界面。

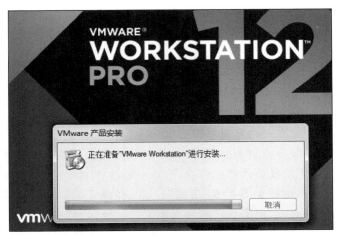

图 2-1　虚拟机软件的安装向导初始界面

在虚拟机软件的安装向导界面单击"下一步"按钮，在最终用户许可协议界面选中"我接受许可协议中的条款"复选框，然后单击"下一步"按钮，选择虚拟机软件的安装位置（可选择默认位置），选中"增强型键盘驱动程序"复选框后单击"下一步"按钮，然后根据自身情况适当选择"启动时检查产品更新"与"帮助完善 VMware Workstation Pro"复选框，然后单击"下一步"按钮，选中"桌面"和"开始菜单程序文件夹"复选框，然后单击"下一步"按钮，一切准备就绪后，单击"安装"按钮，进入安装过程，此时要做的就是耐心等待虚拟机软件的安装过程结束，5～10min 后，虚拟机软件便会安装完成，然后再次单击"完成"按钮完成安装。

双击桌面上生成的虚拟机快捷图标，在弹出的界面中输入许可证密钥，或者选择试用之后，单击"继续"按钮（这里选择的是"我希望试用 VMware Workstation 12 30 天"复选框）。在出现"欢迎使用 VMware Workstation 12"界面后，单击"完成"按钮，在桌面上再次双击快捷方式，此时便看到了虚拟机软件的管理界面，如图 2-2 所示。

注意，在安装完虚拟机之后，不能立即安装 Linux 系统，因为还要在虚拟机内设置操作系统的硬件标准。只有把虚拟机内系统的硬件资源模拟出来后才可以正式步入 Linux 系统安装之旅。VM 虚拟机的强大之处在于不仅可以调取真实的物理设备资源，还可以模拟出多网卡或硬盘等资源，因此完全可以满足读者对学习环境的需求。

在图 2-2 中，单击"创建新的虚拟机"选项，并在弹出的"新建虚拟机向导"界面中选择"典型"单选按钮，然后单击"下一步"按钮，如图 2-3 所示。

图 2-2 虚拟机软件的管理界面

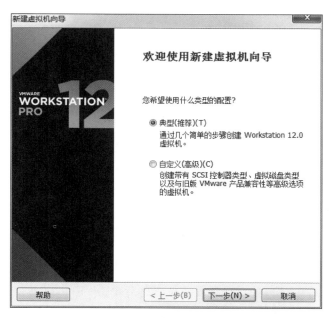

图 2-3 新建虚拟机向导

选中"稍后安装操作系统"单选按钮,然后单击"下一步"按钮,如图 2-4 所示。

注意:建议选择"稍后安装操作系统"单选按钮,如果选择"安装程序光盘映像文件(iso)"单选按钮,并把下载好的 CentOS 系统的镜像选中,虚拟机会通过默认的安装策略部署最精简的 Linux 系统,而不会再询问安装设置的选项。

在图 2-5 中,将客户机操作系统的类型选择为 Linux,版本为"CentOS 7 64 位",然后单击"下一步"按钮。

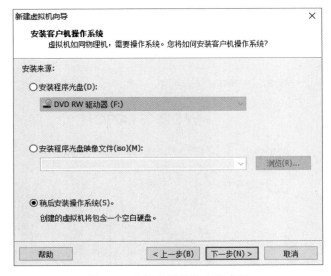

图 2-4　选择虚拟机的安装来源

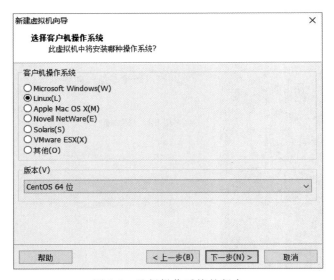

图 2-5　选择操作系统的版本

　　填写"虚拟机名称"字段，并在选择安装位置之后单击"下一步"按钮，如图 2-6 所示。

　　将虚拟机系统的"最大磁盘大小"设置为 20.0GB（默认即可），然后单击"下一步"按钮，如图 2-7 所示。

　　单击"自定义硬件"按钮，如图 2-8 所示。

　　在出现的如图 2-9 所示的界面中，建议将虚拟机系统内存的可用量设置为 2GB，最低不应低于 1GB。如果自己的真机设备具有很强的性能，那么也建议将内存量设置为 2GB，因为将虚拟机系统的内存设置的太大没有必要。

　　根据真机的性能设置 CPU 处理器的数量以及每个处理器的核心数量，并开启虚拟化功能，如图 2-10 所示。

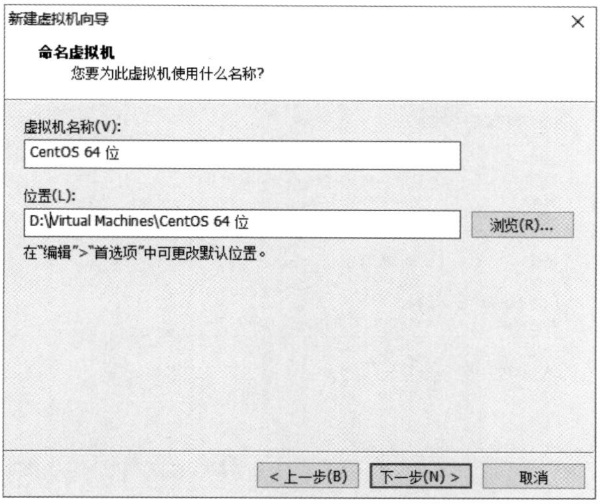

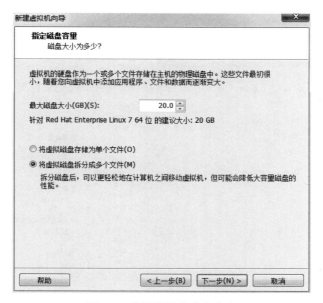

图 2-6　命名虚拟机及设置安装路径

图 2-7　虚拟机最大磁盘大小

光驱设备此时应在"使用 ISO 镜像文件"中选中下载好的 CentOS 系统镜像文件,如图 2-11 所示。

VM 虚拟机软件为用户提供了 3 种可选的网络模式,分别为桥接模式、NAT 模式与仅主机模式。这里选择"仅主机模式",如图 2-12 所示。

(1) 桥接模式:相当于在物理主机与虚拟机网卡之间架设了一座桥梁,从而可以通过物理主机的网卡访问外网。在真机桥接模式模拟网卡对应的物理网卡是 VMnet 0。

(2) NAT 模式:让 VM 虚拟机的网络服务发挥路由器的作用,使得通过虚拟机软件模拟的主机可以通过物理主机访问外网,在真机中 NAT 虚拟机网卡对应的物理网卡是 VMnet 8。

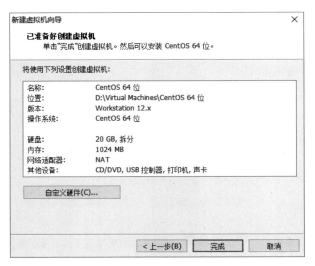

图 2-8 虚拟机的配置界面

图 2-9 设置虚拟机的内存量

（3）仅主机模式：仅让虚拟机内的主机与物理主机通信，不能访问外网，在仅主机模式下对应的物理网卡是 VMnet 1。

把 USB 控制器、声卡、打印机设备等不需要的设备统统移除掉。移掉声卡后可以避免在输入错误后发出提示声音，确保自己在今后的实验中思绪不被打扰。然后单击"关闭"按钮，如图 2-13 所示。

图 2-10 设置虚拟机的处理器参数

图 2-11 设置虚拟机的光驱设备

图 2-12　设置虚拟机的网络适配器

图 2-13　最终的虚拟机配置情况

返回到虚拟机配置向导界面后单击"完成"按钮,如图 2-14 所示。虚拟机的安装和配置顺利完成。当看到如图 2-15 所示的界面时,就说明虚拟机已经被配置成功了。

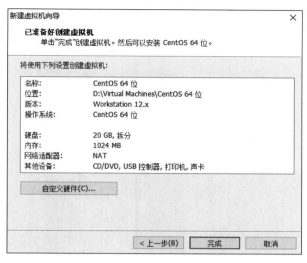

图 2-14　结束虚拟机配置

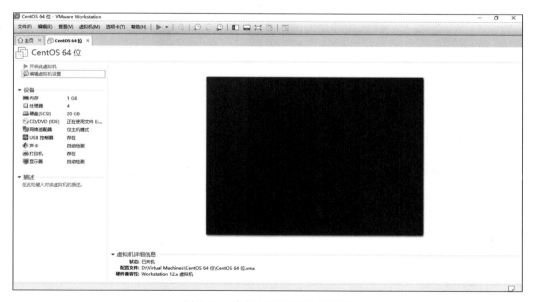

图 2-15　虚拟机配置成功的界面

2.2　安装 CentOS 系统

安装 CentOS 7 或 RHEL 7 系统时,计算机的 CPU 需要支持虚拟化技术(Virtualization Technology,VT)。所谓 VT,指的是让单台计算机能够分割出多个独立资源区,并让每个资源区按照需要模拟出系统的一项技术,其本质就是通过中间层实现计算机资源的管理和再分配,让系统资源的利用率最大化。如果开启虚拟机后依然提示"CPU 不支持 VT 技术"等报错信息，请重启计算机并进入 BIOS 中把 VT 虚拟化功能开启即可。

在虚拟机管理界面中单击"开启此虚拟机"按钮后数秒就看到 CentOS 7 系统安装界面，如图 2-16 所示。在界面中，Test this media & install CentOS 7 和 Troubleshooting 的作用分别是校验光盘完整性后再安装以及启动救援模式。此时通过键盘的方向键选择 Install CentOS Linux 7 选项来直接安装 Linux 系统。

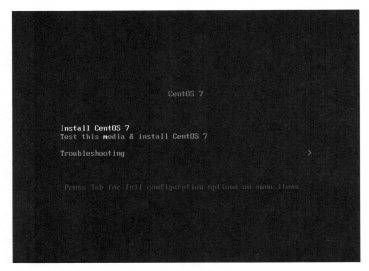

图 2-16 CentOS 7 系统安装界面

接下来按 Enter 键后开始加载安装镜像，所需时间在 30～60s，选择系统的安装语言后单击"继续"按钮，如图 2-17 所示。

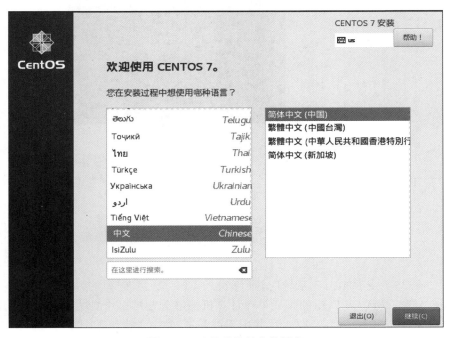

图 2-17 选择系统的安装语言

在安装界面中单击"软件选择"选项,如图 2-18 所示。

图 2-18 安装系统界面

CentOS 7 系统的软件定制界面可以根据用户的需求来调整系统的基本环境,例如,把 Linux 系统用作基础服务器、文件服务器、Web 服务器或工作站等。此时只需在界面中单击选中"带 GUI 的服务器"单选按钮,然后单击左上角的"完成"按钮即可,如图 2-19 所示。

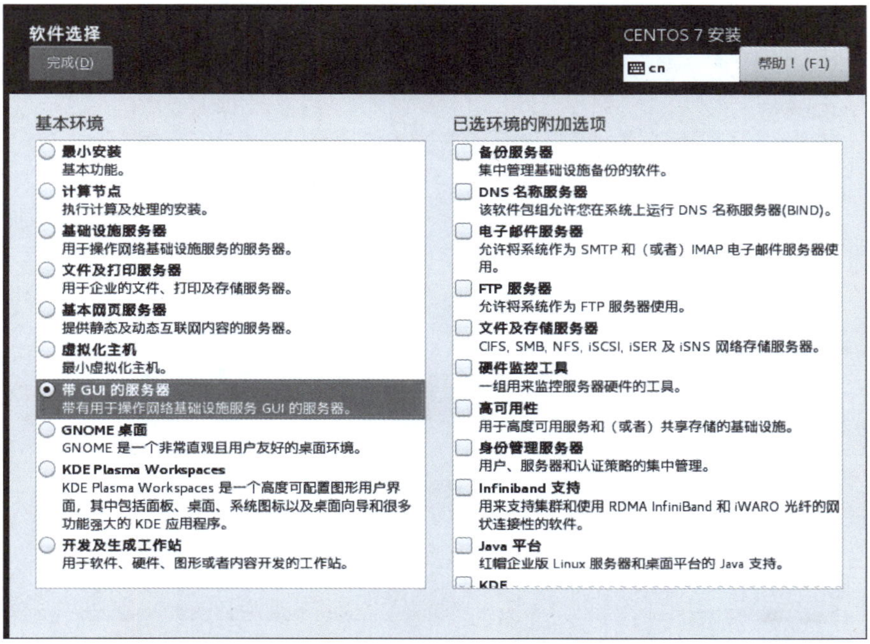

图 2-19 选择系统软件类型

返回到 CentOS 7 系统安装主界面，单击"网络和主机名"选项后，将"主机名"字段设置为"linux-yhy.com"，然后单击左上角的"完成"按钮，如图 2-20 所示。

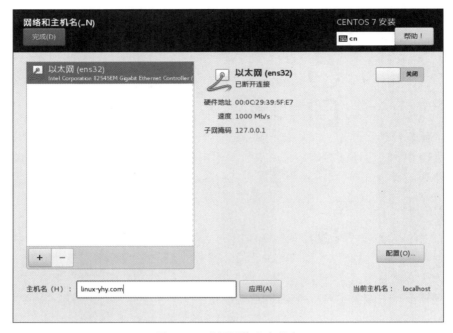

图 2-20　配置网络和主机名

返回到安装主界面，单击"安装位置"选项选择安装媒介并设置分区。此时不需要进行任何修改，单击左上角的"完成"按钮即可，如图 2-21 所示。

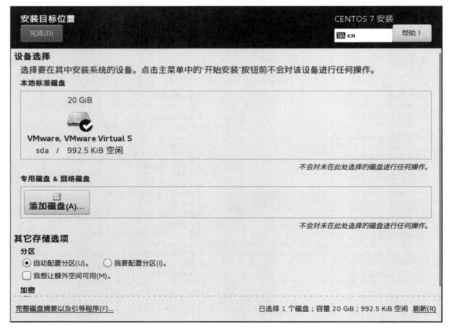

图 2-21　系统安装媒介的选择

返回到安装主界面,单击"开始安装"按钮后即可看到安装进度,此处选择"ROOT 密码",如图 2-22 所示。

图 2-22　CentOS 7 系统的安装界面

然后设置 ROOT 管理员的密码。若坚持用弱口令的密码则需要单击两次左上角的"完成"按钮才可以确认,如图 2-23 所示。这里需要多说一句,在虚拟机中做实验的时候,密码无所谓强弱,但在生产环境中一定要让 ROOT 管理员的密码足够复杂,否则系统将面临严重的安全问题。

Linux 系统安装过程一般在 30~60min,在安装期间耐心等待即可。安装完成后单击"重启"按钮,如图 2-24 所示。

重启系统后将看到系统的初始化界面,单击 LICENSE INFORMATION 选项,如图 2-25 所示。

选中"我同意许可协议"复选框,然后单击左上角的"完成"按钮,如图 2-26 所示。

返回到初始化界面后单击"完成配置"选项,终于可以看到系统的欢迎界面,如图 2-27 所示。在界面中选择默认的语言"汉语",然后单击"前进"按钮。

将系统的输入来源类型选择为"汉语",然后单击"前进"按钮,如图 2-28 所示。

将系统的隐私——位置服务关闭,然后单击"前进"按钮,如图 2-29 所示。

按照如图 2-30 所示的设置来设置系统的时区,然后单击"前进"按钮。

为 CentOS 7 系统创建一个本地的普通用户,该账户的用户名为 linux-yhy,密码为 CentOS,然后单击"前进"按钮,如图 2-31 和图 2-32 所示。

在如图 2-33 所示的界面中单击"开始使用"按钮,至此,CentOS 7 系统完成了全部的安装和部署工作。

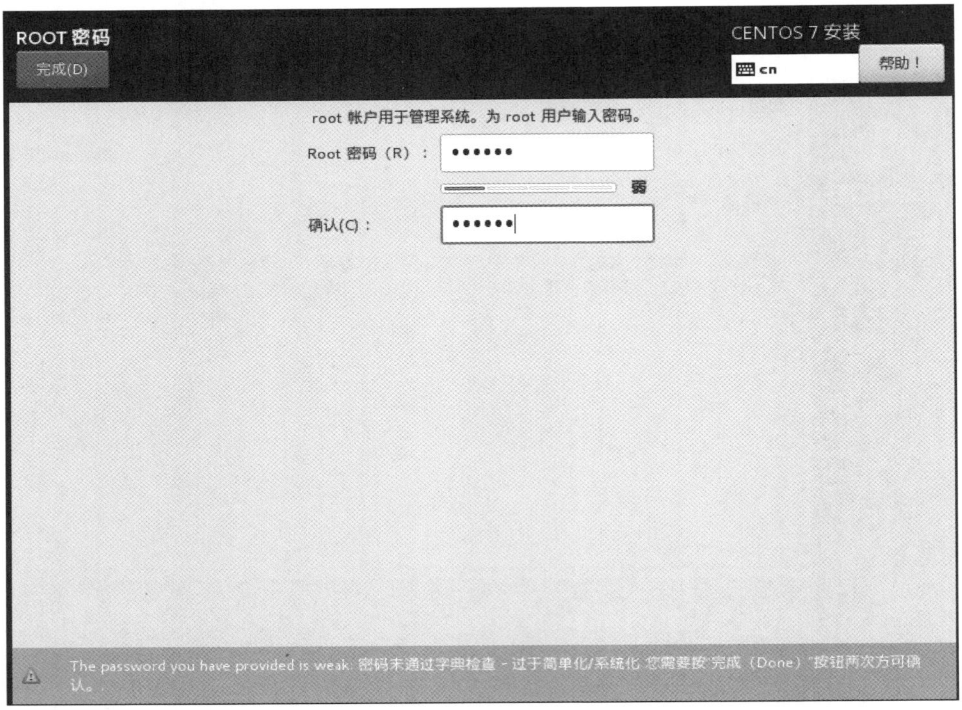

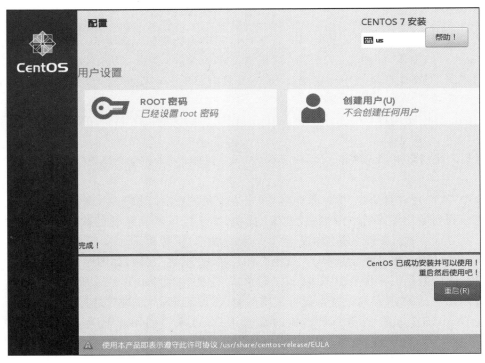

图 2-23　设置 ROOT 管理员的密码

图 2-24　系统安装完成

图 2-25　系统初始化界面

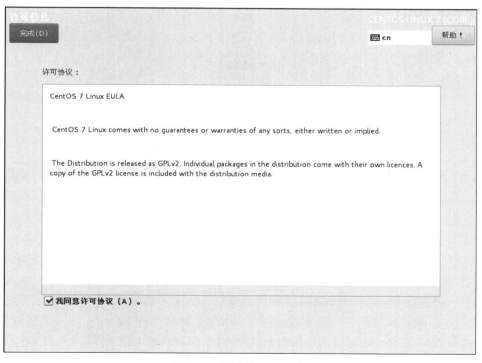

图 2-26　同意许可说明书

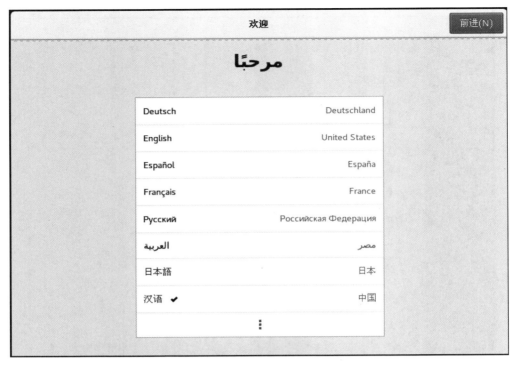

图 2-27 系统的语言设置

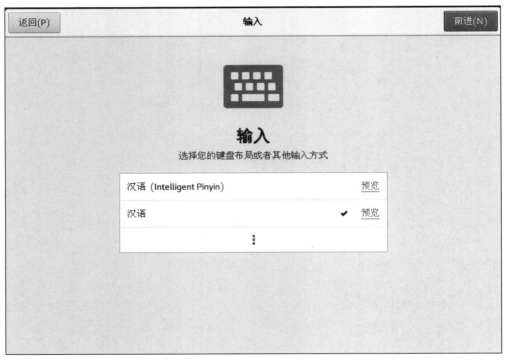

图 2-28 设置系统的输入来源类型

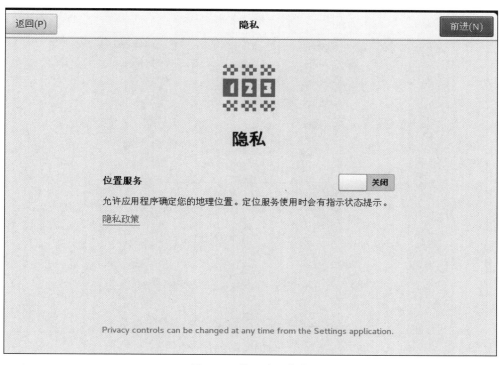

图 2-29　设置隐私信息

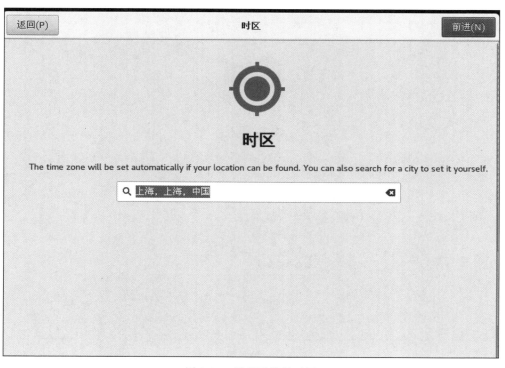

图 2-30　设置系统的时区

图 2-31 创建本地的普通用户

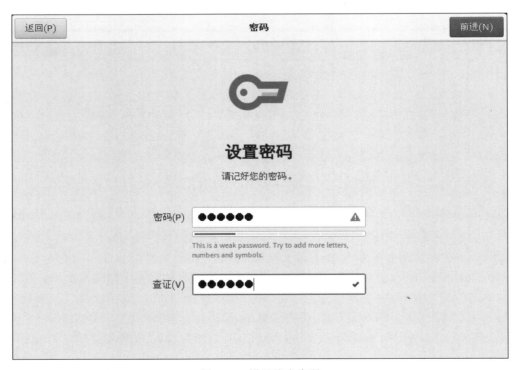

图 2-32 设置账户密码

图 2-33　系统初始化结束界面

2.3　重置 ROOT 管理员密码

平日里让运维人员头疼的事情已经很多了,因此偶尔把 Linux 系统的密码忘记了并不用慌,只需简单几步就可以完成密码的重置工作。但是,如果是第一次阅读本书,或者之前没有 Linux 系统的使用经验,请一定先跳过本节,等学习完 Linux 系统的命令后再学习本节内容。如果刚刚接手了一台 Linux 系统,要先确定是否为 CentOS 7 系统。如果是,然后再进行下面的操作。

【cat /etc/redhat-release】
CentOS Linux release 7.5.1804 (Core)

重启 Linux 系统主机并出现引导界面时,按 E 键进入内核编辑界面,如图 2-34 所示。

在 linux16 参数这行的最后面追加"rd.break"参数,然后按 Ctrl＋X 组合键运行修改过的内核程序,如图 2-35 所示。

大约 30s 过后,进入系统的紧急求援模式,如图 2-36 所示。

依次输入以下命令,等待系统重启操作完毕,即可使用新密码 linux-yhy 登录 Linux 系统。命令行执行效果如图 2-37 所示。

本案例涉及的所有命令如下。

mount -o remount,rw /sysroot:重新挂载系统,使之拥有读写(r,w)权限。
chroot /sysroot:改变根目录。
passwd:设置 ROOT 管理员密码。

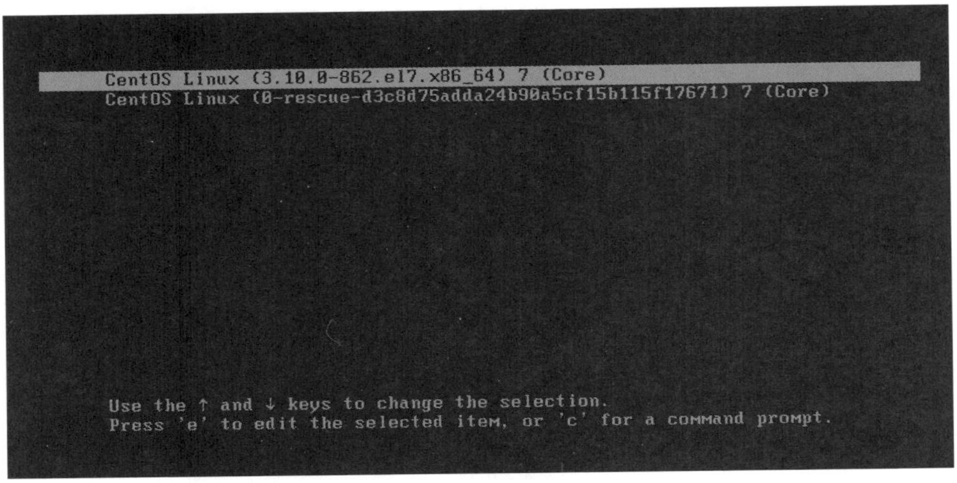

图 2-34　Linux 系统的引导界面

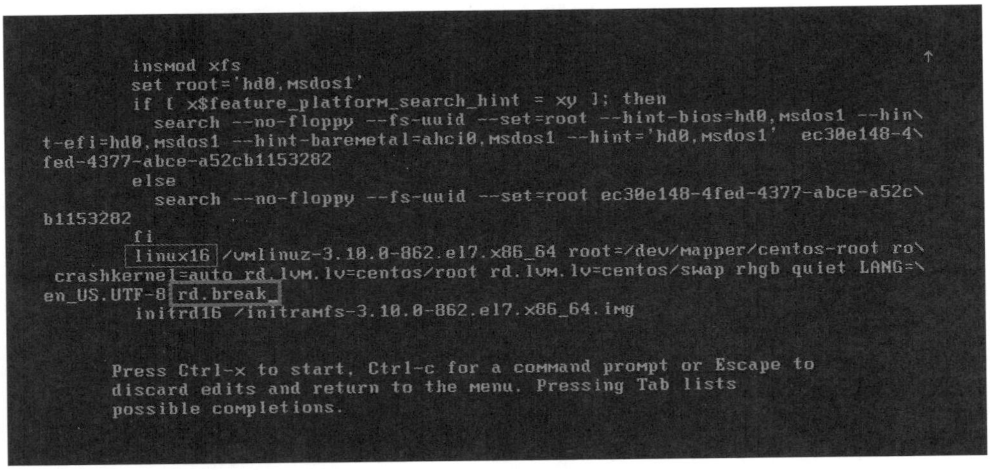

图 2-35　内核信息的编辑界面

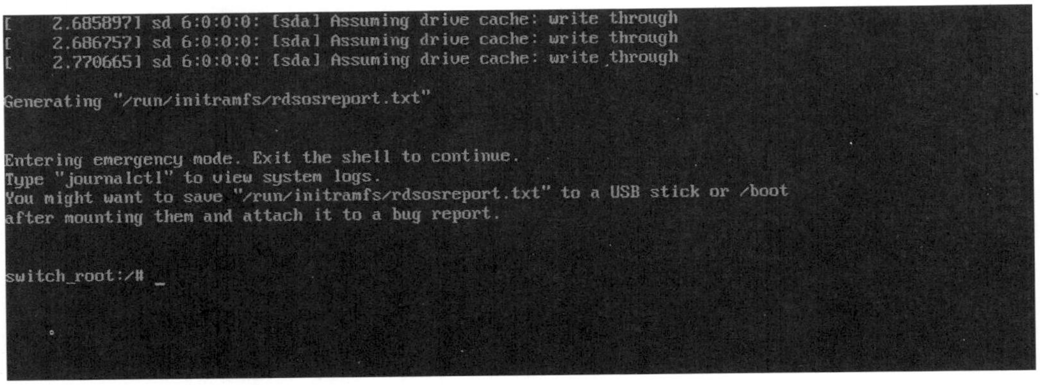

图 2-36　Linux 系统的紧急救援模式

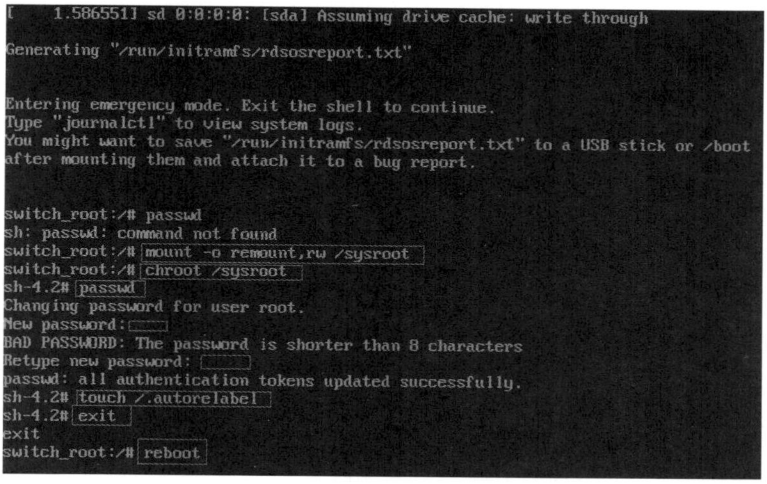

图 2-37 重置 Linux 系统的 ROOT 管理员密码

touch /.autorelabel：使得 SeLinux 生效，否则将无法正常启动系统。
exit：退出当前模式。
reboot：重启系统。

2.4 RPM 管理器

在 RPM（红帽软件包管理器）公布之前，要想在 Linux 系统中安装软件只能采取源码包的方式安装。早期在 Linux 系统中安装程序是一件非常困难、耗费耐心的事情，而且大多数的服务程序仅提供源代码，需要运维人员自行编译代码并解决许多的软件依赖关系，因此要安装好一个服务程序，运维人员需要具备丰富的知识、高超的技能，甚至良好的耐心。而且在安装、升级、卸载服务程序时还要考虑到其他程序、库的依赖关系，所以在进行校验、安装、卸载、查询、升级等管理软件操作时难度都非常大。

RPM 机制则是为解决这些问题而设计的。RPM 有点儿像 Windows 系统中的控制面板，会建立统一的数据库文件，详细记录软件信息并能够自动分析依赖关系。目前 RPM 的优势已经被公众所认可，使用范围也已不局限在红帽系统中了。表 2-1 是一些常用的 RPM 软件包管理命令。

表 2-1 常用的 RPM 软件包管理命令

命 令	作 用
rpm -ivh filename.rpm	安装软件的命令格式
rpm -Uvh filename.rpm	升级软件的命令格式
rpm -e filename.rpm	卸载软件的命令格式
rpm -qpi filename.rpm	查询软件描述信息的命令格式
rpm -qpl filename.rpm	列出软件文件信息的命令格式
rpm -qf filename	查询文件属于哪个 RPM 的命令格式

2.5 systemd 初始化进程

Linux 操作系统的开机过程是这样的,先从 BIOS 开始,然后进入 Boot Loader,再加载系统内核,然后内核进行初始化,最后启动初始化进程。初始化进程作为 Linux 系统的第一个进程,它需要完成 Linux 系统中相关的初始化工作,为用户提供合适的工作环境。CentOS 7 系统已经替换掉了 CentOS 5、CentOS 6 的初始化进程服务 System V init,正式采用全新的 systemd 初始化进程服务。如果之前学习的是 CentOS 5 或 CentOS 6 系统,可能会不习惯。systemd 初始化进程服务采用了并发启动机制,开机速度得到了不小的提升。

CentOS 7 系统选择 systemd 初始化进程服务,因此也就没有了"运行级别"这个概念,Linux 系统在启动时要进行大量的初始化工作,比如挂载文件系统和交换分区、启动各类进程服务等,这些都可以看作是一个一个的单元(Unit),systemd 用目标(target)代替了 System V init 中运行级别的概念,两者的区别如表 2-2 所示。

表 2-2 systemd 与 System V init 的区别以及作用

System V init 运行级别	systemd 目标名称	作用
0	runlevel0.target,poweroff.target	关机
1	runlevel1.target,rescue.target	单用户模式
2	runlevel2.target,multi-user.target	等同于级别 3
3	runlevel3.target,multi-user.target	多用户的文本界面
4	runlevel4.target,multi-user.target	等同于级别 3
5	runlevel5.target,graphical.target	多用户的图形界面
6	runlevel6.target,reboot.target	重启
emergency	emergency.target	紧急 Shell

如果想要将系统默认的运行目标修改为"多用户,无图形"模式,可直接用 ln 命令把多用户模式目标文件连接到 /etc/systemd/system/ 目录:

```
ln -sf /lib/systemd/system/multi-user.target /etc/systemd/system/default.target
```

在 CentOS 6 和 RHEL 6 系统中,使用 service、chkconfig 等命令来管理系统服务,但是在 CentOS 7 系统中是使用 systemctl 命令来管理服务的。如表 2-3 和表 2-4 所示 RHEL 6 系统中 System V init 命令与 CentOS 7 系统中 systemctl 命令的对比。

表 2-3 systemctl 管理服务的启动、重启、停止、重载、查看状态等常用命令

System V init 命令(CentOS 6 系统)	systemctl 命令(CentOS 7 系统)	作用
service yhy start	systemctl start yhy.service	启动服务
service yhy restart	systemctl restart yhy.service	重启服务
service yhy stop	systemctl stop yhy.service	停止服务
service yhy reload	systemctl reload yhy.service	重新加载配置文件(不终止服务)
service yhy status	systemctl status yhy.service	查看服务状态

表 2-4 systemctl 设置服务开机启动、不启动、查看各级别下服务启动状态等常用命令

System V init 命令（CentOS 6 系统）	systemctl 命令（CentOS 7 系统）	作　　用
chkconfig yhy on	systemctl enable yhy.service	开机自动启动
chkconfig yhy off	systemctl disable yhy.service	开机不自动启动
chkconfig yhy	systemctl is-enabled yhy.service	查看特定服务是否为开机自动启动
chkconfig --list	systemctl list-unit-files --type=service	查看各个级别下服务的启动与禁用情况

习　题

一、选择题

1. VM 虚拟机软件为用户提供了 3 种可选的网络模式，不包含下面（　　）。
   A. 桥接模式　　　B. NAT 模式　　　C. 仅主机模式　　　D. 真机模式

2. 在桥接模式下对应的物理网卡是（　　），它相当于在物理主机与虚拟机网卡之间架设了一座桥梁，从而可以通过物理主机的网卡访问外网。
   A. VMnet 0　　　B. VMnet 1　　　C. VMnet 2　　　D. VMnet 8

3. 让 VM 虚拟机的网络服务发挥路由器的作用，使得通过虚拟机软件模拟的主机可以通过物理主机访问外网，在 NAT 模式下对应的物理网卡是（　　）。
   A. VMnet 0　　　B. VMnet 1　　　C. VMnet 2　　　D. VMnet 8

4. 仅让虚拟机内的主机与物理主机通信，不能访问外网，在真机中仅主机模式模拟网卡对应的物理网卡是（　　）。
   A. VMnet 0　　　B. VMnet 1　　　C. VMnet 2　　　D. VMnet 8

5. 为确保虚拟机能正常运行，不可以把下面哪个虚拟机设备移除掉？（　　）
   A. USB 控制器　　　B. 声卡　　　C. 打印机设备　　　D. 网卡

6. CentOS 7 重启 yhy 服务的命令是（　　）。
   A. service yhy restart　　　　　　B. systemctl restart yhy.service
   C. systemctl yhy.service restart　　　D. systemctl start yhy.service

二、简答题

1. CentOS 7 系统采用了 systemd 作为初始化进程，那么如何查看某个服务的运行状态？
2. RPM（红帽软件包管理器）只有红帽企业系统在使用，对吗？
3. 简述 RPM 与 Yum 软件仓库的作用。

第 3 章 Linux 系统运维基本命令

本章首先介绍系统内核和 Shell 终端的关系与作用，然后介绍 Bash 解释器的四大优势并学习 Linux 命令的执行方法。然后编者精挑细选出读者有必要首先学习的三十几个 Linux 命令，它们与文件管理、目录管理、系统管理、任务管理、环境变量等主题相关。通过把上述命令归纳到本章中的各节，帮助读者分门别类地逐个学习这些最基础的 Linux 命令，为今后学习更复杂的命令和服务做好必备知识铺垫。

3.1 初识 Shell

通常来讲，计算机硬件是由运算器、控制器、存储器、输入/输出设备等共同组成的，而让各种硬件设备各司其职且又能协同运行的东西就是系统内核。Linux 系统的内核负责完成对硬件资源的分配、调度等管理任务。由此可见，系统内核对计算机的正常运行来讲是非常重要的，因此一般不建议直接去编辑内核中的参数，而是让用户通过基于系统调用接口开发出的程序或服务来管理计算机，以满足日常工作的需要，如图 3-1 所示。

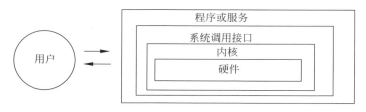

图 3-1　用户与 Linux 系统的交互

Linux 系统中有些图形化工具（例如逻辑卷管理器（Logical Volume Manager，LVM））确实非常好用，极大地降低了运维人员操作出错的概率。但是，很多图形化工具其实是调用脚本来完成相应的工作，往往只是为了完成某种工作而设计的，缺乏 Linux 命令原有的灵活性及可控性。再者，图形化工具相比于 Linux 命令行界面会更加消耗系统资源，因此经验丰富的运维人员甚至都不会给 Linux 系统安装图形界面。

Shell 就是这样的一个命令行工具。Shell（也称为终端或壳）充当的是人与内核（硬件）之间的翻译官，用户把一些命令"告诉"终端，它就会调用相应的程序服务去完成某些工作。现今主流 Linux 系统默认使用的终端都是 Bash（Bourne-Again Shell）解释器。主流 Linux 系统选择 Bash 解释器作为命令行终端主要有以下 4 项优势。

（1）通过上下方向键来调取过往执行过的 Linux 命令；
（2）命令或参数仅需输入前几位就可以用 Tab 键补全；

(3) 具有强大的批处理脚本；

(4) 具有实用的环境变量功能。

3.2 执行查看帮助命令

常见执行 Linux 命令的格式如下：

命令名称[命令参数] [命令对象]

注意：命令名称、命令参数、命令对象之间请用空格分隔。

命令对象一般是指要处理的文件、目录、用户等资源，而命令参数可以用长格式（完整的选项名称），也可以用短格式（单个字母的缩写），两者分别用--与-作为前缀，示例如下。

man -- help 长格式
man - h 短格式

在 Linux 系统中有很多命令，一个命令还有很多参数，那么运维工程师必须提前学会全部的命令以及参数么？不一定。接下来，man 这个命令就是我们学习 Linux 系统的第一个命令了。对于零基础的读者，可以通过图 3-2～图 3-4 学习如何在 CentOS 7 系统中执行 Linux 命令。

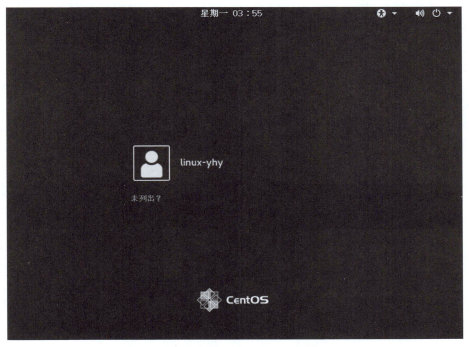

图 3-2　选择"未列出"选项，切换至 ROOT 管理员身份

默认主机登录界面只显示刚刚新建的普通用户，因此在正式进入系统之前，还需要先单击"未列出？"选项来切换至 ROOT 管理员身份，如图 3-2 所示。这是红帽 CentOS 7 系统为了避免用户乱使用权限而采取的一项小措施。而如果顺手使用默认的 linux-yhy 用户登录到主机中，那么接下来本章中则会出现一部分命令会因权限不足而无法执行，需要足够的权

限才能完成接下来的实验。因此，建议将登录界面切换至 ROOT 管理员身份。

在 CentOS 7 系统的桌面上单击鼠标右键，在弹出的菜单中选择"打开终端"命令，将打开一个 Linux 系统命令行终端，在命令行终端中输入"man man"命令来查看 man 命令自身的帮助信息，如图 3-3 所示。

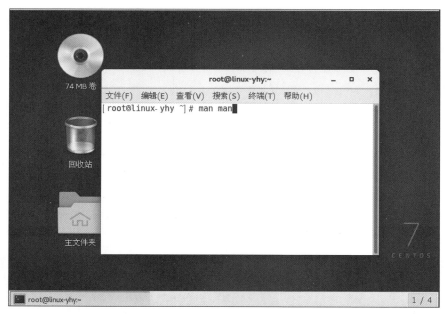

图 3-3　查看 man 命令的帮助信息

按 Enter 键后即可看到如图 3-4 所示的帮助信息。

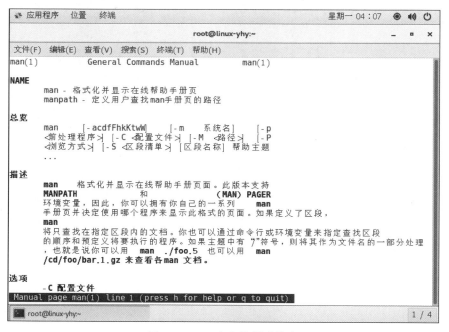

图 3-4　man 命令的帮助信息

在 man 命令帮助信息的界面中，所包含的常用操作按键及其用途如表 3-1 所示。

表 3-1　man 命令中常用按键以及用途

按　键	用　　途	按　键	用　　途
空格键	向下翻一页	/	从上至下搜索某个关键词，如"/linux"
Page Down	向下翻一页	?	从下至上搜索某个关键词，如"?linux"
Page Up	向上翻一页	n	定位到下一个搜索到的关键词
Home	直接前往首页	N	定位到上一个搜索到的关键词
End	直接前往尾页	q	退出帮助文档

一般来讲，使用 man 命令查看到的帮助内容信息都会很长很多，man 命令的帮助信息的结构如表 3-2 所示。

表 3-2　man 命令帮助信息的结构以及意义

结构名称	代表意义	结构名称	代表意义
NAME	命令的名称	OPTIONS	具体的可用选项（带介绍）
SYNOPSIS	参数的大致使用方法	ENVIRONMENT	环境变量
DESCRIPTION	介绍说明	FILES	用到的文件
EXAMPLES	演示（附带简单说明）	SEE ALSO	相关的资料
OVERVIEW	概述	HISTORY	维护历史与联系方式
DEFAULTS	默认的功能		

3.3　文件管理命令

文件是 Linux 的基本组成部分，文件管理包括文件的复制、删除、修改、查看等操作。本节主要介绍 Linux 中文件管理相关的命令。

3.3.1　创建文件或修改文件时间 touch 命令

touch 命令有两个功能：一是用于把已存在文件的时间标签更新为系统当前的时间（默认方式），它们的数据将原封不动地保留下来；二是用来创建新的空文件。

touch yhy 命令表示在当前目录下建立一个名为 yhy 的空文件，然后利用 ls -l 命令可以发现文件 yhy 的大小为 0，表示它是空文件。

touch -t 201901142234.50 yhy 使用指定的日期时间，而非现在的时间。日期时间格式为[[CC]YY]MMDDhhmm[.SS]。

其中，CC 为年数中的前两位，即"世纪数"；YY 为年数的后两位，即某世纪中的年数。如果不给出 CC 的值，则 touch 将把年数 CCYY 限定为 1969～2068。MM 为月数，DD 为天数，hh 为小时数（几点），mm 为分钟数，SS 为秒数。此处秒的设定范围是 0～61，这样可以处理闰秒。这些数字组成的时间是环境变量 TZ 指定的时区中的一个时间。由于系统的限制，早于 1970 年 1 月 1 日的时间是错误的。

3.3.2　复制文件 cp 命令与移动文件 mv 命令

在使用 Linux 操作系统的过程中,常常需要复制或移动文件或者目录,类似于 Windows 系统下的复制剪切操作。下面以 CentOS 7.5 系统为例演示在 Linux 系统中如何对文件和目录进行复制和移动。

注意:cp 命令与 mv 命令在很多功能上都非常相似,但是这两个命令又具有很大的区别,cp 为复制,会保留源文件与目录,mv 为移动,不会保留源文件与目录。

cp yhy yhy.txt 命令表示把文件 yhy 复制成 yhy.txt,源文件 yhy 依然存在。

mv yhy.txt yhy.txt.bak 命令表示把文件 yhy.txt 改名成 yhy.txt.bak,源文件 yhy.txt 不再存在了。

cp yhy.txt.bak /home 命令表示复制当前目录下文件 yhy.txt.bak 到/home 目录下,文件名不变,源文件存在。

cp yhy.txt.bak /home/yhy.txt 命令表示复制文件 yhy.txt.bak 到/home 目录下并把文件名改为 yhy.txt。源文件依然存在。

mv install.log /home 命令表示移动 install.log 文件到/home 目录下,文件名不变。源文件不存在了。

如果希望同时将多个文件复制到指定目录,可以使用命令"cp 源文件 1 源文件 2 指定目录"来完成。如果想完成多文件的移动操作,就可以使用命令"mv 源文件 1 源文件 2 指定目录"来完成。

如果希望将一个目录下的所有文件都复制到指定目录,可以使用 cp 命令配合通配符来完成:"cp 源目录/* 指定目录"。同样,"mv 源目录/* 指定目录"命令也可以完成整体移动的功能。

如果希望复制目录,可以使用命令"cp -r 源目录 目的目录"来完成,r 参数表明的是递归复制。当目的目录不存在时,系统会自动创建目的目录;当目的目录存在时,系统会将源目录下的内容复制到目的目录中。如果将命令中的 cp -r 换成 mv,那么目的目录的操作等同于 cp 命令,但源目录会被删除。

为防止用户在不经意的情况下使用 cp 命令破坏另一个文件,如用户指定的目标文件名已存在,用 cp 命令复制文件后,这个文件就会被覆盖,"i"选项可以在覆盖之前询问用户。

3.3.3　删除文件 rm 命令

用户可以用 rm 命令删除不需要的文件。rm 可以删除文件或目录,并且支持通配符,如目录中存在其他文件则会递归删除。删除软链接只是删除链接,对应的文件或目录不会被删除,软链接类似 Windows 系统中的快捷方式。如删除一个硬链接后文件仍然存在,其他的硬链接仍可以访问该文件的内容。

Linux 系统之下的删除不完全等同于 Windows 系统下的删除操作,其中最大的也是需要操作者最重视的就是 Linux 系统下一旦删除了文件与目录那么它将会消失,而 Windows 系统下还可以通过回收站来进行还原。

Linux 系统下的删除操作本身就具有很高的执行权限,如果再在 ROOT 用户下执行,可以完全删除整个操作系统。

"rm 文件名"命令可以删除当前目录下的文件,如果不加任何参数,系统会自动提示是否删除,如果确定删除输入"y"即可完成。需要注意的是,删除操作需要操作用户对该文件具有写权限。

"rm -r 目录名"命令可以删除当前目录下的一个目录,r 参数代表的含义就是递归,系统会将该目录下的所有文件包括目录全部删除,当然系统也会逐个提示用户是否删除,输入"y"即可。

在删除目录的时候是不是逐个输入"y"很麻烦?这里系统设定了另外一个参数 f,实际上就是 force 的意思,代表的是强制执行。一旦输入命令"rm -rf 目录"那么系统会不在任何提示下完全删除目录。

在多数情况下,rm 命令会配合通配符使用,例如,需要删除所有后缀是 doc 的文件可以使用命令"rm -rf *.doc",一旦操作完成,那么所有后缀为.doc 的文件或者目录都会被删除。这里笔者还要再提醒一句,通配符在配合 rm 命令使用时一定要小心,如果在根目录下输入上述命令时不小心在 * 和.doc 之间多加了一个空格变成"rm -rf * .doc",那么整个 Linux 系统都会被删除。

当然 rm 命令后面所跟着的文件与目录,都可以使用绝对路径与相对路径。例如,"rm -rf /root/Linux.doc"与在 root 目录下使用"rm -rf ./Linux.doc"和"rm -rf Linux.doc"的效果是一样的。

3.3.4 查看文件 cat、less、tail、more 命令

cat、more 和 less 三种命令可以用来查阅全部的文件,它们查阅文件的使用方法也比较简单,都是"命令 文件名",但是三者又有着区别。

cat 命令可以一次显示整个文件,如果文件比较大,使用不是很方便。

more 命令可以让屏幕在显示满一屏幕时暂停,此时可按空格键继续显示下一个画面,或按 Q 键退出。

less 命令也可以分页显示文件,和 more 命令的区别就在于它支持上下键卷动屏幕,当结束浏览时,只要在 less 命令的提示符":"下按 Q 键即可。

另外,多数情况下 more 和 less 命令会配合管道符分页输出需要在屏幕上显示的内容。

分别使用 cat、more、less 命令显示 root 目录下的 install.log 文件,然后使用 more 和 less 命令配合 grep 与管道符查找 install.log 文件中包含 i686 的文本行,注意三个命令的区别。

cat /root/install.log:使用 cat 命令显示 install.log 文件,从结果中可以看出,系统会将 install.log 文件完整地显示出来,但是用户只能看到文件的末尾部分,该命令适合显示内容比较少的文件。

more /root/install.log:使用 more 命令显示 install.log 文件,从结果中可以看出,系统在显示满一个屏幕时暂停,使用空格键可以翻页,使用 Q 键可以退出。

less /root/install.log:使用 less 命令显示 install.log 文件,从结果中可以看出,系统同样在显示满一个屏幕时暂停,但是可以使用上下键卷屏,当结束时只需在":"后输入 Q 即可。

cat /root/install.log | grep "i686"| more 或 cat /root/install.log | grep "i686"| less:

分页显示 install.log 文件中包含 i686 的文本行,结合 grep 和管道符使用。这条命令实际上是将 install.log 文件内的所有内容管道给 grep,然后查找包含 i686 的文本行,最后将查找到的内容管道给 more 或 less 分页输出。

  cat -n /root/install.log:显示行号,空白行也进行编号。
  cat -b /root/install.log:对空白行不编号。
  cat file1 file2 > file_1_2:合并 file1 和 file2 的内容到 file_1_2 中。
  cat > file3:创建文件 file3,等待键盘输入内容,按 Ctrl+D 组合键结束输入。
  cat >> file3:往 file3 追加内容,等待键盘输入追加的内容,按 Ctrl+D 组合键结束输入。
  more +6 file3:从第 6 行开始显示文件内容。
  more -c -10 file3:先清屏,然后将以每 10 行一组的方式显示文件 example.c 的内容。
  tail 和 less 类似,tail 可以指定显示文件的最后多少行,并可以滚动显示日志。

3.3.5 文件或目录查找 find、locate 命令

  find 命令可以根据给定的路径和表达式查找指定的文件或目录。find 参数选项很多,并且支持正则表达式,功能强大,和管道结合使用可以实现复杂的功能,是系统管理者和普通用户必须掌握的命令。find 如不加任何参数,表示查找当前路径下的所有文件和目录。

1. 通过文件名查找法

  find -name httpd.conf:查找名为 httpd.conf 的文件在 Linux 系统中的完整位置。

2. 无错误查找技巧

  在 Linux 系统中"find"命令是大多数系统用户都可以使用的命令,并不是 ROOT 系统管理员的专利。但是普通用户使用"find"命令时也有可能遇到这样的问题,那就是 Linux 系统中系统管理员 ROOT 可以把某些文件目录设置成禁止访问模式,这样普通用户就没有权限用"find"命令来查询这些目录或者文件了。当普通用户使用"find"命令查询这些文件目录时,往往会出现"Permissiondenied"(禁止访问)字样,系统将无法查询到用户想要的文件。为了避免这样的错误,可以使用转移错误提示的方法尝试查找文件,例如,输入:find / -name access_log 2>/dev/null。

3. 根据部分文件名查找方法

  find /etc -name '*srm*':查找系统中在/etc 下所有包含"srm"三个字母的文件。
  这个命令表明了 Linux 系统将在/etc 整个目录中查找所有包含"srm"这 3 个字母的文件,比如 absrmyz、tibc.srm 等符合条件的文件都能显示出来。如果知道这个文件是由"srm"这 3 个字母开头的,可以省略最前面的星号,命令如下:find /etc -name 'srm*'。
  这时只有像 srmyz 这样的文件才能被查找出来,而 absrmyz 或者 absrm 这样的文件都不符合要求,不被显示,这样查找文件的效率和可靠性就大大增强了。

4. 根据文件的特征查询方法

  find -size 1500c:查找一个大小为 1500B 的文件,字符 c 表明这个要查找的文件的大小是以 B 为单位。
  find -size+10000000c:查找出大于 10000000B 的文件并显示出来,命令中的"+"表

示要求系统只列出大于指定大小的文件,而使用"-"则表示要求系统列出小于指定大小的文件。

  find -amin -10：查找在系统中最后 10min 访问的文件。
  find -atime -2：查找在系统中最后 48(2×24)h 访问的文件。
  find --cmin 2：查找系统中最后 2min 被改变状态的文件。
  find -empty：查找在系统中为空的文件或者文件夹。
  find -group cat：查找在系统中属于用户组 cat 的文件。
  find -mmin -5：查找在系统中最后 5min 里修改过的文件。
  find -mtime -1：查找在系统中最后 24h 里修改过的文件。
  find -nouser：查找在系统中属于作废用户的文件。
  find -user yhy：查找在系统中属于 yhy 这个用户的文件。
  find -false：查找系统中总是错误的文件。
  find -fstype type：查找系统中存在于指定文件系统的文件,例如 EXT4。

locate 命令其实是 find -name 的另一种写法,但是要比后者快得多,原因在于它不搜索具体目录,而是搜索一个数据库/var/lib/locatedb,这个数据库中含有本地所有文件信息。Linux 系统自动创建这个数据库,并且每天自动更新一次,所以使用 locate 命令查不到最新变动过的文件。为了避免这种情况,可以在使用 locate 之前,先使用 updatedb 命令,手动更新数据库。

  locate /etc/sh：搜索 etc 目录下所有以 sh 开头的文件。
  locate ~/m：搜索用户主目录下所有以 m 开头的文件。
  locate -i ~/m：搜索用户主目录下所有以 m 开头的文件,并且忽略大小写。

3.3.6 过滤文本 grep 命令

grep 是一种强大的文本搜索工具命令,用于查找文件中符合指定格式的字符串,支持正则表达式。如不指定任何文件名称,或是所给予的文件名为"-",则 grep 命令从标准输入设备读取数据。grep 家族包括 grep、egrep 和 fgrep。egrep 和 fgrep 的命令只跟 grep 有很小的不同。egrep 是 grep 的扩展。fgrep 就是 fixed grep 或 fast grep,该命令使用任何正则表达式中的元字符表示其自身的字面意义。其中,egrep 就等同于"grep -E",fgrep 等同于"grep -F"。Linux 中的 grep 功能强大,支持很多丰富的参数,可以方便地进行一些文本处理工作。

grep 单独使用时至少有两个参数,如少于两个参数,grep 会一直等待,直到该程序被中断。如果遇到了这样的情况,可以按 Ctrl+C 组合键终止。默认情况下只搜索当前目录,如果递归查找子目录,可使用"r"选项。

  grep root /etc/passwd：在指定文件/etc/passwd 中查找包含 root 字符串的行。
  cat /etc/passwd | grep root：结合管道一起使用,效果同上。
  grep -n root /etc/passwd：将显示符合条件的内容以及所在的行号。
  grep Listen httpd.conf：在 httpd.conf 中查找包含 Listen 的行打印出来,区分大小写。
  grep -i uuid yhy.txt：不区分大小写,在 yhy.txt 中查找指定字符串 uuid。
  grep 支持丰富的正则表达式,在此不再详述。

3.3.7 比较文件差异 diff 命令

diff 命令的功能为逐行比较两个文本文件,列出其不同之处。它对给出的文件进行系统的检查,并显示出两个文件中所有不同的行,以便告知用户为了使两个文件 file1 和 file2 一致,需要修改它们的哪些行,比较之前不要求事先对文件进行排序。如果 diff 命令后跟的是目录,则会对该目录中的同名文件进行比较,但不会比较其中的子目录。

diff　httpd.conf httpd.conf.bak | cat -n:比较文件差异。

在比较结果中,以"<"开头的行属于第 1 个文件,以">"开头的行属于第 2 个文件。字母 a、d 和 c 分别表示附加、删除和修改操作。

3.3.8 在文件或目录之间创建链接 ln 命令

ln 命令用在链接文件或目录,如同时指定两个以上的文件或目录,且最后的目的地是一个已经存在的目录,则会把前面指定的所有文件或目录复制到该目录中。若同时指定多个文件或目录,且最后的目的地并非是一个已存在的目录,则会出现错误信息。ln 命令会保持每一处链接文件的同步性,也就是说,改动其中一处,其他地方的文件都会发生相同的变化。

ln 分为软链接和硬链接。软链接只会在目的位置生成一个文件的链接文件,实际上不会占用磁盘空间,相当于 Windows 中的快捷方式。硬链接会在目的位置上生成一个和源文件大小相同的文件。无论是软链接还是硬链接,文件都保持同步变化。软链接是可以跨分区的,但是硬链接必须在同一个文件系统,并且不能对目录进行硬链接,而软链接可以指向任意的位置。

ln -s /data/ln/src /data/ln/dst:创建软链接,当源文件内容改变时,软链接指向的文件内容也会改变,如果删除源文件,软链接指向的文件内容已经不存在。

ln /data/ln/src /data/ln/dst_hard:创建硬链接,如果删除源文件,硬链接文件内容依然存在。

ln -s /data/ln/* /data/ln2:对某一目录中的所有文件和目录建立链接。

对硬链接指向的文件进行读写和删除操作的时候,效果和软链接相同。如果删除硬链接文件的源文件,硬链接文件仍然存在,可以将硬链接指向的文件认为是不同的文件,只是具有相同的内容。

3.3.9 显示文件类型 file 命令

file 命令用来显示文件的类型,对于每个给定的参数,该命令试图将文件分类为文本文件、可执行文件、压缩文件或其他可理解的数据格式。

file magic:显示文件类型,输出如下信息:

magic: magic text file for file(1) cmd

file -b magic:不显示文件名称,只显示文件类型,输出如下信息:

magic text file for file(1) cmd

file -i magic:显示文件 magic 信息,输出如下信息:

magic: text/plain; charset = utf – 8

file /bin/cp：显示 cp 可执行文件信息，输出如下信息：

/bin/cp: ELF 64-bit LSB executable, AMD x86 – 64 r version 1 (SYSV) , for GNU/Linux 2.6.4, dynamically linked (uses shared libs), for GNU/Linux 2.6.4, stripped

ln -s /bin/cp：创建软链接。

file cp：显示链接文件 cp 信息，输出如下信息：

cp: symbolic link to '/bin/cp'

file -L cp：显示链接指向的实际文件的相关信息，输出如下信息：

cp: ELF 64 – bit LSB executable, AMD x86 – 64, version 1 (SYSV), for GNU/Linux 2.6.4, dynamically linked (uses shared libs), for GNU/Linux 2.6.4f stripped

3.3.10　分割文件 split 命令

当处理文件时，有时需要将文件做分割处理，split 命令即用于分割文件，可以分割文本文件，按指定的行数分割，每个分割后的文件都包含相同的行数。split 可以分割非文本文件，分割时可以指定每个文件的大小，分割后的文件有相同的大小。有时需要将文件分割成更小的片段，比如为提高可读性、生成日志等。split 后的文件可以使用 cat 命令组装在一起。

split yhy.txt：split 默认按 1000 行分割文件。

split 命令后可以跟如下选项。

-b：值为每个输出文件的大小，单位为 B。

-C：每一输出文件中，单行的最大字节数。

-d：使用数字作为后缀。

-l：值为每个输出文件的列数大小。

dd if=/dev/zero bs=100k count=1 of=yhy.file：生成一个大小为 100KB 的测试文件 yhy.file。

split -b 10k yhy.file：使用 split 命令将上面创建的 yhy.file 文件分割成大小为 10KB 的小文件。

split -b 10k yhy.file -d -a 3：文件被分割成多个带有字母的后缀文件，如果想用数字后缀，可使用-d 参数，同时可以使用-a length 指定后缀的长度。

split -b 10k yhy.file -d -a 3 split_file：为分割后的文件指定文件名的前缀。

split -l 10 yhy.file：使用-l 选项根据文件的行数来分割文件，例如，把文件分割成每个包含 10 行的小文件。

当把一个大的文件分拆为多个小文件后，如何校验文件的完整性呢？一般通过 MD5 工具来校验对比。对应的 Linux 命令为 md5sum(有关 MD5 的校验机制和原理请参考相关文档，本节不再赘述)。

3.3.11　文本操作 awk 和 sed 命令

awk 和 sed 为 Linux 系统中强大的文本处理工具，其使用方法比较简洁，而且处理效率非常高,下面具体看看 awk 和 sed 命令的使用方法。

awk 命令用于 Linux 下的文本处理。数据可以来自文件或标准输入,支持正则表达式等功能,是 Linux 下强大的文本处理工具。

awk '{print $0}' /etc/passwd|head:该命令输出如下内容。

```
root:x:0:0:root:/root:/bin/bash
bin:x:1:1:bin:/bin:/sbin/nologin
daemon:x:2:2:daemon:/sbin :/sbin/nologin
adm:x:3;4:adm:/var/adm:/sbin/nologin
lp:x:4:7:lp:/var/spool/lpd:/sbin/nologin
sync:x:5:0:sync:/sbin:/bin/sync
```

当指定 awk 时,首先从给定的文件中读取内容,然后针对文件中的每一行执行 print 命令,并把输出发送至标准输出,如屏幕。在 awk 中,"{}"用于将代码分块。由于 awk 默认的分隔符为空格等空白字符,上述示例中的功能为将文件中的每行打印出来。

在修改文件时,如果不断地重复执行某些编辑动作,则可用 sed 命令完成。sed 命令为 Linux 系统中将编辑工作自动化的编辑器,使用者无须直接编辑数据,是一种非交互式上下文编辑器,一般的 Linux 系统,本身即安装有 sed 工具。使用 sed 可以完成数据行的删除、更改、添加、插入、合并或交换等操作。同 awk 类似,sed 命令可以通过命令行、管道或文件输入。

sed 命令可以打印指定的行至标准输出或重定向至文件,打印指定的行可以使用"p"命令,可以打印指定的某一行或某个范围的行。

head -3 /etc/passwd | sed -n 2p:该命令输出如下内容。

```
bin:x:1:1:bin:/bin:/bin/bash
```

head -3 /etc/passwd | sed -n 2,3p:该命令输出如下内容。

```
bin:x:1:1:bin:/bin:/bin/bash
daemon:x:2:2:Daemon:/sbin:/bin/bash
```

注意:"2p"表示只打印第 2 行,而 2,3p 表示打印范围。

3.4 目录管理命令

目录是 Linux 的基本组成部分,目录管理包括目录的复制、删除、修改等操作,本节主要介绍 Linux 中目录管理相关的命令。

3.4.1 显示当前工作目录 pwd 命令

pwd 命令用于显示当前工作目录的完整路径。pwd 命令使用比较简单,默认情况下不带任何参数,执行该命令显示当前路径。如果当前路径有软链接,显示链接路径而非实际路径,使用"P"参数可以显示当前路径的实际路径。

pwd:默认显示链接路径。

pwd -P:显示实际路径。

3.4.2 建立目录 mkdir 命令

mkdir 命令用于创建指定的目录。创建目录时当前用户对需要操作的目录有读写权限。如目录已经存在,会提示报错并退出。mkdir 可以创建多级目录。

注意:创建目录时目的路径不能存在重名的目录或文件。使用 p 参数可以一次创建多个目录,并且创建多级目录,而不需要多级目录中每个目录都存在。

mkdir soft:创建 soft 目录,如果目录已经存在,提示:mkdir: cannot create directory 'soft': File exists 错误信息并退出。

mkdir -p soft:使用 p 参数可以创建存在或不存在的目录。

mkdir -m775 apache:指定新创建目录的权限。

mkdir -p /data/(yhy1,yhy2)或 mkdir -p /data/yhy3 /data/yhy4:一次创建多个目录。

注意:无写权限则不能创建目录,虽然没有权限写入,但由于目录存在,并不会提示任何信息。

3.4.3 删除目录 rmdir 命令

rmdir 命令用来删除空目录。当目录不再被使用时,或者磁盘空间已达到使用限定值,就需要删除失去使用价值的目录。利用 rmdir 命令可以从一个目录中删除一个或多个空的子目录。删除目录时,必须具有对其父目录的写权限。

rmdir -p bin/os_1:删除子目录 os_1 和其父目录 bin。

注意:子目录被删除之前应该是空目录。也就是说,该目录中的所有文件必须用 rm 命令全部删除,另外,当前工作目录必须在被删除目录之上,不能是被删除目录本身,也不能是被删除目录的子目录。

虽然还可以用带有-r 选项的 rm 命令递归删除一个目录中的所有文件和该目录本身,但是这样做存在很大的危险性。

注意:当使用"p"参数时,如目录中存在空目录和文件,则空目录会被删除,上一级目录不能删除。

3.4.4 查看目录树 tree 命令

使用 tree 命令可以以树状图递归的形式显示各级目录,方便地看到目录结构。

tree:以树状图递归的形式显示各级目录。

tree -f:在每个文件或目录之前,显示完整的相对路径名称。

3.4.5 打包或解包文件 tar 命令

tar 命令用于将文件打包或解包,扩展名一般为".tar",指定特定参数可以调用 gzip 或 bzip2 制作压缩包或解开压缩包,扩展名为"tar.gz"或".tar.bz2"。tar 命令相关的包一般使用.tar 作为文件名标识。如果加 z 参数,则以.tax.gz 或.tgz 来代表 gzip 压缩过的 tar。

tar -cvf /tmp/etc.tar /etc:仅打包,不压缩。

tar -zcvf /tmp/etc.tar.gz /etc:打包并使用 gzip 压缩。

tar -jcvf　/tmp/etc.tar.bz2　/etc：打包并使用 bzip2 压缩。
tar -ztvf　/tmp/etc.tar.gz：查看压缩包文件列表。
cd　/data：切换目录。
tar -zxvf　/tmp/etc.tar.gz：解压压缩包至当前路径。
tar -zxvf　/tmp/etc.tar.gz　etc/passwd：只解压指定文件。
tar -zxvpf　/tmp/etc.tar.gz　/etc：建立压缩包时保留文件属性。
tar --exclude /home/*log -zxvpf　/tmp/etc.tar.gz　/data/soft：排除某些文件。

3.4.6　压缩或解压缩文件和目录 zip/unzip 命令

zip 是 Linux 系统下广泛使用的压缩程序，文件压缩后扩展名为".zip"。

zip 命令的基本用法是：zip [参数][打包后的文件名][打包的目录路径]。路径可以是相对路径，也可以是绝对路径。

zip -r myfile.zip ./*：将当前目录下的所有文件和文件夹全部压缩成 myfile.zip 文件，-r 表示递归压缩子目录下所有文件。

unzip -o -d /home/yhy myfile.zip：把 myfile.zip 文件解压到/home/yhy/下，-o 参数表示在不提示的情况下覆盖文件；-d 选项指明将文件解压缩到/home/yhy 目录下。

zip -d myfile.zip yhy.txt：删除压缩文件中的 yhy.txt 文件。

zip -m myfile.zip ./yhy.txt：向压缩文件 myfile.zip 中添加 yhy.txt 文件。

zip -q -r html.zip /home/Blinux/html：将/home/Blinux/html 这个目录下所有文件和文件夹打包为当前目录下的 html.zip。

上面的命令操作是将绝对地址的文件及文件夹进行压缩，以下给出压缩相对路径目录，例如目前在 Blinux 这个目录下，执行以下操作可以达到以上同样的效果。

```
zip –q –r html.zip html
```

unzip 命令用于解压缩由 zip 命令压缩的".zip"压缩包。

unzip test.zip：将压缩文件 text.zip 在当前目录下解压缩。

unzip -n test.zip -d /tmp：将压缩文件 text.zip 在指定目录/tmp 下解压缩，如果已有相同的文件存在，要求 unzip 命令不覆盖原文件。

unzip -v test.zip 或 zcat　test.zip：查看压缩文件目录，但不解压。

unzip -o test.zip -d tmp/：将压缩文件 test.zip 在指定目录/tmp 下解压缩，如果已有相同的文件存在，要求 unzip 命令覆盖原文件。

3.4.7　压缩或解压缩文件和目录 gzip/gunzip 命令

和 zip 命令类似，gzip 用于文件的压缩，gzip 压缩后的文件扩展名为".gz"，gzip 默认压缩后会删除原文件。gunzip 用于解压经过 gzip 压缩过的文件。事实上，gunzip 就是 gzip 的硬链接，因此不论是压缩或解压缩，都可通过 gzip 指令单独完成。

gzip *：把当前目录下的每个文件压缩成.gz 文件。

gzip -dv *：把每个压缩的文件解压，并列出详细的信息。

gzip -l *：详细显示每个压缩文件的信息，并不解压。

gzip -r log.tar：压缩一个 tar 备份文件,此时压缩文件的扩展名为.tar.gz。

gzip -rv test：递归地压缩目录 test,这样,所有 test 下面的文件都变成了 * .gz,目录依然存在,只是目录里面的文件相应变成了 * .gz。这就是压缩和打包的不同。因为是对目录操作,所以需要加上-r 选项,这样也可以对子目录进行递归了。

gzip -dr test：递归地解压目录。

zip -r /opt/etc.zip /etc：将/etc 目录下的所有文件以及子目录进行压缩,备份压缩包 etc.zip 到/opt 目录。

gzip -9v /opt/etc.zip：对 etc.zip 文件进行 gzip 压缩,设置 gzip 的压缩级别为 9。此命令将会生成 etc.zip.gz 的压缩文件。

gzip -l /opt/etc.zip.gz：查看上述 etc.zip.gz 文件的压缩信息。

gzip -d /opt/etc.zip.gz 或 gunzip /opt/etc.zip.gz：解压 etc.zip.gz 文件到当前目录。gzip -d 命令等价于 gunzip 命令。

3.4.8 压缩或解压缩文件和目录 bzip2/bunzip2 命令

bzip2 是一个基于 Burrows-Wheeler 变换的无损压缩软件,压缩效果比传统的 LZ77/LZ78 压缩算法好。它是一款免费软件,可以自由分发免费使用。它广泛存在于 UNIX 和 Linux 的许多发行版本中。bzip2 能够进行高质量的数据压缩,它利用先进的压缩技术,能够把普通的数据文件压缩 10%～15%,压缩的速度和解压的效率都非常高。它支持现在大多数压缩格式,包括 tar、gzip 文件。如果没有加上任何参数,bzip2 压缩完文件后会产生.bz2 的压缩文件,并删除原始的文件。

bunzip2 是 bzip2 的一个软链接,但 bunzip2 和 bzip2 的功能却正好相反。bzip2 是用来压缩文件的,而 bunzip2 是用来解压文件的,相当于 bzip2 -d,类似地有 zip 和 unzip、gzip 和 gunzip、compress 和 uncompress。

gzip、bzip2 一次只能压缩一个文件,如果要同时压缩多个文件,则需将其打个 tar 包,然后压缩,即 tar.gz、tar.bz2。Linux 系统中 bzip2 也可以与 tar 一起使用。bzip2 可以压缩文件,也可以解压文件,解压也可以使用另外一个命令 bunzip2。bzip2 的命令行标志大部分与 gzip 相同,所以从 tar 文件解压 bzip2 压缩的文件方法如下所示。

bzip2 file_test：压缩指定文件,压缩后原文件会被删除。

tar -jcvf test.tar.bz2 file1 file2 l.txt：多个文件压缩并打包。

bzcat test.tar.bz2：查看 bzip 压缩过的文件内容。

bzip2 -d -k shell.txt.bz2：使用-d 参数压缩,-k 参数保留原文件。

bzip2 包含的参数选项如下。

-f 或--force：解压缩时,若输出的文件与现有文件同名时,默认不会覆盖现有的文件。

-k 或--keep：在解压缩后,默认会删除原来的压缩文件。若要保留压缩文件,请使用此参数。

-s 或--small：降低程序执行时,内存的使用量。

-v 或--verbose：解压缩文件时,显示详细的信息。

-l 或--license,-V 或--version：显示版本信息。

3.5 系统管理命令

如何查看系统帮助？历史命令如何查看？日常使用中有一些命令可以提高Linux系统的使用效率，本节主要介绍系统管理相关的命令。

3.5.1 查看命令帮助man命令

man命令是Linux下的帮助指令，通过man指令可以查看Linux中的指令帮助、配置文件帮助和编程帮助等信息。

man man：显示man命令的帮助信息。

输入"man ls"，会在最左上角显示"LS(1)"，其中，"LS"表示手册名称，而"(1)"表示该手册位于第1节。同样地，输入"man ifconfig"，会在最左上角显示"IFCONFIG(8)"。也可以这样输入命令"man［章节号］手册名称"。

3.5.2 查看历史记录history命令

当使用终端命令行输入并执行命令时，Linux会自动把命令记录到历史列表中，一般保存在用户HOME目录下的.bash_history文件中。默认保存1000条，这个值可以更改。如果不需要查看历史命令中的所有项目，history可以只查看最近n条命令列表。history命令不仅可以查询历史命令，而且有相关的功能执行命令。

系统安装完毕，执行history命令并不会记录历史命令的时间，通过特定的设置可以记录命令的执行时间。使用上下方向键可以方便地看到执行的历史命令，使用Ctrl+R组合键可对命令历史进行搜索，对于想要重复执行某个命令的时候非常有用。当找到命令后，通常再按Enter键就可以执行该命令。如果想对找到的命令进行调整后再执行，则可以按左或右方向键。使用感叹号"!"可以方便地执行历史命令。

!2：执行history显示的第2条命令。

!up：执行最近一条以up开头的命令。

history -c：清除已有的历史命令，使用-c选项。

3.5.3 显示或修改系统时间与日期date命令

date命令的功能是显示或设置系统的日期和时间。

注意：只有ROOT用户才能用date命令设置时间，一般用户只能用date命令显示时间。另外，一些环境变量会影响到date命令的执行效果。

date：显示系统当前时间，输出结果类似"Wed May 1 12:31:35 CST 2018"。CST表示中国标准时间，UTC表示世界标准时间，中国标准时间与世界标准时间的时差为+8，也就是UTC+8。另外，GMT表示格林尼治标准时间。

date ＋％Y-％m-％d " " ％H:％M:％S：按指定格式显示系统时间，输出结果类似"2018-05-01 12:31:36"。

date -s 20180530：设置系统日期，只有ROOT用户才能查看。

date -s 12:31:34：设置系统时间。

date +%Y-%m-%d " " %H:%M:%S -d "10 days ago"：显示 10 天之前的日期。

当以 ROOT 身份更改了系统时间之后，还需要通过“clock -w”命令将系统时间写入 CMOS 中，这样下次重新开机时系统时间才会使用最新的值。date 参数丰富，其他参数用法可上机实践。

3.5.4 清除屏幕 clear 命令

clear 命令用于清空终端屏幕，类似 DOS 下的 cls 命令，使用方法比较简单，如要清除当前屏幕内容，直接输入“clear”即可，或按 Ctrl+L 组合键。

如果终端有乱码，clear 不能恢复时可以使用 reset 命令使屏幕恢复正常。

3.5.5 查看系统负载 uptime 命令

Linux 系统中的 uptime 命令主要用于获取主机运行时间和查询 Linux 系统负载等信息。uptime 命令可以显示系统已经运行了多长时间，信息显示依次为：现在时间，系统已经运行了多长时间，目前有多少登录用户，系统在过去的 1min、5min 和 15min 内的平均负载。uptime 命令用法十分简单，直接输入 uptime 即可。

输入 uptime 命令后显示如下内容。

```
07:30:09  up  9:15,  3 users, load average: 0.00, 0.00, 0.00
```

07:30:09 表示系统当前时间。up 9:15 表示主机已运行时间，时间越大，说明机器越稳定。3 users 表示用户连接数，是总连接数而不是用户数。load average 表示系统平均负载，统计最近 1min、5min、15min 的系统平均负载。系统平均负载是指在特定时间间隔内运行队列中的平均进程数。对于单核 CPU，负载小于 3 表示当前系统性能良好；3～10 表示需要关注，系统负载可能过大，需要做对应的优化；大于 10 表示系统性能有严重问题。另外，15min 系统负载需重点参考并作为当前系统运行情况的负载依据。

3.5.6 显示系统内存状态 free 命令

free 命令会显示内存的使用情况，包括实体内存、虚拟的交换文件内存、共享内存区段，以及系统核心使用的缓冲区等。

free -m：以 MB 为单位查看系统内存资源占用情况，输出信息如图 3-5 所示。

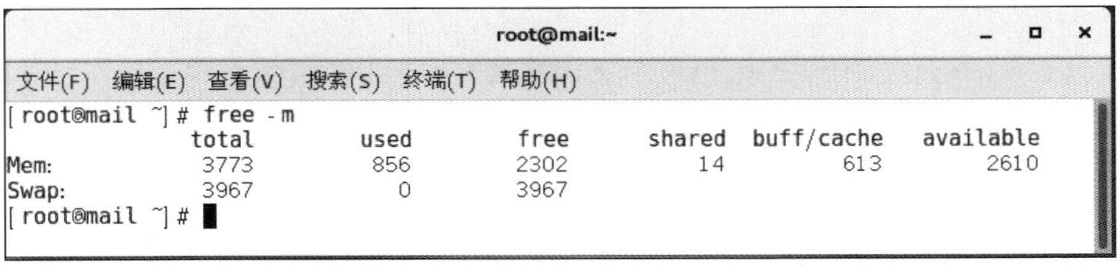
root@mail:~
文件(F) 编辑(E) 查看(V) 搜索(S) 终端(T) 帮助(H)
[root@mail ~]# free -m
total used free shared buff/cache available
Mem: 3773 856 2302 14 613 2610
Swap: 3967 0 3967
[root@mail ~]#

图 3-5 以 MB 为单位查看系统内存资源占用情况

Mem：表示物理内存统计，此示例中有 3773MB。

—/+ buffers/cached：表示物理内存的缓存统计。

Swap：表示硬盘上交换分区的使用情况，如剩余空间较小，需要留意当前系统内存使用情况及负载。

第 1 行数据 3773 表示物理内存总量，856 表示总计分配给缓存（包含 buffers 与 cache）使用的数量，但其中可能部分缓存并未实际使用，2302 表示未被分配的内存。shared 为 14，表示共享内存。613 表示系统分配但未被使用的 buffers 数量，2610 表示系统分配但未被使用的 cache 数量。

以上示例显示系统总内存为 3774MB，如需计算应用程序占用内存比率可以使用以下公式计算（total-free-buff）/cache，3774-2302-613＝859，内存使用百分比为 859/3774×100％＝22％，表示系统内存资源能满足应用程序需求。如应用程序占用内存量超过 80％，则应该及时进行应用程序算法优化。

3.5.7 转换或复制文件 dd 命令

dd 命令可以用指定大小的块复制一个文件，并在复制的同时进行指定的转换。参数使用时可以和 b/c/k 组合使用。

注意：指定数字的地方若以下列字符结尾则乘以相应的数字：b＝512；c＝1；k＝1024；w＝2。

/dev/null，可以向它写入任何数据，而写入的数据都会丢失。/dev/zero 是一个输入设备，可用来初始化文件，该设备无穷尽地提供。

dd if＝/dev/zero of＝/file bs＝1M count＝100：创建一大小为 100MB 的文件。

ls -lh /file：查看文件大小。

dd if＝/dev/hdb of＝/dev/hdd：将本地的/dev/hdb 整盘备份到/dev/hdd。

dd if＝/dev/hdb of＝/root/Image：将 dev/hdb 全盘数据备份到指定路径的 image 文件。

dd if＝/root/image of ＝/dev/hdb：将备份文件恢复到指定盘。

dd if＝/dev/hdb｜gzip＞/root/image.gz：备份/dev/hdb 全盘数据，并利用 gzip 工具进行压缩，保存到指定路径。

gzip -dc /root/image.gz｜dd of＝/dev/hdb：将压缩的备份文件恢复到指定盘。

dd if＝/dev/urandom of＝/dev/hda1：销毁磁盘数据。

下面来看一个增加 swap 分区文件大小的案例，具体步骤如下。

第 1 步：dd if＝/dev/zero of＝/swapfile bs＝1024 count＝262144 创建一个大小为 256MB 的文件。

第 2 步：mkswap /swapfile 把这个文件变成 swap 文件。

第 3 步：swapon /swapfile 启用这个 swap 文件。

第 4 步：echo "swapfile swap swap default 0 0">>/etc/fstab 编辑/etc/fstab 文件，使在每次开机时自动加载 swap 文件，在该文件最下面输入"swapfile swap swap default 0 0"。

3.5.8 查看网卡状态 ifconfig 命令

ifconfig 命令用于获取网卡配置与网络状态等信息，格式为"ifconfig［网络设备］［参数］"。

使用 ifconfig 命令来查看本机当前的网卡配置与网络状态等信息时，其实主要查看的就是网卡名称、inet 参数后面的 IP 地址、ether 参数后面的网卡物理地址(又称为 MAC 地址),以及 RX、TX 的接收数据包与发送数据包的个数及累计流量,如图 3-6 所示。

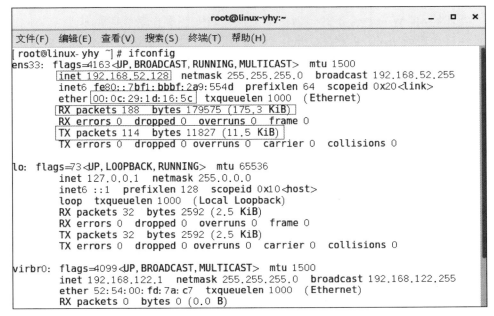

图 3-6　获取网卡配置与网络状态等信息

3.6　任务管理命令

在 Windows 系统中,Windows 提供了计划任务,功能就是安排自动运行的任务。Linux 提供了对应的命令完成任务管理。

3.6.1　单次任务 at

at 可以设置在一个指定的时间执行一个指定任务,只能执行一次,使用前应确认系统开启了 atd 进程。如果指定的时间已经过去则会放在第 2 天执行。

明天 17 点钟,输出时间到指定文件内的命令为"at 17:20 tomorrow",进入交互式情景,输入如下内容。

```
at > date >/root/2018.log
at >
< EOT >
```

不过,并不是所有用户都可以进行 at 计划任务。可以利用/etc/at.allow 与/etc/at.deny 这两个文件来进行 at 的使用限制。系统首先查找/etc/at.allow 这个文件,写在这个文件中的使用者才能使用 at,没有在这个文件中的使用者则不能使用 at。如果/etc/at.allow 不存在,就寻找/etc/at.deny 这个文件,若写在 at.deny 中的使用者则不能使用 at,而没有在这个 at.deny 文件中的使用者就可以使用 at 命令了。

3.6.2 周期任务 crond

crond 是 Linux 下用来周期性地执行某种任务或等待处理某些事件的命令,如进程监控、日志处理等,和 Windows 下的计划任务类似。当安装操作系统时默认会安装此服务工具,并且会自动启动 crond 进程。crond 进程每分钟会定期检查是否有要执行的任务,如果有要执行的任务,则自动执行该任务。crond 的最小调度单位为分钟。

Linux 下的任务调度分为两类:系统任务调度和用户任务调度。

(1) 系统任务调度:系统周期性所要执行的工作,比如写缓存数据到硬盘、日志清理等。在 /etc 目录下有一个 crontab 文件,这个就是系统任务调度的配置文件。

/etc/crontab 文件包括如图 3-7 所示几行内容。

```
[root@linux-yhy ~]# cat /etc/crontab
SHELL=/bin/bash
PATH=/sbin:/bin:/usr/sbin:/usr/bin
MAILTO=root

# For details see man 4 crontabs

# Example of job definition:
# .---------------- minute (0 - 59)
# |  .------------- hour (0 - 23)
# |  |  .---------- day of month (1 - 31)
# |  |  |  .------- month (1 - 12) OR jan,feb,mar,apr ...
# |  |  |  |  .---- day of week (0 - 6) (Sunday=0 or 7) OR sun,mon,tue,wed,thu,fri,sat
# |  |  |  |  |
# *  *  *  *  *  user-name  command to be executed

[root@linux-yhy ~]#
```

图 3-7　/etc/crontab 文件内容

前 4 行是用来配置 crond 任务运行的环境变量,第 1 行 SHELL 变量指定了系统要使用哪个 Shell,这里是 bash;第 2 行 PATH 变量指定了系统执行命令的路径;第 3 行 MAILTO 变量指定了 crond 的任务执行信息将通过电子邮件发送给 ROOT 用户,如果 MAILTO 变量的值为空,则表示不发送任务执行信息给用户;第 4 行的 HOME 变量指定了在执行命令或脚本时使用的主目录。

(2) 用户任务调度:用户定期要执行的工作,如用户数据备份、定时邮件提醒等。用户可以使用 crontab 工具来定制自己的计划任务。所有用户定义的 crontab 文件都被保存在 /var/spool/cron 目录中。其文件名与用户名一致。

用户所建立的 crontab 文件中,每一行都代表一项任务,每行的每个字段代表一项设置,它的格式共分为 6 个字段,前 5 段是时间设定段,第 6 段是要执行的命令段,格式如下:minute hour day month week command。具体说明如表 3-3 所示。

表 3-3　crontab 任务设置对应参数说明

参　数	说　明
minute	表示分钟,可以是 0~59 的任何整数
hour	表示小时,可以是 0~23 的任何整数
day	表示日期,可以是 1~31 的任何整数
month	表示月份,可以是 1~12 的任何整数
week	表示星期几,可以是 0~7 的任何整数,这里的 0 或 7 代表星期日
command	要执行的命令,可以是系统命令,也可以是自己编写的脚本文件

crond 命令常用参数如表 3-4 所示。

表 3-4　crond 命令常用参数说明

参　数	说　　明
-e	执行文字编辑器来编辑任务列表，内定的文字编辑器是 VI
-r	删除目前的任务列表
-l	列出目前的任务列表

crontab 的一些使用方法如下所示。

0　7　*　*　*　/bin/ls：每月每天每小时的第 0 分钟执行一次/bin/ls。

0 6-12/3　*　12　*　/usr/bin/backup：在 12 个月内，每天的早上 6 点到 12 点中，每隔 20 分钟执行一次/usr/bin/backup。

0　*/2　*　*　*　/sbin/service httpd restart：每 2 小时重启一次 Apache 服务。

3.7　管道符、重定向与环境变量

本节首先讲解与文件读写操作有关的重定向技术的 5 种模式——标准覆盖输出重定向、标准追加输出重定向、错误覆盖输出重定向、错误追加输出重定向以及输入重定向。帮助读者通过实验切实理解每个重定向模式的作用，解决输出信息的保存问题。然后深入讲解管道命令符，帮助读者掌握命令之间的搭配使用方法，进一步提高命令输出值的处理效率。随后通过讲解 Linux 系统命令行中的通配符和常见转义符，让读者输入的 Linux 命令具有更准确的意义，为第 4 章编写 Shell 脚本做准备。最后介绍用 Bash 解释器执行 Linux 命令的内部原理，为掌握 PATH 变量及 Linux 系统中的重要环境变量打下基础。

3.7.1　输入输出重定向

前面章节中介绍了基础且常用的 Linux 命令，接下来将介绍把多个 Linux 命令适当地组合到一起，使其协同工作，以便更加高效地处理数据。要做到这一点，就必须理解命令的输入重定向和输出重定向的原理。

简而言之，输入重定向是指把文件导入命令中，而输出重定向则是指把原本要输出到屏幕的数据信息写入指定文件中。在日常的学习和工作中，相较于输入重定向，使用输出重定向的频率更高，所以又将输出重定向分为标准输出重定向和错误输出重定向两种不同的技术，以及清空写入与追加写入两种模式。

（1）标准输入重定向（STDIN，文件描述符为 0）：默认从键盘输入，也可从其他文件或命令中输入。

（2）标准输出重定向（STDOUT，文件描述符为 1）：默认输出到屏幕。

（3）错误输出重定向（STDERR，文件描述符为 2）：默认输出到屏幕。

如分别查看两个文件的属性信息，其中第二个文件是不存在的，虽然针对这两个文件的操作都分别会在屏幕上输出一些数据信息，但这两个操作的差异其实很大。

【touch linux-yhy】
【ls -l linux-yhy】
-rw-r--r--. 1 root root 0 6月 4 04:14 linux-yhy
【ls -l yhy】
ls: 无法访问 yhy: 没有那个文件或目录

在上述命令中，名为 linux-yhy 的文件是存在的，输出信息是该文件的一些相关权限、所有者、所属组、文件大小及修改时间等信息，这也是该命令的标准输出信息。而名为 yhy 的第二个文件是不存在的，因此在执行完 ls 命令之后显示的报错提示信息也是该命令的错误输出信息。那么，要想把原本输出到屏幕上的数据写入文件当中，就要区别对待这两种输出信息。

对于输入重定向来讲，用到的符号及其作用如表 3-5 所示。

表 3-5 输入重定向中用到的符号及其作用

符号	作用
命令<文件	将文件作为命令的标准输入
命令<<分界符	从标准输入中读取，直到遇见分界符才停止
命令<文件1>文件2	将文件1作为命令的标准输入并将其输出到文件2中

对于输出重定向来讲，用到的符号及其作用如表 3-6 所示。

表 3-6 输出重定向中用到的符号及其作用

符号	作用
命令>文件	将标准输出重定向到一个文件中（清空原有文件的数据）
命令 2>文件	将错误输出重定向到一个文件中（清空原有文件的数据）
命令>>文件	将标准输出重定向到一个文件中（追加到原有内容的后面）
命令 2>>文件	将错误输出重定向到一个文件中（追加到原有内容的后面）
命令>>文件 2>&1 或 命令 &>>文件	将标准输出与错误输出共同写入文件中（追加到原有内容的后面）

对于重定向中的标准输出模式，可以省略文件描述符 1 不写，而错误输出模式的文件描述符 2 是必须要写的。下面通过标准输出重定向将 man bash 命令原本要输出到屏幕的信息写入文件 readme.txt 中，然后显示 readme.txt 文件中的内容。具体命令如下。

【man bash > readme.txt】
【cat readme.txt】

接下来尝试输出重定向技术中的覆盖写入与追加写入这两种不同模式带来的变化。首先通过覆盖写入模式向 readme.txt 文件写入一行数据（该文件中包含上一个实验中的 man 命令信息），然后再通过追加写入模式向文件再写入一次数据，其命令如下。

【echo "Welcome to linux-yhy.com" > readme.txt】
【echo "Quality linux learning materials" >> readme.txt】

在执行 cat 命令之后，可以看到如下所示的文件内容。

【cat readme.txt】
Welcome to linux-yhy.com
Quality linux learning materials

虽然都是输出重定向技术,但是不同命令的标准输出和错误输出还是有区别的。例如,查看当前目录中某个文件的信息,这里以 linux-yhy 文件为例。因为这个文件是真实存在的,因此使用标准输出即可将原本要输出到屏幕的信息写入文件中,而错误的输出重定向则依然把信息输出到了屏幕上。

【ls -l linux-yhy】
-rw-r--r--. 1 root root 0 6月 4 04:14 linux-yhy
【ls -l linux-yhy > /root/stderr.txt】
【ls -l linux-yhy 2> /root/stderr.txt】
-rw-r--r--. 1 root root 0 6月 4 04:14 linux-yhy

如果想把命令的报错信息写入文件,该怎么操作呢?当用户在执行一个自动化的 Shell 脚本时,这个操作会特别有用,而且特别实用,因为它可以把整个脚本执行过程中的报错信息都记录到文件中,便于安装后的排错工作。接下来以一个不存在的文件进行实验演示。

【ls -l yhy】
ls: 无法访问 yhy: 没有那个文件或目录
【ls -l yhy > /root/stderr.txt】
ls: 无法访问 yhy: 没有那个文件或目录
【ls -l yhy 2> /root/stderr.txt】
【cat /root/stderr.txt】
ls: 无法访问 yhy: 没有那个文件或目录

输入重定向相对来说有些冷门,在工作中遇到的概率会小一点。输入重定向的作用是把文件直接导入命令中。接下来使用输入重定向把 readme.txt 文件导入 wc -l 命令,统计一下文件中的内容行数。

【wc -l < readme.txt】
3493

注:上述命令实际上等同于接下来要学习的 cat readme.txt | wc -l 的管道符命令组合。

3.7.2 管道命令符

前面章节中学习命令时曾经见到过一个名为管道符的东西。按 Shift+|组合键即可输入管道符,其执行格式为"命令 A | 命令 B"。管道命令符的作用也可以用一句话来概括:"把前一个命令原本要输出到屏幕的标准正常数据当作后一个命令的标准输入"。在 3.3.6 节讲解 grep 文本搜索命令时,通过匹配关键词/sbin/nologin 找出了所有被限制登录系统的用户。在学完本节内容后,完全可以把下面这两条命令合并为一条。

(1) 找出被限制登录用户的命令是 grep "/sbin/nologin" /etc/passwd;
(2) 统计文本行数的命令则是 wc -l。

现在要做的就是把搜索命令的输出值传递给统计命令,即把原本要输出到屏幕的用户信息列表再交给 wc 命令做进一步的加工，因此只需要把管道符放到两条命令之间即可，具体如下。

【grep "/sbin/nologin" /etc/passwd | wc -l】
37

这个管道符就像一个法宝，可以将它套用到其他不同的命令上，例如用翻页的形式查看/etc 目录中的文件列表及属性信息。

【ls -l /etc/ | more】

在修改用户密码时，通常都需要输入两次密码以进行确认，这在编写自动化脚本时将成为一个非常致命的缺陷。通过把管道符和 passwd 命令的--stdin 参数相结合，可以用一条命令完成密码重置操作。

【echo "linux-yhy" | passwd -- stdin root】

管道符的用法还有很多，例如，在发送电子邮件时，默认采用交互式的方式来进行，完全可以利用一条结合了管道符的命令语句，把编辑好的内容与标题一起"打包"，最终用这一条命令实现邮件的发送，如图 3-8 所示。

【echo "Content" | mail -s "Subject" linux-yhy】
【su - linux-yhy】
【mail】

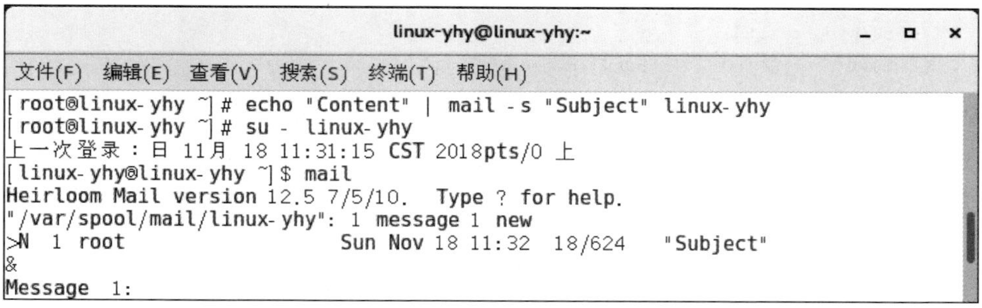

图 3-8　邮件的发送命令

通过重定向技术还能够一次性地把多行信息打包输入或输出，让日常工作更加高效。

下面这条命令结合使用了 mail 邮件命令与输入重定向的分界符，其目的是让用户一直输入内容，直到用户输入了其自定义的分界符时，才结束输入。

【mail -s "Readme" root@linux-yhy.com << over】
> I think linux is very practical
> I hope to learn more
> can you teach me ?
> over

当然，读者千万不要误以为管道命令符只能在一个命令组合中使用一次，完全可以这样使用："命令 A | 命令 B | 命令 C"。组合使用可以完成之前不敢想象的复杂工作。

3.7.3 命令行的通配符

顾名思义,通配符就是通用的匹配信息的符号,比如星号(*)代表匹配零个或多个字符,问号(?)代表匹配单个字符,中括号内加上数字[0-9]代表匹配 0~9 的单个数字的字符,而中括号内加上字母[abc]则是代表匹配 a、b、c 三个字符中的任意一个字符。下面匹配所有在/dev 目录中且以 sda 开头的文件。

【ls -l /dev/sda*】
brw-rw----. 1 root disk 8, 0 6月 4 04:00 /dev/sda
brw-rw----. 1 root disk 8, 1 6月 4 04:00 /dev/sda1
brw-rw----. 1 root disk 8, 2 6月 4 04:00 /dev/sda2

如果只想查看文件名以 sda 开头,但是后面还紧跟其他某一个字符的文件的相关信息,该怎么操作呢? 这时就需要用问号来进行通配了。

【ls -l /dev/sda?】
brw-rw----. 1 root disk 8, 1 6月 4 04:00 /dev/sda1
brw-rw----. 1 root disk 8, 2 6月 4 04:00 /dev/sda2

除了使用[0-9]来匹配 0~9 的单个数字,也可以用[135]这样的方式仅匹配这三个指定数字中的一个,若没有匹配到,则不会显示出来。

【ls -l /dev/sda[0-9]】
brw-rw----. 1 root disk 8, 1 6月 4 04:00 /dev/sda1
brw-rw----. 1 root disk 8, 2 6月 4 04:00 /dev/sda2
【ls -l /dev/sda[135]】
brw-rw----. 1 root disk 8, 1 6月 4 04:00 /dev/sda1

3.7.4 常用的转义字符

为了能够更好地理解用户的表达,Shell 解释器还提供了特别丰富的转义字符来处理输入的特殊数据。最常用的转义字符如下所示。

(1) 反斜杠(\):使反斜杠后面的一个变量变为单纯的字符串。
(2) 单引号(''):转义其中所有的变量为单纯的字符串。
(3) 双引号(""):保留其中的变量属性,不进行转义处理。
(4) 反引号(`):把其中的命令执行后返回结果。

先定义一个名为 PRICE 的变量并赋值为 5,然后输出以双引号括起来的字符串与变量信息。

【PRICE=5】
【echo "Price is $PRICE"】
Price is 5

接下来,希望能够输出"Price is $5",即价格是 5 美元的字符串内容,但碰巧美元符号与变量提取符号合并后的 $$ 作用是显示当前程序的进程 ID 号码,于是命令执行后输出的内容并不是所预期的。

【echo "Price is $$PRICE"】
Price is 3767PRICE

要想让第一个"$"作为美元符号,就需要使用反斜杠(\)进行转义,将这个命令提取符转义成单纯的文本,去除其特殊功能。

【echo "Price is \ $$PRICE"】
Price is $5

而如果只需要某个命令的输出值时,可以像'命令'这样,将命令用反引号括起来,达到预期的效果。例如,将反引号与 uname -a 命令结合,然后使用 echo 命令来查看本机的 Linux 版本和内核信息,如图 3-9 所示。

【echo `uname - a`】

```
[root@linux-yhy ~]# echo `uname -a`
Linux linux-yhy 3.10.0-862.el7.x86_64 #1 SMP Fri Apr 20 16:44:24 UTC 2018 x86_64 x86_64 x86_64 GNU/Linux
[root@linux-yhy ~]#
```

图 3-9　查看本机的 Linux 版本和内核信息

3.7.5　重要的环境变量

变量是计算机系统用于保存可变值的数据类型。在 Linux 系统中,变量名称一般都是大写的,这是一种约定俗成的规范。可以直接通过变量名称提取到对应的变量值。Linux 系统中的环境变量是用来定义系统运行环境的一些参数,如每个用户不同的 HOME 目录、邮件存放位置等。

前文中曾经讲到,在 Linux 系统中一切都是文件,Linux 命令也不例外。那么,在用户执行了一条命令之后,Linux 系统中到底发生了什么事情呢?简单来说,命令在 Linux 中的执行分为以下 4 个步骤。

第 1 步:判断用户是否以绝对路径或相对路径的方式输入命令(如/bin/ls),如果是则直接执行。

第 2 步:Linux 系统检查用户输入的命令是否为"别名命令",即用一个自定义的命令名称来替换原本的命令名称。可以用 alias 命令来创建一个属于自己的命令别名,格式为"alias 别名=命令"。若要取消一个命令别名,则使用 unalias 命令,格式为"unalias 别名"。之前在使用 rm 命令删除文件时,Linux 系统都会要求再确认是否执行删除操作,其实这就是 Linux 系统为了防止用户误删除文件而特意设置的 rm 别名命令,接下来把它取消掉。

【ls】
anaconda - ks.cfg　　　　　公共　视频　文档　音乐
initial - setup - ks.cfg　　模板　图片　下载　桌面
【rm anaconda - ks.cfg】
【rm anaconda - ks.cfg】
rm: 是否删除普通文件 "anaconda - ks.cfg"? y
【alias rm】
alias rm = 'rm - i'
【unalias rm】

【rm initial-setup-ks.cfg】

第 3 步：Bash 解释器判断用户输入的是内部命令还是外部命令。内部命令是解释器内部的指令，会被直接执行；而用户在绝大部分时间输入的是外部命令，这些命令交由步骤 4 继续处理。可以使用"type 命令名称"来判断用户输入的命令是内部命令还是外部命令。

第 4 步：系统在多个路径中查找用户输入的命令文件，而定义这些路径的变量叫作 PATH，可以简单地把它理解成是"解释器的小助手"，作用是告诉 Bash 解释器待执行的命令可能存放的位置，然后 Bash 解释器就会乖乖地在这些位置中逐个查找。PATH 是由多个路径值组成的变量，每个路径值之间用冒号间隔，对这些路径的增加和删除操作将影响到 Bash 解释器对 Linux 命令的查找。

【echo $PATH】
/usr/local/bin:/usr/local/sbin:/usr/bin:/usr/sbin:/bin:/sbin
【PATH=$PATH:/root/bin】
【echo $PATH】
/usr/local/bin:/usr/local/sbin:/usr/bin:/usr/sbin:/bin:/sbin:/root/bin

这里有比较经典的问题："为什么不能将当前目录(.)添加到 PATH 中呢？"原因是，尽管可以将当前目录(.)添加到 PATH 变量中，从而在某些情况下可以让用户免去输入命令所在路径的麻烦。但是，如果黑客在比较常用的公共目录/tmp 中存放了一个与 ls 或 cd 命令同名的木马文件，而用户又恰巧在公共目录中执行了这些命令，那么就极有可能中招了。

所以，作为一名态度谨慎、有经验的运维人员，在接手了一台 Linux 系统后一定会在执行命令前先检查 PATH 变量中是否有可疑的目录。另外，读者从前面的 PATH 变量示例中是否也感觉到环境变量特别有用呢？可以使用 env 命令来查看到 Linux 系统中所有的环境变量。下面是最重要的 10 个环境变量，如表 3-7 所示。

表 3-7　Linux 系统中最重要的 10 个环境变量

变量名称	作用
HOME	用户的主目录（即家目录）
SHELL	用户在使用的 Shell 解释器名称
HISTSIZE	输出的历史命令记录条数
HISTFILESIZE	保存的历史命令记录条数
MAIL	邮件保存路径
LANG	系统语言、语系名称
RANDOM	生成一个随机数字
PS1	Bash 解释器的提示符
PATH	定义解释器搜索用户执行命令的路径
EDITOR	用户默认的文本编辑器

Linux 作为一个多用户多任务的操作系统，能够为每个用户提供独立的、合适的工作运行环境，因此，一个相同的变量会因为用户身份的不同而具有不同的值。例如，使用下述命令来查看 HOME 变量在不同用户身份下都有哪些值（su 是用于切换用户身份的命令，将在后面章节中介绍）。

【echo $HOME】

```
/root
【su - linux - yhy】
【echo $HOME】
/home/linux - yhy
```

其实变量是由固定的变量名与用户或系统设置的变量值两部分组成的,完全可以自行创建变量,来满足工作需求。例如,设置一个名称为 WORKDIR 的变量,方便用户更轻松地进入一个层次较深的目录。

```
【mkdir /home/workdir】
【WORKDIR = /home/workdir】
【cd $WORKDIR】
【pwd】
/home/workdir
```

但是,这样的变量不具有全局性,作用范围也有限,默认情况下不能被其他用户使用。如果工作需要,可以使用 export 命令将其提升为全局变量,这样其他用户也可以使用它了。

```
【su linux - yhy】
【cd $WORKDIR】
【echo $WORKDIR】
【exit】
【export WORKDIR】
【su linux - yhy】
【cd $WORKDIR】
【pwd】
/home/workdir
```

习 题

一、选择题

1. 使用(　　)命令可以把两个文件合并成一个文件。
   A. cat   B. grep   C. awk   D. cut

2. 用 ls-al 命令列出下面的文件列表,(　　)文件是软链接文件。
   A. -rw-rw-rw- 2 hel-s users 56 sep 09 11:05 hello
   B. -rwxrwxrwx 2 hel-s users 56 sep 09 11:05 goodbye
   C. Drwxr--r-- 2 hel users 1024 sep 10 08:10 zhang
   D. Lrwxr--r-- 1 hel users 2024 sep 12 08:12 cheng

3. 对于命令:$ cat name test1 test2 > name,说法正确的是(　　)。
   A. 将 test1 test2 合并到 name
   B. 命令错误,不能将输出重定向到输入文件中
   C. 当 name 文件为空的时候命令正确
   D. 命令错误,应该为 $ cat name test1 test2 >> name

4. 以下命令中,不能用来查看文本文件内容的命令是(　　)。
   A. less   B. cat   C. tail   D. ls

5. 在Linux系统中,系统管理员(ROOT)状态下的提示符是(　　)。
   A. $　　　　　　　B. #　　　　　　　C. %　　　　　　　D. >
6. 删除文件的命令是(　　)。
   A. mkdir　　　　　B. rmdir　　　　　C. mv　　　　　　D. rm
7. 建立一个新文件可以使用的命令为(　　)。
   A. chmod　　　　　B. more　　　　　C. cp　　　　　　D. touch
8. tar命令可以进行文件的(　　)。
   A. 压缩、归档和解压缩　　　　　　　B. 压缩和解压缩
   C. 压缩和归档　　　　　　　　　　　D. 归档和解压缩
9. 若要将当前目录中的myfile.txt文件压缩成myfile.txt.tar.gz,则实现的命令为(　　)。
   A. tar-cvf myfile.txt myfile.txt.tar.gz
   B. tar-zcvf myfile.txt myfile.txt.tar.gz
   C. tar-zcvf myfile.txt.tar.gz myfile.txt
   D. Tar cvf myfile.txt.tar.gz.myfile.txt
10. 在Linux系统中,主机名保存在(　　)配置文件中。
    A. /etc/hosts　　　　　　　　　　　B. /etc/modules.conf
    C. /etc/sysconfig/network　　　　　D. /etc/network
11. Linux系统中的第二块以太网卡的配置文件全路径名是(　　)。
    A. /etc/sysconfig/network/ifcfg-eth0
    B. /etc/sysconfig/network/ifcfg-eth1
    C. /etc/sysconfig/network-scripts/ifcfg-eth0
    D. /etc/sysconfig/network-scripts/ifcfg-eth1
12. 在Linux系统中,用于设置DNS客户的配置文件是(　　)。
    A. /etc/hosts　　　　　　　　　　　B. /etc/resolv.conf
    C. /etc/dns.conf　　　　　　　　　　D. /etc.nis.conf
13. 在使用mkdir命令创建新的目录时,在其父目录不存在时先创建父目录的选项是(　　)。
    A. -m　　　　　　　B. -d　　　　　　C. -f　　　　　　　D. -p
14. Linux系统中有三个查看文件的命令,若希望在查看文件内容过程中可以用光标上下移动来查看文件内容,应使用(　　)命令。
    A. cat　　　　　　　B. more　　　　　C. less　　　　　　D. menu
15. 终止一个前台进程可能用到的命令和操作是(　　)。
    A. kill　　　　　　　B. Ctrl+C　　　　C. shut down　　　D. halt

二、填空题
1. 把ls命令的正常输出信息追加写入error.txt文件中的命令是(　　)。
2. Bash解释器的通配符中,星号(*)代表几个字符?(　　)
3. 请尝试使用Linux系统命令关闭PID为5529的服务进程。(　　)
4. 在Linux系统中,以(　　)方式访问设备。
5. 某文件的权限为drw-r--r--,用数值形式表示该权限,则该八进制数为(　　),该文

件属性是(　　)。

6. 在 CentOS 7 系统及众多的 Linux 系统中,最常使用的 Shell 终端是(　　)解释器。

7. 若有一个名为 backup.tar.gz 的压缩包文件,那么解压缩的命令应该是(　　)。

三、简答题

1. 使用 uptime 命令查看系统负载时,对应的负载数值如果是 0.91、0.56、0.32,那么最近 15min 内负载压力最大的是哪个时间段?

2. 使用 history 命令查看历史命令的执行记录时,命令前面的数字除了排序外还有什么用处?

3. 若想查看的文件具有较长的内容,那么使用 cat、more、head、tail 中的哪个命令最合适?

4. 使用 grep 命令对某个文件进行关键词搜索时,若想要进行文件内容反选,应使用什么参数?

第 4 章 Vim 编辑器与 Shell 脚本

本章首先讲解如何使用 Vim 编辑器来编写、修改文档，然后通过逐个配置主机名称、系统网卡以及 YUM 软件仓库参数文件等实验，帮助读者加深对 Vim 编辑器中诸多命令、快捷键、模式切换方法的理解。然后把前面章节中讲解的 Linux 命令、命令语法与 Shell 脚本中的各种流程控制语句通过 Vim 编辑器写到 Shell 脚本中结合到一起，实现最终能够自动化工作的脚本文件。本章最后演示了怎样通过 at 命令与 crond 计划任务服务来分别实现一次性的系统任务设置和长期性的系统任务设置，从而让日常的工作更加高效，更自动化。

4.1 Vim 文本编辑器

Vim 是 Linux 系统上最著名的文本/代码编辑器，也是早年的 Vi 编辑器的加强版，而 gVim 则是其 Windows 版。它的最大特色是完全使用键盘命令进行编辑，脱离了鼠标操作。虽然这使得入门变得困难，但上手之后键盘流的各种巧妙组合操作却能带来极大的效率提升。

因此 Vim 和现代的编辑器（如 Sublime Text）有着非常巨大的差异，而且入门学习曲线陡峭，需要记住很多按键组合和命令，如今被看作是高手、Geek 们专用的编辑器。尽管 Vim 已经是古董级的软件，但还是有无数新人迎着困难去学习使用，可见其经典与受欢迎程度。另外，由于 Vim 的可配置性非常强，各种插件、语法高亮配色方案等数不胜数，无论是作为代码编辑器或是文稿撰写工具都非常给力。

Vim 之所以能得到广大厂商与用户的认可，原因在于 Vim 编辑器中设置了三种模式：命令模式、末行模式和编辑模式。每种模式分别又支持多种不同的命令快捷键，这大大提高了工作效率，而且用户在习惯之后也会觉得相当顺手。要想高效率地操作文本，就必须先搞清这三种模式的操作区别以及模式之间的切换方法（见图 4-1）。

(1) 命令模式：控制光标移动，可对文本进行复制、粘贴、删除和查找等工作。
(2) 编辑模式：正常的文本录入。
(3) 末行模式：保存或退出文档，以及设置编辑环境。

在每次运行 Vim 编辑器时，默认进入指令模式，此时需要先切换到编辑模式后再进行文档编写工作，而每次在编写完文档后需要先返回指令模式，然后再进入末行模式，执行文档的保存或退出操作。在 Vim 中，无法直接从编辑模式切换到末行模式。Vim 编辑器中内置的命令有成百上千种用法，为了能够帮助读者更快地掌握 Vim 编辑器，表 4-1 总结了在命令模式中最常用的一些命令。

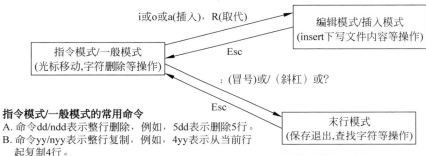

指令模式/一般模式的常用命令
A. 命令dd/ndd表示整行删除，例如，5dd表示删除5行。
B. 命令yy/nyy表示整行复制，例如，4yy表示从当前行起复制4行。
C. 命令p(小写)/P(大写)表示粘贴，p表示在光标所在行后，P表示在光标所在行前粘贴。
D. 命令/为查找字符命令。例如，/free表示在文件中找free字符。
E. 命令.表示重复上一条命令。
F. 命令u表示撤销。

末行模式的常用命令：
A. 命令:q退出不保存；:wq退出保存；q! 强制退出不保存。
B. 命令:g/旧字符/s//新字符/g表示文件中所有字符替换。
例如，:g/root/s//abc/g 表示把文件中root用abc替换。
C. 命令:g/要删除的字符/s///g 表示删除文件中字符，
例如，:g/abc/s//abc/g 表示把文件中abc字符全部删除。
D. 命令:s/旧字符/新字符/g 表示文件中当前行字符替换。
例如，:s/abc/bcd/g 表示把文件中光标所在行的abc用bcd替换。

图 4-1 Vim 编辑器

表 4-1 Vim 中常用的命令

命　令	作　用
dd	删除（剪切）光标所在的整行
5dd	删除（剪切）从光标处开始的 5 行
yy	复制光标所在整行
5yy	复制从光标处开始的 5 行
n	显示搜索命令定位到的下一个字符串
N	显示搜索命令定位到的上一个字符串
u	撤销上一步的操作
p	将之前删除（dd）或复制（yy）过的数据粘贴到光标后面

末行模式主要用于保存或退出文件，以及设置 Vim 编辑器的工作环境，还可以让用户执行外部的 Linux 命令或跳转到所编写文档的特定行数。要想切换到末行模式，在指令模式中输入一个冒号就可以了。末行模式中可用的命令如表 4-2 所示。

表 4-2 末行模式中可用的命令

命　令	作　用	命　令	作　用
:w	保存	:整数	跳转到该行
:q	退出	:s/one/two	将当前光标所行的第一个 one 替换成 two
:q!	强制退出（放弃对文档的修改内容）	:s/one/two/g	将当前光标所在行的所有 one 替换成 two
:wq!	强制保存退出	:%s/one/two/g	将全文中的所有 one 替换成 two
:set nu	显示行号	?字符串	在文本中从下至上搜索该字符串
:set nonu	不显示行号	/字符串	在文本中从上至下搜索该字符串
:命令	执行该命令		

4.1.1 编写简单文档

编写脚本文档的第 1 步就是给文档命名，这里将其命名为 yhy.txt。如果已经存在该文档，则打开它。如果不存在，则创建一个临时的输入文件，命令如下。

```
vi yhy.txt
```

打开 yhy.txt 文档后，默认进入的是 Vim 编辑器的指令模式。此时只能执行该模式下的命令，而不能随意输入文本内容，需要切换到输入模式才可以编写文档。

在图 4-1 中提到，可以分别使用 a、i、o 三个键从命令模式切换到编辑模式。其中，a 键与 i 键分别是在光标后面一位和光标当前位置切换到编辑模式，而 o 键则是在光标的下面再创建一个空行，此时可按 a 键进入编辑器的编辑模式。

进入编辑模式后，会在文档最下方显示"insert"字样，此时可以随意输入文本内容，Vim 编辑器不会把用户输入的文本内容当作命令而执行。

在编写完之后，想要保存并退出，必须先按 Esc 键从输入模式返回指令模式，然后再输入":wq!"切换到末行模式才能完成保存退出操作。

当在末行模式中输入":wq!"命令时，就意味着强制保存并退出文档。然后便可以用"cat yhy.txt"命令查看保存后的文档内容了。

继续编辑这个文档。因为要在原有文本内容的下面追加内容，所以在命令模式中按 o 键进入输入模式会更高效。

4.1.2 配置主机名称

为了便于在局域网中查找某台特定的主机，或者对主机进行区分，除了要有 IP 地址外，还要为主机配置一个主机名，主机之间可以通过这个类似于域名的名称来相互访问。在 Linux 系统中，主机名大多保存在/etc/hostname 文件中，接下来将/etc/hostname 文件的内容修改为"linux-yhy.com"，步骤如下。

第 1 步：使用"vim /etc/hostname"命令编辑器修改主机名称文件。

第 2 步：把原始主机名称删除后追加"linux-yhy.com"。注意，使用 Vim 编辑器修改主机名称文件后，要在末行模式下执行":wq!"命令才能保存并退出文档。

第 3 步：保存并退出文档，然后使用 hostname 命令检查是否修改成功。

注意：hostname 命令用于查看当前的主机名称，但有时主机名称的改变不会立即同步到系统中，所以如果发现修改完成后还显示原来的主机名称，可重启虚拟机后再行查看或者先使用"hostname linux-yhy.com"命令后再使用"exit"命令退出系统，重新再登录使得主机名的修改及时生效。

4.1.3 配置 IP 地址

网卡 IP 地址配置的是否正确是两台服务器是否可以相互通信的前提。在 Linux 系统中，一切都是文件，因此配置网络服务的工作其实就是在编辑网卡配置文件，因此这个小任务不仅可以帮助读者练习使用 Vim 编辑器，而且也为后面学习 Linux 中的各种服务配置打下了坚实的基础。

如果读者具备一定的运维经验或者熟悉早期的 Linux 系统,则在学习本书时会遇到一些不容易接受的差异变化。在 CentOS 5、CentOS 6 中,网卡配置文件的前缀为 eth,第一块网卡为 eth0,第 2 块网卡为 eth1;以此类推。而在 CentOS 7 中,网卡配置文件的前缀则以 ifcfg 开始,加上网卡名称共同组成了网卡配置文件的名字,例如"ifcfg-ens33";在 CentOS 7.5 中,第一块网卡的文件为"ifcfg-ens33",第二块网卡为"ifcfg-ens34",好在除了文件名变化外也没有其他大的区别。

现在有一个名称为 ifcfg-ens33 的网卡设备,将其配置为开机自启动,并且 IP 地址、子网、网关等信息由人工指定,其步骤如下所示。

第 1 步:首先使用"cd /etc/sysconfig/network-scripts/"命令切换到存放网卡的配置文件目录中。

第 2 步:使用"vim ifcfg-ens33"命令修改网卡文件,逐项写入下面的配置参数并保存退出。由于每台设备的硬件及架构是不一样的,因此请读者使用 ifconfig 命令自行确认各自网卡的默认名称。ifcfg-ens33 文件内容大致如下。

```
TYPE = Ethernet           # 设备类型
BOOTPROTO = static        # 地址分配模式
NAME = ens33              # 网卡名称
ONBOOT = yes              # 是否启动
IPADDR = 192.168.88.188   # IP 地址
NETMASK = 255.255.255.0   # 子网掩码
GATEWAY = 192.168.88.1    # 默认网关地址
DNS1 = 192.168.88.1       # DNS1 地址
```

第 3 步:使用"systemctl restart network"命令重启网络服务,通过"ping 192.168.88.188"命令测试网络能否连通。由于在 Linux 系统中 ping 命令不会自动终止,因此需要手动按 Ctrl+C 组合键来强行结束进程。

4.1.4 配置 YUM 软件仓库

尽管 RPM 能够帮助用户查询软件相关的依赖关系,但问题还是要运维人员自己来解决,而有些大型软件可能与数十个程序都有依赖关系,在这种情况下安装软件会是非常痛苦的。YUM 软件仓库便是为了进一步降低软件安装难度和复杂度而设计的技术。

YUM(Yellow dog Updater Modified)是一个在 Fedora 和 Red Hat 以及 CentOS 中的 Shell 前端软件包管理器。基于 RPM 包管理,能够从指定的服务器自动下载 RPM 包并且安装,可以自动处理依赖性关系,并且一次安装所有依赖的软件包,无须烦琐地一次次下载、安装。

YUM 的关键之处是要有可靠的 repository,也就是软件的仓库,它可以是 HTTP 或 FTP 站点,也可以是本地软件池,但必须包含 RPM 的 header。header 包括 RPM 包的各种信息,包括描述、功能、提供的文件、依赖性等。正是因为收集了这些 header 并加以分析,才能自动化地完成余下的任务。

YUM 软件仓库中的 RPM 软件包可以是由红帽官方发布的,也可以是第三方发布的,当然也可以是自己编写的。CentOS 的系统安装光盘已经包含大量可用的 RPM 红帽软件包,后文中将详细讲解这些软件包。如表 4-3 所示为一些常见的 YUM 命令,当前只需对它们有一个简单印象即可。

表 4-3 常见的 YUM 命令

命　　令	作　　用
yum repolist all	列出所有仓库
yum list all	列出仓库中所有软件包
yum info 软件包名称	查看软件包信息
yum install 软件包名称	安装软件包
yum reinstall 软件包名称	重新安装软件包
yum update 软件包名称	升级软件包
yum remove 软件包名称	移除软件包
yum clean all	清除所有仓库缓存
yum check-update	检查可更新的软件包
yum grouplist	查看系统中已经安装的软件包组
yum groupinstall 软件包组	安装指定的软件包组
yum groupremove 软件包组	移除指定的软件包组

　　YUM 软件仓库的作用是为了进一步简化 RPM 管理软件的难度以及自动分析所需软件包及其依赖关系的技术。可以把 YUM 想象成是一个硕大的软件仓库，里面保存了几乎所有常用的工具，而且只需要说出所需的软件包名称，系统就会自动搞定一切。

　　既然要使用 YUM 软件仓库，就要先把它搭建起来，然后对其配置规则确定好才行。搭建并配置 YUM 软件仓库的步骤如下。

　　第 1 步：使用"/etc/yum.repos.d/"命令进入 YUM 软件仓库的配置文件目录中。

　　第 2 步：备份默认 YUM 配置文件，在修改配置文件之前，先备份要修改的文件，养成好的工作习惯。

　　ls：会看到 CentOS 系统的默认七个以 repo 为后缀的配置文件。

　　mkdir bak：建立备份文件夹。

　　mv Cent * /etc/yum.repos.d/bak/：移动原有的配置文件到备份文件夹中。

　　第 3 步：使用"vim CentOS7.repo"命令创建一个名为 CentOS7.repo 的新配置文件（新建的文件必须以.repo 为后缀，名称可以随意取），逐项写入下面加粗的配置参数并保存退出（不要写后面的中文注释）。

```
[rhel-media]            # YUM 软件仓库唯一标识符，避免与其他仓库冲突
name=linux-yhy          # YUM 软件仓库的名称描述，易于识别仓库用处
baseurl=file:///mnt/    # 提供的方式包括 FTP(ftp://..)、HTTP(http://..)、本地(file:///..)
enabled=1               # 设置此源是否可用；1 为可用，0 为禁用
gpgcheck=1              # 设置此源是否校验文件；1 为校验，0 为不校验
gpgkey=file:///media/cdrom/RPM-GPG-KEY-redhat-release
# 若上面参数开启校验，那么请指定公钥文件地址
```

　　第 4 步：按配置参数的路径挂载光盘"mount /dev/cdrom /mnt"。挂载成功后可以通过"ls /mnt/"命令在/mnt 目录下看到光盘中的文件。

　　第 5 步：使用"yum list"命令查看当前的 YUM 源。

　　第 6 步：使用"yum install httpd -y"命令检查 YUM 软件仓库是否已经可用。使用 YUM 软件仓库来安装 Web 服务，出现"Complete!"则代表配置正确。使用"yum remove -y httpd"命令可以卸载刚刚安装的 httpd 软件包。

4.2 编写 Shell 脚本

可以将 Shell 终端解释器当作人与计算机硬件之间的"翻译官",它作为用户与 Linux 系统内部的通信媒介,除了能够支持各种变量与参数外,还提供了诸如循环、分支等高级编程语言才有的控制结构特性。要想正确使用 Shell 脚本中的这些功能特性,准确下达命令尤为重要。Shell 脚本的工作方式有两种:交互式和批处理。

(1) 交互式(Interactive):用户每输入一条命令就立即执行。

(2) 批处理(Batch):由用户事先编写好一个完整的 Shell 脚本,Shell 会一次性执行脚本中诸多的命令。

在 Shell 脚本中不仅会用到前面学习过的很多 Linux 命令以及正则表达式、管道符、数据流重定向等语法规则,还需要把内部功能模块化后通过逻辑语句进行处理,最终形成日常所见的 Shell 脚本。

查看 SHELL 变量可以发现当前系统已经默认使用 Bash 作为命令行终端解释器了:

echo $SHELL

4.2.1 编写简单的 Shell 脚本

有关 Shell 脚本的描述比较复杂。但是,上文指的是一个高级 Shell 脚本的编写原则,其实使用 Vim 编辑器把 Linux 命令按照顺序依次写入一个文件中,这就是一个简单 Shell 的脚本了。

例如,如果想查看当前所在工作路径并列出当前目录下所有的文件及属性信息,实现这个功能的脚本应该类似于下面。

vim example.sh:新建 example.sh 文件,输入如下内容。

```
#!/bin/bash
# BY YHY
pwd
ls -al
```

Shell 脚本文件的名称可以任意,但为了避免被误以为是普通文件,建议将.sh 后缀加上,以表示是一个脚本文件。在上面的这个 example.sh 脚本中实际上出现了三种不同的元素:第一行的脚本声明(#!)用来告诉系统使用哪种 Shell 解释器来执行该脚本;第二行的注释信息(#)是对脚本功能和某些命令的介绍信息,使得自己或他人在日后看到这个脚本内容时,可以快速知道该脚本的作用或一些警告信息;第三、四行的可执行语句也就是平时执行的 Linux 命令了。执行看看结果:

bash example.sh

除了上面用 Bash 解释器命令直接运行 Shell 脚本文件外,第二种运行脚本程序的方法是通过输入完整路径的方式来执行。但默认会因为权限不足而提示报错信息,此时只需要为脚本文件增加执行权限即可。初次学习 Linux 系统的读者不用心急,等第 5 章学完用户身份和权限后再来做这个实验也不迟。

./example.sh：弹出"bash:./Example.sh: Permission denied"的未执行提示。
chmod u+x example.sh：修改文件权限，为脚本文件增加执行权限。
./example.sh：正常执行。

4.2.2 接收用户的参数

像上面这样的脚本程序只能执行一些预先定义好的功能，未免太过死板。为了让 Shell 脚本程序更好地满足用户的一些实时需求，以便灵活完成工作，必须要让脚本程序能够像之前执行命令时那样，接收用户输入的参数。

其实，Linux 系统中的 Shell 脚本语言已经内设了用于接收参数的变量，变量之间可以使用空格间隔。例如，$0 对应的是当前 Shell 脚本程序的名称，$# 对应的是共有几个参数，$* 对应的是所有位置的参数值，$? 对应的是显示上一次命令的执行返回值，而 $1、$2、$3…则分别对应着第 N 个位置的参数值。

下面将通过引用上面的变量参数来看一下真实效果。

vim example.sh：打开 example.sh 文件，输入如下内容。

```
#!/bin/bash
echo "当前脚本名称为 $0"
echo "总共有 $#个参数,分别是 $*。"
echo "第1个参数为 $1,第5个为 $5。"
```

sh example.sh one two three four five six：给出参数，运行脚本，查看结果，效果如图 4-2 所示。

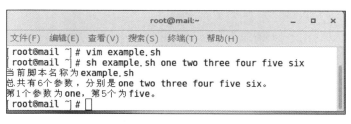

图 4-2 变量参数示例真实效果图

4.2.3 判断用户的参数

在本书前面章节中讲到，系统在执行 mkdir 命令时会判断用户输入的信息，即判断用户指定的文件夹名称是否已经存在，如果存在则提示报错；反之则自动创建。Shell 脚本中的条件测试语法可以判断表达式是否成立，若条件成立则返回数字 0，否则便返回其他随机数值。条件测试语法的执行格式为：[条件表达式]。需要注意的是条件表达式两边均应有一个空格。

按照测试对象来划分，条件测试语句可以分为以下 4 种。

（1）文件测试语句；
（2）逻辑测试语句；
（3）整数值比较语句；
（4）字符串比较语句。

文件测试即使用指定条件来判断文件是否存在或权限是否满足等情况的运算符,具体的参数如表4-4所示。

表 4-4　文件测试所用的参数

运算符	作　　用	运算符	作　　用
-d	测试文件是否为目录类型	-r	测试当前用户是否有权限读取
-e	测试文件是否存在	-w	测试当前用户是否有权限写入
-f	判断是否为一般文件	-x	测试当前用户是否有权限执行

下面使用文件测试语句来判断/etc/fstab是否为一个目录类型的文件,然后通过Shell解释器的内设"$?"变量显示上一条命令执行后的返回值。如果返回值为0,则目录存在;如果返回值为非零的值,则意味着目录不存在。

```
[ -d /etc/fstab ]
echo $?: 返回值为非零的值。
```

再使用文件测试语句来判断/etc/fstab是否为一般文件,如果返回值为0,则代表文件存在,且为一般文件。

```
[ -f /etc/fstab ]
```

逻辑语句用于对测试结果进行逻辑分析,根据测试结果可实现不同的效果。例如,在Shell终端中逻辑"与"的运算符号是&&,它表示当前面的命令执行成功后才会执行它后面的命令,因此可以用来判断/dev/cdrom文件是否存在,若存在则输出"Exist"字样。

```
[ -e /dev/cdrom ] && echo "Exist": 输出"Exist"。
```

除了逻辑"与"外,还有逻辑"或",它在Linux系统中的运算符号为||,表示当前面的命令执行失败后才会执行它后面的命令,因此可以用来结合系统环境变量USER来判断当前登录的用户是否为非管理员身份。

echo $USER:返回"root"值。

```
[ $USER = root ] || echo "user"
su - linux-yhy
[ $USER = root ] || echo "user": 返回"user"值。
```

第三种逻辑语句是"非",在Linux系统中的运算符号是一个叹号(!),它表示把条件测试中的判断结果取相反值。也就是说,如果原本测试的结果是正确的,则将其变成错误的;原本测试错误的结果则将其变成正确的。

现在切换到一个普通用户的身份,再判断当前用户是否为一个非管理员的用户。由于判断结果因为两次否定而变成正确,因此会正常地输出预设信息。

```
exit: 退出普通用户模式到ROOT用户。
[ !$USER = root ] || echo "administrator": 返回"administrator"。
```

接下来看一个综合的示例。当前正在登录的即为管理员用户ROOT。下面这个示例的执行顺序是,先判断当前登录用户的USER变量名称是否等于ROOT,然后用逻辑运算符"非"进行取反操作,效果就变成了判断当前登录的用户是否为非管理员用户了。最后若

条件成立则会根据逻辑"与"运算符输出 user 字样；或条件不满足则会通过逻辑"或"运算符输出 root 字样，而如果前面的 && 不成立才会执行后面的||符号。

[!$ USER = root] && echo "user" || echo "root"：输出值"root"。

整数比较运算符仅是对数字的操作，不能将数字与字符串、文件等内容一起操作，而且不能想当然地使用日常生活中的等号、大于号、小于号等来判断。因为等号与赋值命令符冲突，大于号和小于号分别与输出重定向命令符和输入重定向命令符冲突。因此一定要使用规范的整数比较运算符来进行操作。可用的整数比较运算符如表 4-5 所示。

表 4-5 可用的整数比较运算符

运算符	作用	运算符	作用
-eq	是否等于	-lt	是否小于
-ne	是否不等于	-le	是否等于或小于
-gt	是否大于	-ge	是否大于或等于

接下来先测试一下 10 是否大于 10 以及 10 是否等于 10（通过输出的返回值内容来判断）。

```
[ 10 - gt 10 ]
echo $?：返回值"1"
[ 10 - eq 10 ]
echo $?：返回值"0"。
```

前面章节曾经讲过 free 命令，它可以用来获取当前系统正在使用及可用的内存量信息。接下来先使用"free -m"命令查看内存使用量情况（单位为 MB），然后通过"grep Mem:"命令过滤出剩余内存量的行，再用"awk '{print $4}'"命令只保留第四列，最后用"FreeMem='语句'"的方式把语句内执行的结果赋值给变量。

```
free - m
free - m | grep Mem:
free - m | grep Mem: | awk '{print $4}'
FreeMem = 'free - m | grep Mem: | awk '{print $4}''
cho $ FreeMeme
```

上面用于获取内存可用量的命令以及步骤可能有些"超纲"了，如果不能理解领会也不用担心，接下来才是重点。使用整数运算符来判断内存可用量的值是否小于 1024，若小于则会提示"Insufficient Memory"（内存不足）。

[$ FreeMem - lt 1024] && echo "Insufficient Memory"

字符串比较语句用于判断测试字符串是否为空值，或两个字符串是否相同。它经常用来判断某个变量是否未被定义（即内容为空值），理解起来也比较简单。字符串比较中常见的运算符如表 4-6 所示。

表 4-6 常见的字符串比较运算符

运算符	作用	运算符	作用
=	比较字符串内容是否相同	-z	判断字符串内容是否为空
!=	比较字符串内容是否不同		

接下来通过判断 String 变量是否为空值,进而判断是否定义了这个变量。

[-z $ String]
echo $?:返回值"0"。

再尝试引入逻辑运算符来试一下。当用于保存当前语系的环境变量值 LANG 不是英语(en. US)时,则会满足逻辑测试条件并输出"Not en. US"(非英语)。

echo $ LANG:返回"en_US.UTF-8"。
[$ LANG != "en.US"] && echo "Not en.US":返回"Not en.US"。

4.3 流程控制语句

尽管此时可以通过使用 Linux 命令、管道符、重定向以及条件测试语句来编写最基本的 Shell 脚本,但是这种脚本并不适用于生产环境。原因是它不能根据真实的工作需求来调整具体的执行命令,也不能根据某些条件实现自动循环执行。例如,需要批量创建 1000 位用户,首先要判断这些用户是否已经存在;若不存在,则通过循环语句让脚本自动且依次创建它们。

接下来通过 if、for、while、case 这 4 种流程控制语句来学习编写难度更大、功能更强的 Shell 脚本。为了保证下文的实用性和趣味性,做到寓教于乐,本书会尽可能多地讲解各种不同功能的 Shell 脚本示例,而不是逮住一个脚本不放,在它原有内容的基础上修修补补。尽管这种修补式的示例教学也可以让读者明白理论知识,但是却无法开放思路,不利于日后的工作。

4.3.1 if 条件测试语句

if 条件测试语句可以让脚本根据实际情况自动执行相应的命令。从技术角度来讲,if 语句分为单分支结构、双分支结构、多分支结构;其复杂度随着灵活度一起逐级上升。

if 条件语句的单分支结构由 if、then、fi 关键词组成,而且只在条件成立后才执行预设的命令,相当于口语的"如果……那么……"。单分支的 if 语句属于最简单的一种条件判断结构,语法格式如下。

```
if 条件测试
    then 命令
fi
```

下面使用单分支的 if 条件语句来判断/home/yhy 目录是否存在,若存在就结束条件判断和整个 Shell 脚本,反之则去创建这个目录。

vim mkyhy.sh:新建 mkyhy.sh 文件,输入如下内容。

```
#!/bin/bash
DIR = "/home/yhy"
if [ ! -e $ DIR ]
    then  mkdir -p $ DIR
fi
```

由于后面章节才讲解用户身份与权限,因此这里继续用"bash 脚本名称"的方式来执行脚本。在正常情况下,顺利执行完脚本文件后没有任何输出信息,但是可以使用 ls 命令验证/home/yhy 目录是否已经成功创建。

bash mkyhy.sh
ls -d /home/yhy:返回"/home/yhy"值。

if 条件语句的双分支结构由 if、then、else、fi 关键词组成,它进行一次条件匹配判断,如果与条件匹配,则去执行相应的预设命令;反之则去执行不匹配时的预设命令,相当于口语的"如果……那么……或者……那么……"。if 条件语句的双分支结构也是一种很简单的判断结构,语法格式如下。

```
if 条件测试
    then 命令序列1
    else 命令序列2
fi
```

下面使用双分支的 if 条件语句来验证某台主机是否在线,然后根据返回值的结果,显示主机在线或不在线信息。这里的脚本主要使用 ping 命令来测试与对方主机的网络联通性,而 Linux 系统中的 ping 命令不像 Windows 一样尝试 4 次就结束,因此为了避免用户等待时间过长,需要通过-c 参数来规定尝试的次数,并使用-i 参数定义每个数据包的发送间隔,以及使用-W 参数定义等待超时时间。

vim chkhost.sh:新建"chkhost.sh"文件,输入如下内容。

```
#!/bin/bash
ping -c 3 -i 0.2 -W 3 $1 &> /dev/null
if [ $? -eq 0 ]
then
echo "Host $1 is On-line."
else
echo "Host $1 is Off-line."
fi
```

在 4.2.3 节中用过"$?"变量,作用是显示上一次命令的执行返回值。若前面的那条语句成功执行,则"$?"变量会显示数字 0,反之则显示一个非零的数字(可能为 1,也可能为 2,取决于系统版本)。因此可以使用整数比较运算符来判断"$?"变量是否为 0,从而获知那条语句的最终判断情况。这里的服务器 IP 地址为 192.168.88.188,来验证脚本的效果。

bash chkhost.sh 192.168.88.188:返回"Host 192.168.88.188 is On-line."。
bash chkhost.sh 192.168.88.20:返回"Host 192.168.88.20 is Off-line."。

if 条件语句的多分支结构由 if、then、else、elif、fi 关键词组成,它进行多次条件匹配判断,多次判断中的任何一项在匹配成功后都会执行相应的预设命令,相当于口语的"如果……那么……如果……那么……"。if 条件语句的多分支结构是工作中最常使用的一种条件判断结构,尽管相对复杂但是更加灵活,语法格式如下所示。

if 条件测试1

```
    then 命令序列 1
elif 条件测试 2
    then 命令序列 2
else
    命令序列 3
fi
```

下面使用多分支的 if 条件语句来判断用户输入的分数在哪个成绩区间内,然后输出如 Excellent、Pass、Fail 等提示信息。在 Linux 系统中,read 是用来读取用户输入信息的命令,能够把接收到的用户输入信息赋值给后面的指定变量,-p 参数用于向用户显示一定的提示信息。在下面的脚本示例中,只有当用户输入的分数大于或等于 85 分且小于或等于 100 分,才输出 Excellent;若分数不满足该条件(即匹配不成功),则继续判断分数是否大于或等于 70 分且小于或等于 84 分,如果是,则输出 Pass;若两次都落空(即两次的匹配操作都失败了),则输出 Fail。

【vim chkscore.sh】
```
#!/bin/bash
read -p "Enter your score(0-100): " GRADE
if [ $GRADE -ge 85 ] && [ $GRADE -le 100 ]; then
    echo "$GRADE is Excellent"
elif [ $GRADE -ge 70 ] && [ $GRADE -le 84 ]; then
    echo "$GRADE is Pass"
else
    echo "$GRADE is Fail"
fi
```
【bash chkscore.sh】
```
Enter your score(0-100): 88
88 is Excellent
```
【bash chkscore.sh】
```
Enter your score(0-100): 80
80 is Pass
```

下面执行该脚本。当用户输入的分数分别为 30 和 200 时,其结果如下。

【bash chkscore.sh】
```
Enter your score(0-100): 30
30 is Fail
```
【bash chkscore.sh】
```
Enter your score(0-100): 200
200 is Fail
```

为什么输入的分数为 200 时,依然显示 Fail 呢?原因很简单:没有成功匹配脚本中的两个条件判断语句,因此自动执行了最终的兜底策略。可见,这个脚本还不是很完美,建议读者自行完善这个脚本,使得用户在输入大于 100 或小于 0 的分数时,给予 Error 报错的提示。

4.3.2 for 条件循环语句

for 循环语句允许脚本一次性读取多个信息,然后逐一对信息进行操作处理,当要处理的数据有范围时,使用 for 循环语句再适合不过了。for 循环语句的语法格式如下所示。

```
for 变量名 in 取值列表
do
    命令序列
done
```

下面使用 for 循环语句从列表文件中读取多个用户名,然后为其逐一创建用户账户并设置密码。首先创建用户名称的列表文件 users.txt,每个用户名称单独一行。读者可以自行决定具体的用户名称和个数。

【vim users.txt】
zhangsan
lisi
wangwu
yhy
yangboshi

接下来编写 Shell 脚本 Example.sh。在脚本中使用 read 命令读取用户输入的密码值,然后赋值给 PASSWD 变量,并通过-p 参数向用户显示一段提示信息,告诉用户正在输入的内容即将作为账户密码。在执行该脚本后,会自动使用从列表文件 users.txt 中获取到所有的用户名称,然后逐一使用"id 用户名"命令查看用户的信息,并使用"$?"判断这条命令是否执行成功,也就是判断该用户是否已经存在。

需要多说一句,/dev/null 是一个被称作 Linux 黑洞的文件,把输出信息重定向到这个文件等同于删除数据(类似于没有回收功能的垃圾箱),可以让用户的屏幕窗口保持简洁。

【vim Example.sh】
```
#!/bin/bash
read -p "Enter The Users Password : " PASSWD
for UNAME in `cat users.txt`
do
id $UNAME &> /dev/null
if [ $? -eq 0 ]
then
echo "Already exists"
else
useradd $UNAME &> /dev/null
echo "$PASSWD" | passwd --stdin $UNAME &> /dev/null
if [ $? -eq 0 ]
then
echo "$UNAME , Create success"
else
echo "$UNAME , Create failure"
fi
fi
```

执行批量创建用户的 Shell 脚本 Example.sh,在输入为账户设定的密码后将由脚本自动检查并创建这些账户。由于已经将多余的信息通过输出重定向符转移到了/dev/null 黑洞文件中,因此在正常情况下屏幕窗口除了"用户账户创建成功"(Create success)的提示后不会有其他内容。

在 Linux 系统中，/etc/passwd 是用来保存用户账户信息的文件。如果想确认这个脚本是否成功创建了用户账户，可以打开这个文件，看其中是否有这些新创建的用户信息。

【bash Example.sh】
Enter The Users Password : linux-yhy
zhangsan , Create success
lisi , Create success
wangwu , Create success
yhy , Create success
yangboshi , Create success
george , Create success
【tail -6 /etc/passwd】
zhangsan:x:1001:1001::/home/zhangsan:/bin/bash
lisi:x:1002:1002::/home/lisi:/bin/bash
wangwu:x:1003:1003::/home/wangwu:/bin/bash
yhy:x:1004:1004::/home/yhy:/bin/bash
yangboshi:x:1005:1005::/home/yangboshi:/bin/bash
george:x:1006:1006::/home/george:/bin/bash

前面在学习双分支 if 条件语句时，用到过测试主机是否在线的脚本，如果已经掌握了 for 循环语句，即可尝试让脚本从文本中自动读取主机列表，然后自动逐个测试这些主机是否在线。

首先创建一个主机列表文件 ipadds.txt。

【vim ipadds.txt】
192.168.88.188
192.168.88.11
192.168.88.12

然后将前面的双分支 if 条件语句与 for 循环语句相结合，让脚本从主机列表文件 ipadds.txt 中自动读取 IP 地址（用来表示主机）并将其赋值给 HLIST 变量，从而通过判断 ping 命令执行后的返回值来逐个测试主机是否在线。脚本中出现的 $（命令）是一种完全类似于转义字符中反引号'命令'的 Shell 操作符，效果同样是执行括号或双引号括起来的字符串中的命令。

【vim CheckHosts.sh】
```bash
#!/bin/bash
HLIST=$(cat ~/ipadds.txt)
for IP in $HLIST
do
ping -c 3 -i 0.2 -W 3 $IP &> /dev/null
if [ $? -eq 0 ] ; then
echo "Host $IP is On-line."
else
echo "Host $IP is Off-line."
fi
done
```
【./CheckHosts.sh】
Host 192.168.88.188 is On-line.

```
Host 192.168.88.11 is Off-line.
Host 192.168.88.12 is Off-line.
```

4.3.3 while条件循环语句

while条件循环语句是一种让脚本根据某些条件来重复执行命令的语句,它的循环结构往往在执行前并不确定最终执行的次数,完全不同于for循环语句中有目标、有范围地使用场景。while循环语句通过判断条件测试的真假来决定是否继续执行命令,若条件为真就继续执行,为假就结束循环。while语句的语法格式如下。

```
while 条件测试
do
    命令序列
done
```

接下来结合使用多分支的if条件测试语句与while条件循环语句,编写一个用来猜测数值大小的脚本Guess.sh。该脚本使用$RANDOM变量来调取出一个随机的数值(范围为0~32 767),将这个随机数对1000进行取余操作,并使用expr命令取得其结果,再用这个数值与用户通过read命令输入的数值进行比较判断。这个判断语句分为三种情况,分别是判断用户输入的数值是等于、大于还是小于使用expr命令取得的数值。现在这些内容不是重点,当前要关注的是while条件循环语句中的条件测试始终为true,因此判断语句会无限执行下去,直到用户输入的数值等于expr命令取得的数值后,这两者相等之后才运行exit 0命令,终止脚本的执行。

```
【vim Guess.sh】
#!/bin/bash
PRICE=$(expr $RANDOM % 1000)
TIMES=0
echo "商品实际价格为0~999,猜猜看是多少?"
while true
do
read -p "请输入您猜测的价格数目: " INT
let TIMES++
if [ $INT -eq $PRICE ] ; then
echo "恭喜您答对了,实际价格是 $PRICE"
echo "您总共猜测了 $TIMES 次"
exit 0
elif [ $INT -gt $PRICE ] ; then
echo "太高了!"
else
echo "太低了!"
fi
done
```

在这个Guess.sh脚本中,添加了一些交互式的信息,从而使得用户与系统的互动性得以增强。而且每当循环到let TIMES++命令时都会让TIMES变量内的数值加1,用来统计循环总计执行了多少次。这可以让用户得知总共猜测了多少次之后,才猜对价格。

【bash Guess.sh】
商品实际价格为 0~999,猜猜看是多少?
请输入您猜测的价格数目:500
太低了!
请输入您猜测的价格数目:800
太高了!
请输入您猜测的价格数目:650
太低了!
请输入您猜测的价格数目:720
太高了!
请输入您猜测的价格数目:690
太低了!
请输入您猜测的价格数目:700
太高了!
请输入您猜测的价格数目:695
太高了!
请输入您猜测的价格数目:692
太高了!
请输入您猜测的价格数目:691
恭喜您答对了,实际价格是 691
您总共猜测了 9 次

4.3.4　case 条件测试语句

case 条件测试语句和 C 语言的中 switch 语句的功能非常相似。case 语句是在多个范围内匹配数据,若匹配成功则执行相关命令并结束整个条件测试;而如果数据不在所列出的范围内,则会执行星号(*)中所定义的默认命令。case 语句的语法结构如下所示。

```
case  变量值  in
模式 1)
    命令序列 1
    ;;
模式 2)
    命令序列 2
    ;;
    …
*)
    默认命令序列
esac
```

在前文介绍的 Guess.sh 脚本中有一个致命的弱点:只能接受数字。可以尝试输入一个字母,会发现脚本立即就崩溃了。原因是字母无法与数字进行大小比较,例如,"a 是否大于或等于 3"这样的命题是完全错误的。因此,必须有一定的措施来判断用户的输入内容,当用户输入的内容不是数字时,脚本能予以提示,从而免于崩溃。

通过在脚本中组合使用 case 条件测试语句和通配符,完全可以满足这里的需求。接下来编写脚本 Checkkeys.sh,提示用户输入一个字符并将其赋值给变量 KEY,然后根据变量 KEY 的值向用户显示其值是字母、数字还是其他字符。

【vim Checkkeys.sh】

```
#!/bin/bash
read -p "请输入一个字符,并按 Enter 键确认:" KEY
case "$KEY" in
    [a-z]|[A-Z])
        echo "您输入的是 字母。"
        ;;
    [0-9])
        echo "您输入的是 数字。"
        ;;
    *)
        echo "您输入的是 空格、功能键或其他控制字符。"
esac
```
【bash Checkkeys.sh】
请输入一个字符,并按 Enter 键确认:6
您输入的是 数字。
【bash Checkkeys.sh】
请输入一个字符,并按 Enter 键确认:p
您输入的是 字母。
【bash Checkkeys.sh】
请输入一个字符,并按 Enter 键确认:
您输入的是 空格、功能键或其他控制字符。

4.4 计划任务服务程序

经验丰富的服务器运维管理工程师可以使得 Linux 在无须人为介入的情况下,在指定的时间段自动启用或停止某些服务或命令,从而实现运维的自动化。接下来讲解如何设置服务器的计划任务服务,把周期性、规律性的工作交给系统自动完成。

计划任务分为一次性计划任务与长期性计划任务,可以按照如下方式理解。

(1) 一次性计划任务：今晚 11 点 30 分开启网站服务。

(2) 长期性计划任务：每周一的凌晨 3 点 25 分把/home/wwwroot 目录打包备份为 backup.tar.gz。

顾名思义,一次性计划任务只执行一次,一般用于满足临时的工作需求。可以用 at 命令实现这种功能,只需要写成"at 时间"的形式就可以。如果想要查看已设置好但还未执行的一次性计划任务,可以使用"at -l"命令;要想将其删除,可以用 atrm 任务序号。在使用 at 命令来设置一次性计划任务时,默认采用的是交互式方法。例如,使用下述命令将系统设置为在今天 23:30 自动重启网站服务。

【at 23:30】
at > systemctl restart httpd
at >   此处请按 Ctrl+D 组合键来结束编写计划任务
job 3 at Mon Apr 27 23:30:00 2017
【at -l】
3 Mon Apr 27 23:30:00 2017 a root

如果读者想挑战一下难度更大但更简洁的方式,可以把前面学习的管道符(任意门)放到两条命令之间,让 at 命令接收前面 echo 命令的输出信息,以达到通过非交互式的方式创建计划一次性任务的目的。

```
echo "systemctl restart httpd" | at 23:30
at -l
```

如果不小心设置了两个一次性计划任务,可以使用下面的命令轻松删除其中一个。

```
atrm 3
at -l
```

如果希望 Linux 系统能够周期性地、有规律地执行某些具体的任务,那么 Linux 系统中默认启用的 crond 服务再适合不过了。创建、编辑计划任务的命令为"crontab -e",查看当前计划任务的命令为"crontab -l",删除某条计划任务的命令为"crontab -r"。另外,如果是以管理员的身份登录的系统,还可以在 crontab 命令中加上-u 参数来编辑他人的计划任务。

在正式部署计划任务前,请先念一下口诀"分、时、日、月、星期 命令"。这是使用 crond 服务设置任务的参数格式(其格式见表 4-7)。需要注意的是,如果有些字段没有设置,则需要使用星号(*)占位,如图 4-3 所示。

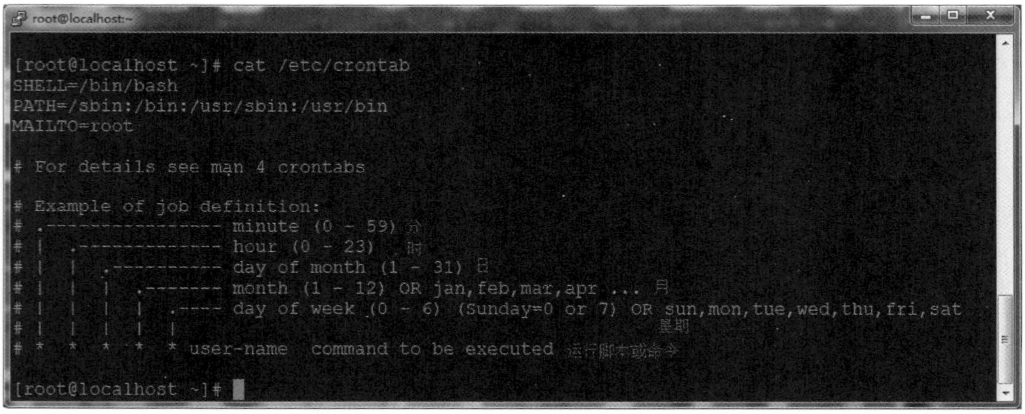

图 4-3 使用 crond 设置任务的参数格式

表 4-7 使用 crond 设置任务的参数字段说明

字 段	说 明	字 段	说 明
分	取值为 0~59 的整数	星期	取值为 0~7 的任意整数,其中 0 与 7 均为星期日
时	取值为 0~23 的任意整数		
日	取值为 1~31 的任意整数	命令	要执行的命令或程序脚本
月	取值为 1~12 的任意整数		

假设在每周一、三、五的凌晨 3 点 25 分,都需要使用 tar 命令把某个网站的数据目录进行打包处理,使其作为一个备份文件。可以使用 crontab -e 命令创建计划任务。为自己创建计划任务无须使用-u 参数,具体实现效果如以下命令结果所示。

```
crontab -e
crontab -l
```

需要说明的是,除了用逗号(,)分别表示多个时间段,例如"8,9,12"表示 8 月、9 月和 12

月,还可以用减号(—)来表示一段连续的时间周期(例如字段"日"的取值为"12-15",则表示每月的 12~15 日),以及用除号(/)表示执行任务的间隔时间(例如"*/2"表示每隔 2 分钟执行一次任务)。

如果在 crond 服务中需要同时包含多条计划任务的命令语句,应每行仅写一条。例如,再添加一条计划任务,它的功能是每周一至周五的凌晨 1 点自动清空/tmp 目录内的所有文件。尤其需要注意的是,在 crond 服务的计划任务参数中,所有命令一定要用绝对路径的方式来写,如果不知道绝对路径,请用 whereis 命令进行查询,rm 命令路径为下面输出信息中加粗部分。

【whereis rm】
rm: **/usr/bin/rm** /usr/share/man/man1/rm.1.gz /usr/share/man/man1p/rm.1p.gz
【crontab -e】
crontab: installing new crontab
【crontab -l】
25 3 ** 1,3,5 /usr/bin/tar -czvf backup.tar.gz /home/wwwroot
0 1 ** 1-5 **/usr/bin/rm -rf /tmp/** *

注意:在 crond 服务的配置参数中,可以像 Shell 脚本那样以#号开头写上注释信息,这样在日后回顾这段命令代码时可以快速了解其功能、需求以及编写人员等重要信息。

计划任务中的"分"字段必须有数值,绝对不能为空或是 * 号,而"日"和"星期"字段不能同时使用,否则就会发生冲突。

习 题

一、选择题

1. 使用 Vim 编辑只读文件时,强制存盘并退出的命令是(   )。
   A. :w!   B. :q!   C. :wq!   D. :e!
2. 假设当前处于 vi 的命令模式,现要进入插入模式,以下快捷键中无法实现的是(   )。
   A. I   B. A   C. O   D. l
3. 目前处于 vi 的插入模式,若要切换到末行模式,以下操作方法中正确的是(   )。
   A. 按 Esc 键   B. 按 Esc 键,然后按:键
   C. 直接按:键   D. 直接按 Shift+:组合键
4. 下列提法中,不属于 ifconfig 命令作用范围的是(   )。
   A. 配置本地回环地址   B. 配置网卡的 IP 地址
   C. 激活网络适配器   D. 加载网卡到内核中
5. 下列文件中,包含主机 DNS 配置信息的文件是(   )。
   A. /etc/host.conf   B. /etc/hosts
   C. /etc/resolv.conf   D. /etc/networks
6. 在 Linux 系统中,主机名保存在(   )配置文件中。
   A. /etc/hosts   B. /etc/modules.conf
   C. /etc/sysconfig/network   D. /etc/network
7. 若要暂时禁用 eth0 网卡,下列命令中可以实现的是(   )。

A. Ifconfig eth0　　　　　　　　　　B. ifup eth0
C. Ifconfig eth0 up　　　　　　　　D. Ifconfig eth0 down

8. 以下命令中可以重新启动计算机的是（　　）。
A. reboot　　　　　　　　　　　　B. halt
C. shutdown -h　　　　　　　　　D. init 0

二、填空题

1. Vim 编辑器的三种模式分别是（　　）、（　　）、（　　）。
2. 从输入模式切换到末行模式的操作过程是（　　）。
3. 一个完整的 Shell 脚本应该有哪些内容？（　　）
4. 在 Shell 脚本中，＄0 与 ＄3 变量的作用分别是（　　）、（　　）。
5. 如果需要依据用户的输入参数执行不同的操作，最方便的条件测试语句是（　　）。

三、简答题

1. if 条件测试语句有哪几种结构？最灵活且最复杂的是哪种结构？
2. for 条件循环语句的循环结构是什么样子的？
3. 若在 while 条件循环语句中使用 true 作为循环条件，那么会发生什么事情？
4. Linux 系统的长期计划任务所使用的服务是什么？其参数格式是什么？
5. 请简述配置 YUM 仓库的步骤。

第 5 章　配置与应用远程服务

作为一个服务器运维管理人员,经常要登录 Linux 服务器查看服务器是否正常运行,但是,服务器通常不在本地(可能位于分公司或 ISP 的托管机房)或者分散在不同的地理位置上,因此常常要借助远程控制的方式对这些远程服务器进行管理。在 CentOS Linux 系统中,一般采用 Telnet、SSH 以及 VNC 服务实现远程控制,本章的主要目的是实现这些远程服务的配置和使用方法。

5.1　配置网络服务

5.1.1　配置网卡 IP 地址

本章将学习如何在 Linux 系统上配置服务。但是在此之前,必须先保证主机之间能够顺畅地通信。如果网络不通,即便服务部署得再正确,用户也无法顺利访问,所以,配置网络并确保网络的连通性是学习部署 Linux 服务之前的最后一个重要知识点。

在 4.1 节讲解了如何使用 Vim 文本编辑器来配置网络参数。其实,在 CentOS 7 系统中有至少 5 种网络的配置方法,首先使用 nmtui 命令来配置网络,相当于 RHEL 5、RHEL 6 版本中的 setup 命令,其具体的配置步骤如图 5-1～图 5-7 所示。

执行 nmtui 命令运行网络配置工具。

图 5-1　选中"编辑连接"并按 Enter 键

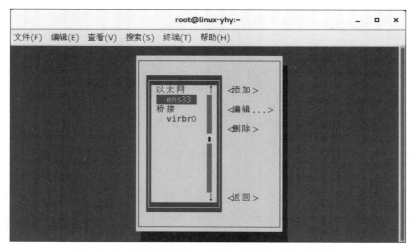

图 5-2　选中要编辑的网卡名称,然后单击"编辑"按钮

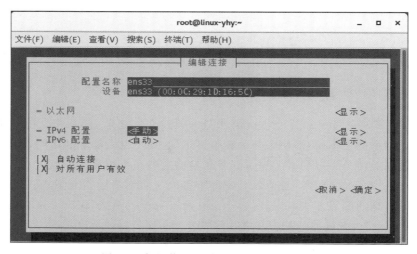

图 5-3　把网络 IPv4 的配置方式改成手动

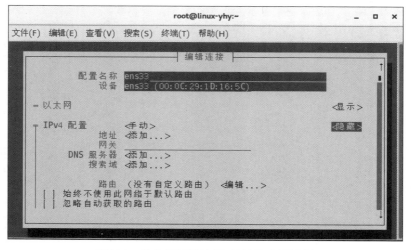

图 5-4　单击"显示"按钮,显示信息配置框

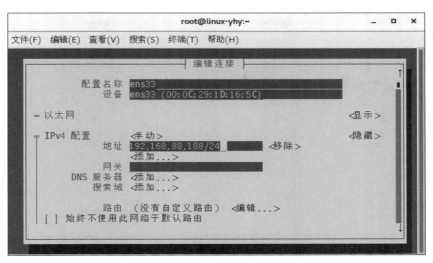

图 5-5　填写 IP 地址

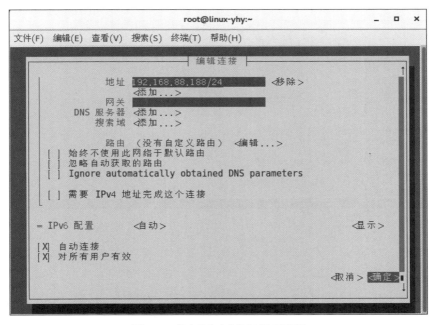

图 5-6　单击"确定"按钮保存配置

在 RHEL 5、RHEL 6 系统及其他大多数早期的 Linux 系统中，网卡的名称一直都是 eth0、eth1、eth2、…，但在 CentOS 7.5 中则变成了类似于 ens33 这样的名字。不过除了网卡的名称发生变化之外，其他几乎一切照旧，因此这里演示的网络配置实验完全可以适用于各种版本的 Linux 系统。

现在，在服务器主机的网络配置信息中填写 IP 地址"192.168.88.188/24"。

至此，在 Linux 系统中配置网络 IP 地址的步骤完成。

需要注意的是，在安装 CentOS 7 系统时默认没有激活网卡。需要使用 Vim 编辑器将网卡配置文件中的 ONBOOT 参数修改成 yes，这样在系统重启后网卡就被激活了，如图 5-8 所示。

图 5-7 单击"退出"按钮退出

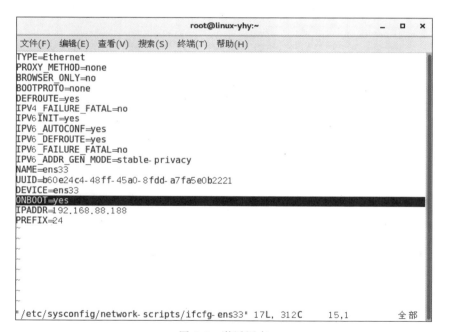

图 5-8 激活网卡

【vim /etc/sysconfig/network-scripts/ifcfg-ens33】

当修改完 Linux 系统中的服务配置文件后,并不会对服务程序立即产生效果。要想服务程序获取到最新的配置文件,需要使用"systemctl restart network"命令手动重启相应的服务。

5.1.2 配置网卡负载均衡

一般来讲,生产环境必须提供 7×24 小时的网络传输服务。借助于网卡负载均衡技术,不仅可以提高网络传输速度,更重要的是,还可以确保在其中一块网卡出现故障时,依然可以正常提供网络服务。假设对两块网卡实施了负载均衡技术,这样在正常工作中它们会共同传输数据,使得网络传输的速度变得更快;而且即使有一块网卡突然出现了故障,另外一块网卡便会立即自动顶替上去,保证数据传输不会中断。

下面介绍如何绑定网卡。

第 1 步:在虚拟机系统中再添加一块网卡设备,请确保两块网卡都处在同一个网络连接中(即网卡模式相同),如图 5-9 所示。处于相同模式的网卡设备才可以进行网卡绑定,否则这两块网卡无法互相传送数据。

图 5-9　在虚拟机中再添加一块网卡设备

第 2 步:使用 Vim 文本编辑器来配置网卡设备的绑定参数。需要对参与绑定的网卡设备逐个进行"初始设置"。需要注意的是,这些原本独立的网卡设备此时需要被配置成为一块"从属"网卡,服务于"主"网卡,不应该再有自己的 IP 地址等信息。在进行了初始设置之后,它们就可以支持网卡绑定了。

【vim /etc/sysconfig/network-scripts/ifcfg-ens33】
TYPE=Ethernet
BOOTPROTO=none
ONBOOT=yes
USERCTL=no

```
DEVICE = ens33
MASTER = bond0
SLAVE = yes
```
【vim /etc/sysconfig/network-scripts/ifcfg-ens34】
```
TYPE = Ethernet
BOOTPROTO = none
ONBOOT = yes
USERCTL = no
DEVICE = ens34
MASTER = bond0
SLAVE = yes
```

还需要将绑定后的设备命名为bond0并把IP地址等信息填写进去,这样当用户访问相应服务的时候,实际上就是由这两块网卡设备在共同提供服务。

【vim /etc/sysconfig/network-scripts/ifcfg-bond0】
```
TYPE = Ethernet
BOOTPROTO = none
ONBOOT = yes
USERCTL = no
DEVICE = bond0
IPADDR = 192.168.88.188
PREFIX = 24
DNS = 192.168.88.1
NM_CONTROLLED = no
```

第3步:让Linux内核支持网卡绑定驱动。常见的网卡绑定驱动有三种模式:mode0、mode1和mode6。下面以绑定两块网卡为例,讲解使用的情景。

(1) mode0(平衡负载模式):平时两块网卡均工作,且自动备援,但需要在与服务器本地网卡相连的交换机设备上进行端口聚合来支持绑定技术。

(2) mode1(自动备援模式):平时只有一块网卡工作,在它故障后自动替换为另外的网卡。

(3) mode6(平衡负载模式):平时两块网卡均工作,且自动备援,无须交换机设备提供辅助支持。

下面使用Vim文本编辑器创建一个用于网卡绑定的驱动文件,使得绑定后的bond0网卡设备能够支持绑定技术;同时定义网卡以mode6模式进行绑定,且出现故障时自动切换的时间为100ms。

【vim /etc/modprobe.d/bond.conf】
```
alias bond0 bonding
options bond0 miimon = 100 mode = 6
```

第4步:使用"systemctl restart network"命令重启网络服务后网卡绑定操作即可成功。使用"ifconfig"命令查看IP地址信息,正常情况下只有bond0网卡设备才会有IP地址等信息,如图5-10所示。

可以在本地主机执行"ping 192.168.88.188"命令检查网络的连通性。为了检验网卡绑定技术的自动备援功能,突然在虚拟机硬件配置中随机移除一块网卡设备,使用ping命令可以非常清晰地看到网卡切换的过程(一般只有1个数据丢包)。然后另外一块网卡会继续为用户提供服务。

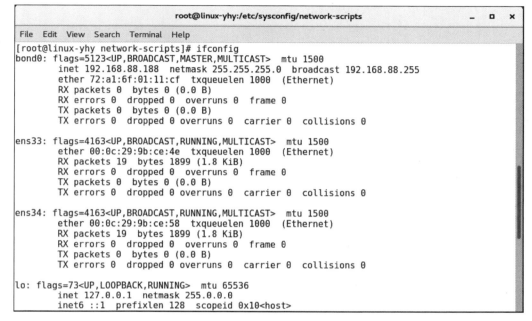

图 5-10　查看网卡绑定信息

5.2　配置远程服务

5.2.1　配置 Telnet 服务

Telnet 协议是 TCP/IP 协议族中的一员，是 Internet 远程登录服务的标准协议和主要方式。它为用户提供了在本地计算机上完成远程主机工作的能力。Telnet 可以让我们坐在自己的计算机前通过 Internet 登录到另一台远程计算机上，这台计算机可以是在隔壁的房间里，也可以是在地球的另一端。当登录上远程计算机后，本地计算机就等同于远程计算机的一个终端，我们可以用自己的计算机直接操纵远程计算机，享受远程计算机本地终端同样的操作权限。

Telnet 因为其安全性差的特性，而在安装操作系统时不会默认安装。下面将从配置本地安装开始，一步步完成 Telnet 的配置。

第 1 步：挂载光盘。

先将光盘放入光驱，然后使用如下命令挂载光盘到系统中。

mount /dev/cdrom /mnt

第 2 步：配置 YUM 源。

YUM 安装解决了软件的依赖性问题，所以一般软件的安装采用 YUM 的方式安装，但在安装之前必须配置好 YUM 源。进入 YUM 源配置目录，建立备份文件夹 bak，然后移动原有的配置文件到备份文件夹中,最后再编辑自己的 YUM 源 repo 文件。

```
cd /etc/yum.repos.d/
mkdir /etc/yum.repos.d/bak
mv /etc/yum.repos.d/Cent*    /etc/yum.repos.d/bak/
vim    /etc/yum.repos.d/local.repo(必须是.repo 为后缀)
```

local.repo 的具体内容如下。

```
[local_server]                            # 库名称
name = This is a local repo               # 名称描述
baseurl = file:///mnt/                    # YUM 源地址,光盘的挂载点
enabled = 1                               # 是否启用该 YUM 源,0 为不启用
gpgcheck = 0                              # GPG = KEY 设置为不检查
```

编辑完成后按 Esc 键输入":wq"保存退出。

第 3 步:安装客户端以及服务器端软件。

在安装 Telnet 前先检查系统是否安装了 telnet-server 和 xinetd。

rpm -qa telnet-server:查询 telnet-server 软件的安装信息。

rpm -qa xinetd:查询 xinetd 软件的安装信息。

如果没有安装,则使用 yum 命令安装。

yum -y install telnet-server.x86_64:安装 Telnet 服务器端。

yum -y install telnet.x86_64:安装 Telnet 客户端。

yum -y install xinetd.x86_64:安装 Telnet 的守护进程。

安装完成后,再次进行查询,可以看到 Telnet 的相关软件信息。

第 4 步:启动服务。

配置并启动 Telnet。xinetd 和 telnet 必须设置开机启动,否则无法启动 Telnet 服务。

systemctl enable xinetd.service:设置 xinetd 服务开机启动。

systemctl enable telnet.socket:设置 telnet 服务开机启动。

接下来启动服务。

systemctl start telnet.socket:启动 telnet 服务。

systemctl start xinetd:启动 xinetd 服务。

第 5 步:配置防火墙规则。

firewall-cmd --permanent --add-port=23/tcp:打开 telnet 服务的 23 号端口。

firewall-cmd --reload:重启防火墙。

第 6 步:远程登录。

(1) 使用 PuTTY 远程登录。PuTTY 是一个 Telnet、SSH、rlogin、纯 TCP 以及串行接口连接软件。较早的版本仅支持 Windows 平台,在最近的版本中开始支持各类 UNIX 平台,并打算移植至 Mac OS X 上。除了官方版本外,有许多第三方的团体或个人将 PuTTY 移植到其他平台上,例如以 Symbian 为基础的移动电话。PuTTY 为一个开放源代码软件,主要由 Simon Tatham 维护,使用 MITLicence 授权。随着 Linux 在服务器端的广泛应用,Linux 系统管理越来越依赖于远程。在各种远程登录工具中,PuTTY 是其中出色的工具之一。PuTTY 是一个免费的、Windows x86 平台下的 Telnet、SSH 和 rlogin 客户端,但是功

能丝毫不逊色于商业的 Telnet 类工具。

打开 PuTTY 软件，如图 5-11 所示。

图 5-11　PuTTY 软件界面

单击 Open 按钮，输入 Linux 系统中的普通用户名与密码，以 yhy 用户远程 Telnet 到主机的效果如图 5-12 所示。

图 5-12　Telnet 登录效果图

（2）使用 SecureCRT 远程登录。SecureCRT 是一款支持 SSH（SSH1 和 SSH2）的终端仿真程序，简单地说是 Windows 下登录 UNIX 或 Linux 服务器主机的软件。

SecureCRT 支持 SSH，同时支持 Telnet 和 rlogin 协议。SecureCRT 是一款用于连接运行包括 Windows、UNIX 和 VMS 的理想工具。通过使用内含的 VCP 命令行程序可以进行加密文件的传输。它具有流行 CRTTelnet 客户机的所有特点，包括：自动注册，对不同主机保持不同的特性，打印功能，颜色设置，可变屏幕尺寸，用户定义的键位图，能从命令行中运行或从浏览器中运行等。其他特点包括：文本手稿，易于使用的工具条，用户的键位图编辑器，可定制的 ANSI 颜色等。SecureCRT 的 SSH 协议支持 DES、3DES 和 RC4 密码以及 RSA 加密。SecureCRT 快速连接的设置如图 5-13 所示。

图 5-13 SecureCRT 快速连接设置界面

选择"协议"为 Telnet，填写远程主机的主机名为远程的 IP 地址，端口默认为 23，登录成功的界面如图 5-14 所示。

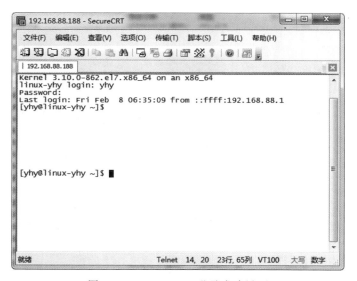

图 5-14 SecureCRT 登录成功界面

（3）微软的系统从 Windows 7 开始默认不会安装 Telnet 客户端，因此需要手动进行安装（如安装了请忽略），打开程序管理→启用或关闭 Windows 功能，勾选"Telnet 客户端"，如图 5-15 所示，单击"确定"按钮进行安装，安装完成后打开 CMD，输入 Telnet IP 地址，也可 Telnet 远程登录到 Linux 系统中。

第 7 步：配置允许 ROOT 用户登录。

因为 Telnet 在传输数据时采用明文的方式，包括用户名和密码，所以数据在传输的过程中很容易被截取和篡改，所以系统默认 ROOT 用户不可以 Telnet 到远程的服务器上，而只允许普通用户 Telnet 到远程的服务器上。因此需要修改以下配置文件/etc/securetty。

vim /etc/securetty

在末尾添加如下两行：

pts/0
pts/1

保存退出，然后再次以 ROOT 用户登录，即可成功。

图 5-15　Windows 7 安装 Telnet 客户端

5.2.2　配置 sshd 服务

SSH(Secure Shell)是一种能够以安全的方式提供远程登录的协议，也是目前远程管理 Linux 系统的首选方式。在此之前，一般使用 FTP 或 Telnet 进行远程登录。但是因为它们以明文的形式在网络中传输账户密码和数据信息，因此很不安全，很容易受到黑客发起的中间人攻击，轻则篡改传输的数据信息，重则直接抓取服务器的账户密码。

想要使用 SSH 协议来远程管理 Linux 系统，则需要部署配置 sshd 服务。sshd 是基于 SSH 协议开发的一款远程管理服务程序，不仅使用起来方便快捷，而且能够提供以下两种安全验证的方法。

（1）基于口令的验证——用账户和密码来验证登录。

（2）基于密钥的验证——需要在本地生成密钥对，然后把密钥对中的公钥上传至服务器，并与服务器中的公钥进行比较；该方式相比较来说更安全。

前文曾多次强调"Linux 系统中的一切都是文件"，因此在 Linux 系统中修改服务程序的运行参数，实际上就是在修改程序配置文件的过程。sshd 服务的配置信息保存在/etc/

ssh/sshd_config 文件中。运维人员一般会把保存着最主要配置信息的文件称为主配置文件,而配置文件中有许多以井号开头的注释行,要想让这些配置参数生效,需要在修改参数后再去掉前面的井号。sshd 服务配置文件中包含的重要参数如表 5-1 所示。

表 5-1　sshd 服务配置文件中包含的参数以及作用

参　　数	作　　用
Port 22	默认的 sshd 服务端口
ListenAddress 0.0.0.0	设定 sshd 服务器监听的 IP 地址
Protocol 2	SSH 协议的版本号
HostKey /etc/ssh/ssh_host_key	SSH 协议版本为 1 时,DES 私钥存放的位置
HostKey /etc/ssh/ssh_host_rsa_key	SSH 协议版本为 2 时,RSA 私钥存放的位置
HostKey /etc/ssh/ssh_host_dsa_key	SSH 协议版本为 2 时,DSA 私钥存放的位置
PermitRootLogin yes	设定是否允许 ROOT 管理员直接登录
StrictModes yes	当远程用户的私钥改变时直接拒绝连接
MaxAuthTries 6	最大密码尝试次数
MaxSessions 10	最大终端数
PasswordAuthentication yes	是否允许密码验证
PermitEmptyPasswords no	是否允许空密码登录(很不安全)

在 CentOS 7 系统中,已经默认安装并启用了 sshd 服务程序。接下来使用 ssh 命令进行远程连接,其格式为"ssh [参数] 主机 IP 地址"。要退出登录则执行 exit 命令。

```
ssh 192.168.88.188
```

然后输入远程主机 ROOT 管理员的密码即可远程登录到远程主机。

```
exit
```

如果禁止以 ROOT 管理员的身份远程登录到服务器,则可以大大降低被黑客暴力破解密码的概率。下面进行相应配置。首先使用 Vim 文本编辑器打开 sshd 服务的主配置文件,然后把第 48 行 ♯PermitRootLogin yes 参数前的井号(♯)去掉,并把参数值 yes 改成 no,这样就不再允许 ROOT 管理员远程登录了。记得最后保存文件并退出。

```
【vim /etc/ssh/sshd_config】
………………省略部分输出信息………………
46
47 ♯LoginGraceTime 2m
48 PermitRootLogin no
49 ♯StrictModes yes

………………省略部分输出信息………………
```

主要注意的是一般的服务程序并不会在配置文件修改之后立即获得最新的参数。如果想让新配置文件生效,则需要手动重启相应的服务程序。最好也将这个服务程序加入开机启动项中,这样系统在下一次启动时,该服务程序便会自动运行,继续为用户提供服务。

```
systemctl restart sshd
systemctl enable sshd
```

这样一来，当 ROOT 管理员再来尝试访问 sshd 服务程序时，系统会提示不可访问的错误信息。虽然 sshd 服务程序的参数相对比较简单，但这就是在 Linux 系统中配置服务程序的正确方法。

【ssh 192.168.88.188】
root@192.168.88.188's password:此处输入远程主机 root 管理员的密码
Permission denied, please try again.

5.2.3 安全密钥验证

加密是对信息进行编码和解码的技术，它通过一定的算法（密钥）将原本可以直接阅读的明文信息转换成密文形式。密钥即是密文的钥匙，有私钥和公钥之分。在传输数据时，如果担心被他人监听或截获，就可以在传输前先使用公钥对数据加密处理，然后再行传送。这样，只有掌握私钥的用户才能解密这段数据，除此之外的其他人即便截获了数据，一般也很难将其破译为明文信息。

总之，在生产环境中使用密码进行口令验证终归存在着被暴力破解或嗅探截获的风险。如果正确配置了密钥验证方式，那么 sshd 服务程序将更加安全。下面进行具体的配置，其步骤如下。

第 1 步：在客户端主机中生成"密钥对"。

```
【ssh-keygen】
Generating public/private rsa key pair.
Enter file in which to save the key (/root/.ssh/id_rsa):按 Enter 键或设置密钥的存储路径
Created directory '/root/.ssh'.
Enter passphrase (empty for no passphrase):直接按 Enter 键或设置密钥的密码
Enter same passphrase again:再次按 Enter 键或设置密钥的密码
Your identification has been saved in /root/.ssh/id_rsa.
Your public key has been saved in /root/.ssh/id_rsa.pub.
The key fingerprint is:
40:32:48:18:e4:ac:c0:c3:c1:ba:7c:6c:3a:a8:b5:22 root@linux-yhy.com
The key's randomart image is:
+--[ RSA 2048]----+
|+ * ..o .        |
|*.o  +           |
|o *   .          |
|+ .   .          |
|o..    S         |
|.. +             |
|.  =             |
|E +  .           |
|+ .o             |
+-----------------+
```

第 2 步：把客户端主机中生成的公钥文件传送至远程主机。

```
【ssh-copy-id 192.168.88.188】
The authenticity of host '192.168.88.20 (192.168.88.188)' can't be established.
ECDSA key fingerprint is 4f:a7:91:9e:8d:6f:b9:48:02:32:61:95:48:ed:1e:3f.
```

```
Are you sure you want to continue connecting (yes/no)? yes
/usr/bin/ssh-copy-id: INFO: attempting to log in with the new key(s), to filter
out any that are already installed
/usr/bin/ssh-copy-id: INFO: 1 key(s) remain to be installed -- if you are
prompted now it is to install the new keys
root@192.168.88.188's password:此处输入远程服务器密码
Number of key(s) added: 1
Now try logging into the machine, with: "ssh '192.168.88.188'"
and check to make sure that only the key(s) you wanted were added.
```

第 3 步：对服务器进行设置，使其只允许密钥验证，拒绝传统的口令验证方式。记得在修改配置文件后保存并重启 sshd 服务程序。

```
【vim /etc/ssh/sshd_config】
………………省略部分输出信息………………
74
75 # To disable tunneled clear text passwords, change to no here!
76 #PasswordAuthentication yes
77 #PermitEmptyPasswords no
78 PasswordAuthentication no
79
………………省略部分输出信息………………
【systemctl restart sshd】
```

第 4 步：在客户端尝试登录到服务器，此时无须输入密码也可成功登录。

```
【ssh 192.168.88.188】
Last login: Mon Apr 13 19:34:13 2017
```

5.2.4 配置 VNC 图形界面服务

Telnet 和 SSH 服务只能实现基于字符界面的远程控制，对于习惯于使用 X-window 的用户而言，使用字符界面就不是很习惯，那么如何远程也能使用 X-window 呢？VNC (Virtual Network Computer，虚拟网络计算机)软件即是实现该技术的绝佳选择。VNC 是一款优秀的远程控制工具软件，由著名的 AT&T 的欧洲研究实验室开发。VNC 是基于 UNIX 和 Linux 操作系统的免费的开源软件，远程控制能力强大，高效实用，其性能可以和 Windows 以及 MAC 中的任何远程控制软件媲美。

VNC 基本上是由两部分组成：一部分是客户端的应用程序(VNC Viewer)；另外一部分是服务器端的应用程序(VNC Server)。VNC 的服务器端应用程序在 UNIX 和 Linux 操作系统中适应性很强，图形用户界面十分友好。下面将在 CentOS 7.5 中安装配置 VNC Server 实现远程的图形化访问，其步骤如下。

前期准备：关闭防火墙与 SeLinux

为了排除防火墙的干扰，在正式学习防火墙之前，建议关闭 CentOS 系统的防火墙，CentOS 7 的防火墙是 firewalld，关闭防火墙的命令为：

```
systemctl stop firewalld.service
```

临时关闭 SELinux,命令如下：

setenforce 0

第 1 步：安装 GNOME 图形化桌面。

要能远程访问图形化界面,首先服务器自身要安装图形化套件,如服务器没有安装图形化套件,可以通过如下命令安装,在此以安装 GNOME Desktop 为例。

yum -y groupinstall "GNOME Desktop"：CentOS 7.x 安装 GNOME 桌面环境。

备注：Xfce、KDE、GNOME 都是图形桌面环境,其特点是占用资源更小。资源占用情况大致为：GNOME > KDE > Xfce。具体情况与版本有关。一般版本越新,资源占用越大。

第 2 步：安装 TigerVNC Server 软件。

yum -y install tigervnc-server tigervnc-server-module：安装 VNC Server 相关软件。

备注：在 CentOS 6.x 里安装的是 tigervnc-server tigervnc,在 CentOS 5.x 里面是 vnc-server vnc *。

第 3 步：配置 VNC。

cp /lib/systemd/system/vncserver@.service /etc/systemd/system/vncserver@:1.service：复制模板文件。

cd /etc/systemd/system：进入配置文件目录。

vim vncserver@:1.service：打开编辑刚刚复制的新配置文件。

配置文件内容为：

```
[Unit]
Description = Remote desktop service (VNC)
After = syslog.target network.target
 [Service]
Type = forking
User = root
ExecStart = /usr/bin/vncserver :1 – geometry 1280x1024 – depth 16 – securitytypes = none – fp /usr/share/X11/fonts/misc
ExecStop = /usr/bin/vncserver – kill :1
 [Install]
WantedBy = multi – user.target
```

注意：将文件中的 USER＝ 的值修改为 VNC Client 连接的账号,这里设置为 root；vncserver :1 设定可以使用 VNC 服务器的账号,可以设定多个,但中间要用空格隔开。注意前面的数字"1"或是"2",当要从其他计算机登录 VNC 服务器时,就需要用 IP:1 这种方法,而不能直接用 IP。例如,VNC 服务器 IP 是 192.168.1.100,要想进入 VNC 服务器,并以 yhy 用户登录时,需要在 VNC Viewer 中输入 IP 的地方输入"192.168.1.100:1,"如果是 ROOT,那就是"192.168.1.100:2"。1280x1024 可以转换成计算机支持的分辨率。注意中间的"x"不是"*",而是小写字母"x"。-depth 代表色深,参数值有 8、16、24、32 等。

第 4 步：启动 VNCServer 服务。

systemctl start vncserver@:1.service：设置 VNC Server 开机自启动。

systemctl enable vncserver@:1.service：启用配置文件。

第 5 步：配置 VNC 密码。

VNC Server 运行后，如果没有配置密码，客户端是无法连接的，可通过如下命令设置与修改密码。

vncserver：设置 VNC 密码，密码必须为 6 位以上。

vncpasswd：修改 VNC 密码，同样，密码需要为 6 位以上。

备注：这里是为上面的 ROOT 远程用户配密码，所以在 ROOT 账户下配；如果为别的账户配密码，就要切到相应的账户下设置。

第 6 步：测试登录。

在网上输入"VNC Viewer"关键字搜索并下载 VNC Viewer，安装并打开，界面如图 5-16 所示。

输入服务器端 IP:1，然后单击"确定"按钮，打开如图 5-17 所示的要求输入 ROOT 密码的提示框。

图 5-16 VNC Viewer 连接远程主机界面

图 5-17 VNC Viewer 要求输入 ROOT 密码提示框

输入 ROOT 账号的密码，单击"确定"按钮，即可登录成功，登录成功的界面如图 5-18 所示。

图 5-18 VNC Viewer 登录成功界面

第 7 步：排错。

（1）检查 SELinux 服务并关闭，使用命令"vim /etc/selinux/config"编辑 /etc/selinux/config 文件，设置 SELinux 字段的值为"disabled"。

（2）关闭 NetworkManager 服务。

```
chkconfig -- del NetworkManager
```

（3）iptables 防火墙默认会阻止 VNC 远程桌面，所以需要在 iptables 允许通过。当启动 VNC 服务后，可以用 netstat -tunlp 命令查看 VNC 服务所使用的端口，可以发现有 5801，5901，6001 等。使用下面的命令开启这些端口。

使用 vim 命令编辑/etc/sysconfig/iptables 文件，在文件最后添加如下内容。

```
-A RH-Firewall-1-INPUT -p tcp -m tcp -dport 5801 -j ACCEPT
-A RH-Firewall-1-INPUT -p tcp -m tcp -dport 5901 -j ACCEPT
-A RH-Firewall-1-INPUT -p tcp -m tcp -dport 6001 -j ACCEPT
```

重启防火墙或者直接关闭防火墙。

/etc/init.d/iptables restart：重启防火墙。

/etc/init.d/iptables stop：关闭防火墙。

第 8 步：NVC 的反向连接设置。

在大多数情况下，VNC Server 总处于监听状态，VNC Client 主动向服务器发出请求从而建立连接。然而在一些特殊的场合，需要让 VNC 客户机处于监听状态，VVNC Server 主动向客户机发出连接请求，此为 VNC 的反向连接。主要步骤如下。

vncviewer -listen：启动 VNC Client，使 VNC Viewer 处于监听状态。

vncserver：启动 VNC Server。

vncconnect -display :1 192.168.223.189（服务器 IP 地址）：在 VNC Server 端执行 vncconnect 命令，发起 Server 到 Client 的请求。

第 9 步：解决可能遇到的黑屏问题。

在 Linux 中安装配置完 VNC 服务端，发现多用户登录会出现黑屏的情况，具体的现象为：客户端可以通过 IP 与会话号登录进入系统，但登录进去是漆黑一片，除了一个叉形的鼠标以外，伸手不见五指。

原因：用户的 VNC 的启动文件权限未设置正确。

解决方法：将黑屏用户的 xstartup（一般为/用户目录/.vnc/xstartup）文件的属性修改为 755(rwxr-xr-x)。之后杀掉所有已经启动的 VNC 客户端，操作步骤如下。

vncserver -kill :1：杀掉所有已经启动的 VNC 客户端 1。

vncserver -kill :2：杀掉所有已经启动的 VNC 客户端 2(-kill 与 :1 或 :2 中间有一个空格)。

/etc/init.d/vncserver restart：重启 VNC Server 服务。

备注：VNC Server 只能由启动它的用户来关闭，即使是 ROOT 用户也不能关闭其他用户开启的 VNC Server，除非用 kill 命令暴力杀死进程。

5.3 远程文件传输

scp 是 secure copy 的简写，是用于在 Linux 下进行远程复制文件的命令。和它类似的命令有 cp，不过 cp 只是在本机进行复制不能跨服务器，而且 scp 传输是加密的，可能会稍微影响一下速度。当服务器硬盘变为只读时，用 scp 可以帮助把文件移出来。另外，scp 不占资源，系统负荷小，在这一点上，rsync 就远远不及它了。虽然 rsync 比 scp 会快一点儿，但在小文件众多的情况下，rsync 会导致硬盘 I/O 非常高，而 scp 基本不影响系统正常使用。

其格式为"scp［参数］ 本地文件 远程账户@远程 IP 地址:远程目录"。

与第 2 章讲解的 cp 命令不同,cp 命令只能在本地硬盘中进行文件复制,而 scp 不仅能够通过网络传送数据,而且所有的数据都将进行加密处理。例如,如果想把一些文件通过网络从一台主机传递到其他主机,这两台主机又恰巧是 Linux 系统,这时使用 scp 命令就可以轻松完成文件的传递了。scp 命令中可用的参数以及作用如表 5-2 所示。

表 5-2 scp 命令中可用的参数及作用

参 数	作 用	参 数	作 用
-v	显示详细的连接进度	-r	用于传送文件夹
-P	指定远程主机的 sshd 端口号	-6	使用 IPv6 协议

在使用 scp 命令把文件从本地复制到远程主机时,首先需要以绝对路径的形式写清本地文件的存放位置。如果要传送整个文件夹内的所有数据,还需要额外添加参数-r 进行递归操作。然后写上要传送到的远程主机的 IP 地址,远程服务器便会要求进行身份验证了。当前用户名称为 ROOT,而密码则为远程服务器的密码。如果想使用指定用户的身份进行验证,可使用"用户名@主机地址"的参数格式。最后需要在远程主机的 IP 地址后面添加冒号,并在后面写上要传送到远程主机的哪个文件夹中。只要参数正确并且成功验证了用户身份,即可开始传送工作。由于 scp 命令是基于 SSH 协议进行文件传送的,而 5.2.3 节又设置好了密钥验证,因此当前在传输文件时,并不需要账户和密码。

【echo "Welcome to Linux – yhy.Com" > readme.txt】
【scp /root/readme.txt 192.168.88.20:/home】
root@192.168.88.20's password:此处输入远程服务器中 ROOT 管理员的密码
readme.txt 100％ 26 0.0KB/s 00:00

此外,还可以使用 scp 命令把远程主机上的文件下载到本地主机,其命令格式为"scp [参数] 远程用户@远程 IP 地址:远程文件 本地目录"。例如,可以将远程主机的系统版本信息文件下载,这样就无须先登录远程主机,再进行文件传送了,也就省去了很多周折。

【scp 192.168.88.20:/etc/redhat – release /root】
root@192.168.88.20's password:此处输入远程服务器中 ROOT 管理员的密码
redhat – release 100％ 52 0.1KB/s 00:00
【cat redhat – release】
CentOS Linux release 7.5.1804 (Core)

习 题

一、操作题

1. 建立 Telnet 服务器,并根据以下要求配置 Telnet 服务器。
(1) 配置 Telnet 服务同时只允许两个连接。
(2) 配置 Telnet 服务器在 2323 端口监听客户机的连接。
2. 建立 SSH 服务器,并根据以下要求配置 SSH 服务器。
(1) 配置 SSH 服务器绑定的 IP 地址为 192.168.16.177。
(2) 在 SSH 服务器启用公钥认证。

3. 建立 VNC 服务器,并根据以下要求配置 VNC 服务器。
(1) 配置 VNC 服务器使用 GNOME 图形桌面环境。
(2) 配置 VNC 服务每次启动会自动创建桌面号。
(3) 在 VNC 服务器启用远程协助功能。

二、简答题

1. 在 Linux 系统中有多种方法可以配置网络参数,请列举几种。
2. 想要把本地文件/root/out.txt 传送到地址为 192.168.88.20 的远程主机的/home 目录下,且本地主机与远程主机均为 Linux 系统,最简便的传送方式是什么?

第6章　管理用户与用户组

　　Linux 操作系统是多用户多任务操作系统,用户可分为普通用户和超级用户。除了用户以外还有用户组,所谓用户组就是用户的集合,CentOS Linux 组中有两种类型,私有组和标准组。当创建一个新用户时,若没有指定他所属的组,CentOS 就建立一个和该用户相同的私有组,此私有组中只包括用户自己。标准组可以容纳多个用户,如果要使用标准组,创建一个新的用户时就应该指定它所属于的组。从另外一方面讲,同一个用户可以属于多个组,例如,某个单位的领导组和技术组,lik 是该单位的技术主管,所以他就同时属于领导组和技术组。当一个用户属于多个组时,其登录后所属的组是主组,其他组为附加组。

　　Linux 环境下的用户与用户组系统文件主要存放在/etc/passwd、/etc/shadow、/etc/group 和/etc/gshadow 这四个文件,基本含义后面会详细介绍。ROOT 的 uid 是 0,1～999 是系统的标准账户,普通用户从 uid 1000 开始。

　　初次接触 Linux 的读者大概会觉得很奇怪,Linux 有这么多用户,还要分用户组(又叫作"群组"),有什么用呢？ 其实,文件所属的用户与用户组功能是一个相当健全的安全防护。

　　由于 Linux 是多人多工的操作系统,因此常常会有多人同时使用这部主机工作,为了考虑每个人的隐私权,因此,"文件所有者"的角色就显得相当重要了。例如,当我们将某个文件放在自己的工作目录下,并且不希望这个文件的内容被别人看到时,就应该把文件设定成"只有文件拥有者,也即我们自身才能查看和修改该文件的内容",由于设定了这样的权限,所以其他用户即使知道有这个文件存在,也无法看到该文件的内容。

　　那么为什么要为文件设定它所属的用户组呢？ 其实,用户组最简单的功能之一,就是用于团队开发资源。举例来说,假设主机有两个团体：第一个团体为 testgroup,它的成员是 test1,test2,test3；第二个团体名称为 treatgroup,它的团员为 treat1,treat2,treat3。这两个团体之间是互相有竞争性质的,要比赛看谁做的那份报告最好,然而每组团员又需要同时能够修改自己的团体内任何人所建立的文件,且不能让非本团体的人看到这些文件内容。这时就要通过用户组的权限设置,禁止非本用户组的用户查看本组的文件。同时,如果成员自己还有私人隐秘的文件,还可以设定文件权限,使本团队其他成员也看不到此文件的内容。另外,如果有一个 teacher 用户是 testgroup 与 treatgroup 这两个用户组的老师,想要同时观察两个组的进度,就要设定 teacher 用户同时支持 testgroup 与 treatgroup 这两个用户组,这样就可以查看这两个用户组的文件了。也就是说,每个用户还可以属于多个用户组。

　　基于以上的考虑,Linux 系统中的每个用户都至少属于一个用户组,系统可以对一个用户组中的所有用户进行集中管理。不同 Linux 系统对用户组的规定有所不同,如 Linux 下的用户就默认属于与它同名的用户组,这个用户组在创建用户的时候同时创建。本章主要讲解自由灵活地管理用户以及用户组。

6.1 系统中的用户

在 Linux 系统中,标识用户身份的是 UID,而非用户名称,Linux 系统的管理员之所以是 ROOT,并不是因为它的名字叫 ROOT,而是因为该用户的身份号码即 UID(User IDentification)的数值为 0。在 Linux 系统中,UID 就相当于身份证号码一样具有唯一性,因此可通过用户的 UID 值来判断用户身份。在 CentOS 7 系统中,用户身份有下面这些。

(1) 管理员 UID 为 0:系统的管理员用户。

(2) 系统用户 UID 为 1～999:Linux 系统为了避免因某个服务程序出现漏洞而被黑客提权至整台服务器,默认服务程序会有独立的系统用户负责运行,进而有效控制被破坏的范围。

(3) 普通用户 UID 从 1000 开始:是由管理员创建的用于日常工作的用户。

需要注意的是,UID 是唯一的,而且管理员创建的普通用户的 UID 默认是从 1000 开始的(即使前面有闲置的号码)。CentOS 系统 5、6 版本中系统用户 UID 为 1～499,普通用户 UID 从 500 开始。

系统中所有的用户存放文件为/etc/passwd,可通过"vim /etc/passwd"命令打开查看。

passwd 文件由许多条记录组成,每条记录占一行,记录了一个用户账号的所有信息。每条记录由 7 个字段组成,字段间用冒号":"隔开,其 ROOT 用户所在行格式如图 6-1 所示。

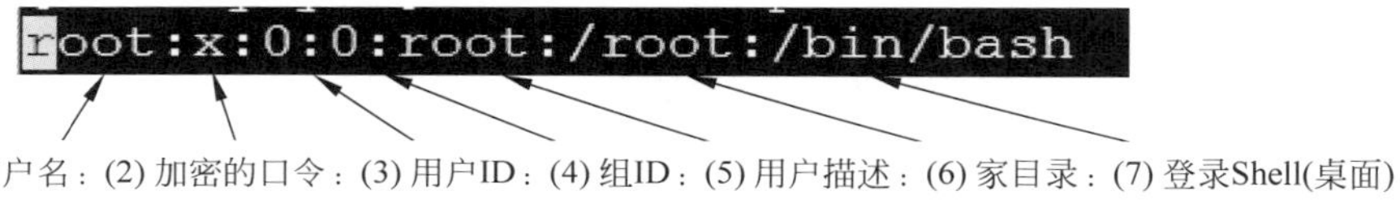

```
root:x:0:0:root:/root:/bin/bash
```
(1)用户名:(2)加密的口令:(3)用户ID:(4)组ID:(5)用户描述:(6)家目录:(7)登录Shell(桌面)

图 6-1 存放用户文件详解图

(1) 用户名:它唯一地标识了一个用户账号,用户在登录时使用的就是它。

(2) 加密的口令:passwd 文件中存放的密码是经过加密处理的。Linux 的加密算法很严密,其中的口令几乎是不可能被破解的。盗用账号的人一般都借助专门的黑客程序,构造出无数个密码,然后使用同样的加密算法将其加密,再和本字段进行比较,如果相同,就代表构造出的口令是正确的。因此,建议不要使用生日、常用单词等作为口令,它们在黑客程序面前几乎是不堪一击的。特别是对那些直接连入较大网络的系统来说,系统安全性显得尤为重要。

(3) 用户 ID:用户识别码,简称 UID。Linux 系统内部使用 UID 来标识用户,而不是用户名。UID 是一个整数,用户的 UID 互不相同。需要注意的是,UID 是唯一的,在 CentOS 7 中,管理员创建的普通用户的 UID 默认是从 1000 开始的(即使前面有闲置的号码)。CentOS 系统 5、6 版本系统用户 UID 为 1～499,普通用户 UID 从 500 开始。

(4) 组 ID:用户组识别码,简称 GID。不同的用户可以属于同一个用户组,享有该用户组共有的权限。与 UID 类似,GID 唯一地标识了一个用户组。普通用户的 GID 默认是从 1000 开始的。UID 与 GID 默认情况下是一致的。

(5) 用户描述:这是给用户账号做的注解。它一般是用户真实姓名、电话号码、住址等,当然也可以是空的。

(6)家目录:这个目录属于该账号,当用户登录后,它就会被置于此目录中,就像回到家一样。一般来说,ROOT 账号的家目录是/root,其他账号的家目录都在/home 目录下,并且和用户名同名。

(7)登录 Shell:用户登录后执行的命令。一般来说,这个命令将启动一个 Shell 程序。例如,用 BBS 账号登录后,会直接进入 BBS 系统,这是因为 BBS 账号的 login command 指向的是 BBS 程序,等系统登录到 BBS 时就自动运行这些命令。

备注:UID 是用户账户识别码,GID 是用户组识别码。如果把普通用户的 UID 和 GID 改成与 ROOT 用户的一样,那么此用户就变成了管理员,拥有管理员的权限。

6.2 用户密码

用户密码的存放文件为/etc/shadow 可通过命令"vim   /etc/shadow"打开查看。

shadow 文件由许多条记录组成,每条记录占一行,记录了一个用户账号的所有用户密码以及有效期等信息。每条记录由 8 个字段组成,字段间用冒号":"隔开,其格式如图 6-2 所示。

图 6-2 存放密码文件/etc/shadow 详解图

(1)"用户名"是与/etc/passwd 文件中的登录名相一致的用户账号。

(2)"加密口令"字段存放的是加密后的用户口令字,长度为 13 个字符。如果为空,则对应用户没有口令,能够登录但是不需要口令;如果是两个感叹号,则表示该用户没有设置密码,不能登录系统,如果含有不属于集合{./0-9A-Za-z}中的字符,则对应的用户不能登录。

(3)"最后一次修改时间"表示的是从某个时刻起,到用户最后一次修改口令时的天数。时间起点对不同的系统可能不一样。例如,在 SCOLinux 中,这个时间起点是 1970 年 1 月 1 日。

(4)"最小时间间隔"指的是两次修改口令之间所需的最小天数。

(5)"最大时间间隔"指的是口令保持有效的最大天数。

(6)"警告时间"字段表示的是从系统开始警告用户到用户密码正式失效之间的天数。

(7)"不活动时间"表示的是用户没有登录活动但账号仍能保持有效的最大天数。

(8)"失效时间"字段给出的是一个绝对的天数,如果使用了这个字段,那么就给出相应账号的生存期。期满后,该账号就不再是一个合法的账号,也就不能再用来登录了。

系统中还有一些默认的账号,如 daemon、bin 等。这些账号有特殊的用途,一般用于进行系统管理。这些账号的口令大部分用(*)号表示,代表它们不能在登录时使用。

vim /etc/shadow:编辑用户密码的存放文件,把 user2 所在行的第一个冒号与第二个冒号之间的字符删除掉,设置 user2 的密码为空。

6.3 系统中的用户组

为了方便管理属于同一组的用户,Linux 系统中还引入了用户组的概念。通过使用用户组号码(Group IDentification,GID),可以把多个用户加入同一个组中,从而方便为组中的用户统一规划权限或指定任务。假设有一个公司中有多个部门,每个部门中又有很多员工。如果只想让员工访问本部门内的资源,则可以针对部门而非具体的员工来设置权限。例如,可以通过对技术部门设置权限,使得只有技术部门的员工可以访问公司的数据库信息等。

另外,在 Linux 系统中创建每个用户时,将自动创建一个与其同名的基本用户组,而且这个基本用户组只有该用户一个人。如果该用户以后被归纳入其他用户组,则这个其他用户组称为扩展用户组。一个用户只有一个基本用户组,但是可以有多个扩展用户组,从而满足日常的工作需要。

/etc/group 文件是用户组的配置文件,内容包括用户和用户组,并且能显示出用户是归属哪个用户组或哪几个用户组,因为一个用户可以归属一个或多个不同的用户组;同一用户组的用户之间具有相似的特征。例如把某一用户加入 ROOT 用户组,那么这个用户就可以浏览 ROOT 用户家目录的文件,如果 ROOT 用户把某个文件的读写执行权限开放,ROOT 用户组的所有用户都可以修改此文件,如果是可执行的文件(比如脚本),ROOT 用户组的用户也是可以执行的。

组用户文件存放在/etc/group 中,可以通过"vim /etc/group"命令查看,如图 6-3 所示。

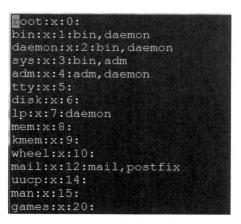

图 6-3 /etc/group 文件部分内容截图

在如图 6-3 所示的文件中有四列内容,每一列对应的释义如下。

第一列:用户组名称。

第二列:用户组密码。

第三列:GID,即组 ID。

第四列:用户列表,每个用户之间用","号分隔;本字段可以为空;如果为空表示用户组为 GID 的用户名。

6.4 用户组密码

/etc/gshadow 是/etc/group 的加密文件,例如用户组(Group)管理密码就是存放在这个文件中。/etc/gshadow 和/etc/group 是互补的两个文件;对于大型服务器,针对很多用户和组,定制一些关系结构比较复杂的权限模型,设置用户组密码是极有必要的。例如不想让一些非用户组成员永久拥有用户组的权限和特性,这时可以通过密码验证的方式来让某些用户临时拥有一些用户组特性,这时就要用到用户组密码。

通过命令"vim/etc/gshadow"查看用户组密码存放文件,每个用户组独占一行,如图 6-4 所示。

在如图 6-4 所示的文件中,有四列内容,每一列对应的释义如下。

第一列:用户组。

第二列:用户组密码,这个段可以是空的或"!",如果是空的或有"!",表示没有密码。

第三列:用户组管理者,这个字段也可为空,如果有多个用户组管理者,用","号分隔。

第四列:组成员,如果有多个成员,用","号分隔。

图 6-4 /etc/gshadow 文件部分内容截图

6.5 用户与用户组常用命令

设计 Linux 系统的初衷之一就是为了满足多个用户同时工作的需求,因此 Linux 系统必须具备很好的安全性。在安装 CentOS 7 操作系统时,特别要求设置 ROOT 管理员密码,这个 ROOT 管理员就是存在于所有类 UNIX 系统中的超级用户。他拥有最高的系统所有权,能够管理系统的各项功能,如添加/删除用户、启动/关闭服务进程、开启/禁用硬件设备等。虽然以 ROOT 管理员的身份工作时不会受到系统的限制,但俗语讲"能力越大,责任就越大",因此一旦使用这个高能的 ROOT 管理员权限执行了错误的命令可能会直接毁掉整个系统。使用与否,确实需要好好权衡一下。

但是,在学习时强烈推荐使用 ROOT 管理员权限,因为在 Linux 的学习过程中如果使用普通用户身份进行操作,则在配置服务之后出现错误时很难判断是系统自身的问题还是因为权限不足而导致的;这无疑会给学习过程徒增坎坷。更何况学习的实验环境是使用 VMware 虚拟机软件搭建的,可以将安装好的系统设置一次快照,即便系统彻底崩溃了,也可以在 5 秒的时间内快速还原出一台全新的系统,而不用担心数据丢失。

下面来看几个常用的用户与用户组的命令。

1. useradd 命令

useradd 命令用于创建新的用户,格式为"useradd [选项]用户名"。

可以使用 useradd 命令创建用户账户。使用该命令创建用户账户时,默认的用户家目录会被存放在/home 目录中,默认的 Shell 解释器为/bin/bash,而且默认会创建一个与该用户同名的基本用户组。这些默认设置可以根据表 6-1 中 useradd 命令参数自行修改。

表 6-1　useradd 命令中的用户参数以及作用

参　数	作　用
-d	指定用户的家目录（默认为 /home/username）
-e	账户的到期时间，格式为 YYYY-MM-DD
-u	指定该用户的默认 UID
-g	指定一个初始的用户基本组（必须已存在）
-G	指定一个或多个扩展用户组
-N	不创建与用户同名的基本用户组
-s	指定该用户的默认 Shell 解释器

下面创建一个普通用户并指定家目录的路径、用户的 UID 以及 Shell 解释器。在下面的命令中，请注意 /sbin/nologin，它是终端解释器中的一员，与 Bash 解释器有着天壤之别。一旦用户的解释器被设置为 nologin，则代表该用户不能登录到系统中。

【useradd －d /home/linux －u 8888 －s /sbin/nologin linux－yhy】
【id linux－yhy】
uid＝8888(linux－yhy) gid＝8888(linux－yhy) groups＝8888(linux－yhy)

2. groupadd 命令

groupadd 命令用于创建用户组，格式为"groupadd［选项］ 群组名"。

为了能够更加高效地指派系统中各个用户的权限，在工作中常常会把几个用户加入同一个组里面，这样便可以针对一类用户统一安排权限。创建用户组的步骤非常简单，例如，使用如下命令创建一个用户组 yhys。

groupadd yhys

3. usermod 命令

usermod 命令用于修改用户的属性，格式为"usermod［选项］ 用户名"。

前文曾反复强调，Linux 系统中的一切都是文件，因此在系统中创建用户也就是修改配置文件的过程。用户的信息保存在 /etc/passwd 文件中，可以直接用文本编辑器修改其中的用户参数项目，也可以用 usermod 命令修改已经创建的用户信息，诸如用户的 UID、基本/扩展用户组、默认终端等。usermod 命令的参数以及作用如表 6-2 所示。

表 6-2　usermod 命令中的参数及作用

参　数	作　用
-c	填写用户账户的备注信息
-d -m	参数-m 与参数-d 连用，可重新指定用户的家目录并自动把旧的数据转移过去
-e	账户的到期时间，格式为 YYYY-MM-DD
-g	变更基本用户组
-G	变更扩展用户组
-L	锁定用户，禁止其登录系统
-U	解锁用户，允许其登录系统
-s	变更默认终端
-u	修改用户的 UID

读者不要被这么多参数吓坏了,下面先来看一下账户 linux-yhy 的默认信息。

【id linux－yhy】
uid=1000(linux－yhy) gid=1000(linux－yhy) groups=1000(linux－yhy)

然后将用户 linux-yhy 加入 ROOT 用户组中,这样扩展组列表中则会出现 ROOT 用户组的字样,而基本组不会受到影响。

【usermod －G root linux－yhy】
【id linux－yhy】
uid=1000(linux－yhy) gid=1000(linux－yhy) groups=1000(linux－yhy),0(root)

再来试试用-u 参数修改 linux-yhy 用户的 UID 值。除此之外,还可以用-g 参数修改用户的基本组 ID,用-G 参数修改用户扩展组 ID。

【usermod －u 8888 linux－yhy】
【id linux－yhy】
uid=8888(linux－yhy) gid=1000(linux－yhy) groups=1000(linux－yhy),0(root)

4. passwd 命令

passwd 命令用于修改用户密码、过期时间、认证信息等,格式为"passwd［选项］［用户名］"。

普通用户只能使用 passwd 命令修改自身的系统密码,而 ROOT 管理员则有权限修改其他所有人的密码。更酷的是,ROOT 管理员在 Linux 系统中修改自己或他人的密码时不需要验证旧密码,这一点特别方便。既然 ROOT 管理员可以修改其他用户的密码,就表示完全拥有该用户的管理权限。passwd 命令中可用的参数以及作用如表 6-3 所示。

表 6-3 passwd 命令中的参数以及作用

参 数	作 用
-l	锁定用户,禁止其登录
-u	解除锁定,允许用户登录
--stdin	允许通过标准输入修改用户密码,如 echo "newpassword" | passwd --stdin Username
-d	使该用户可用空密码登录系统
-e	强制用户在下次登录时修改密码
-S	显示用户的密码是否被锁定,以及密码所采用的加密算法名称

接下来将演示如何修改用户自己的密码,以及如何修改其他人的密码(修改他人密码时,需要具有 ROOT 管理员权限)。

【passwd】
Changing password for user root.
New password: 此处输入密码值
Retype new password: 再次输入进行确认
passwd: all authentication tokens updated successfully.
【passwd linux－yhy】
Changing password for user linux－yhy.
New password: 此处输入密码值
Retype new password: 再次输入进行确认

passwd: all authentication tokens updated successfully.

假设有位同事正在度假,而且假期很长,那么可以使用 passwd 命令禁止该用户登录系统,等假期结束回归工作岗位时,再使用该命令允许用户登录系统,而不是将其删除。这样既保证了这段时间内系统的安全,也避免了频繁添加、删除用户带来的麻烦。

【passwd -l linux-yhy】
Locking password for user linux-yhy.
passwd: Success
【passwd -S linux-yhy】
linux-yhy LK 2017-12-26 0 99999 7 -1 (Password locked.)
【passwd -u linux-yhy】
Unlocking password for user linux-yhy.
passwd: Success
【passwd -S linux-yhy】
linux-yhy PS 2017-12-26 0 99999 7 -1 (Password set, SHA512 crypt.)

5. userdel 命令

userdel 命令用于删除用户,格式为"userdel [选项] 用户名"。

如果确认某位用户后续不再会登录到系统中,则可以通过 userdel 命令删除该用户的所有信息。在执行删除操作时,该用户的家目录默认会保留下来,此时可以使用-r 参数将其删除。userdel 命令的参数以及作用如表 6-4 所示。

表 6-4 userdel 命令的参数以及作用

参 数	作 用	参 数	作 用
-f	强制删除用户	-r	同时删除用户及用户家目录

下面使用 userdel 命令将 linux-yhy 用户删除,其操作如下。

【id linux-yhy】
uid=8888(linux-yhy) gid=1000(linux-yhy) groups=1000(linux-yhy),0(root)
【userdel -r linux-yhy】
【id linux-yhy】
id: linux-yhy: no such user

习　　题

1. 以下(　　)文件用于保存用户账号的信息。
   A. /etc/user　　　　　　　　　　B. /etc/gshadow
   C. /etc/shadow　　　　　　　　　D. /etc/fatab
2. 以下对 Linux 用户账户的描述,正确的是(　　)。
   A. Linux 的用户账户和对应的口令均存放在 passwd 文件中
   B. passwd 文件只有系统管理员才有权存取
   C. Linux 的用户账户必须设置了口令后才能登录
   D. Linux 的用户口令存放在 shadow 文件中,每个用户对它都有读的权限

3. 新建用户使用 useradd 命令,如果要指定用户的主目录,需要使用(　　)选项。
   A. -g   B. -d   C. -u   D. -s

4. 为了保证系统的安全,现在的 Linux 系统一般将/etc/passwd 密码文件加密后,保存为(　　)文件。
   A. /etc/group   B. /etc/netgroup
   C. /etc/libsafe.notify   D. /etc/shadow

5. 当用 root 登录时,(　　)命令可以改变用户 larry 的密码。
   A. su larry   B. change password larry
   C. password larry   D. passwd larry

6. 如果刚刚为系统添加了一个名为 Yhy 的用户,则在默认的情况下,Yhy 所属的用户组是(　　)。
   A. user   B. group   C. Yhy   D. root

第 7 章　　管理文件权限

由于不可能为每个用户都单独提供完全独立、相互隔离的文件系统，多用户操作系统必须提供一种安全的访问控制机制，使得用户既能和其他用户共享某些文件，又能保证各个用户的文件不会被非法存取或破坏。因而 Linux 对文件所有者、用户和其他用户，分别设置了存取控制权限，也即读、写和执行权限。

文件的权限有两种表示方法，一种是符号化表示法，另一种是十进制数字表示法。符号化表示法使用英文字母 r(Read)、w(Write) 和 x(eXecute) 分别表示读、写和执行权限。用符号化表示法表示的文件权限共九位，每三位为一组，每一组都是 rwx 的三个符号与"-"符号的组合。其中，"-"符号表示没有该权限。每组分别代表文件所属用户、同组用户和其他非本组用户对该文件的读(r)、写(w)、执行权限(x)。

本任务的主要目的是要自由灵活地管理 Linux 系统中的文件权限。

7.1　文件的一般权限

在 Linux 系统中，每个文件都有所属的所有者和所有组，并且规定了文件的所有者、所有组以及其他人对文件所拥有的可读(r)、可写(w)、可执行(x)等权限。对于一般文件来说，权限比较容易理解："可读"表示能够读取文件的实际内容；"可写"表示能够编辑、新增、修改、删除文件的实际内容；"可执行"则表示能够运行一个脚本程序。

1. 权限对于文件的意义

文件是实际含有数据的地方，包括一般性文件、数据库文件、二进制的可执行文件等。r/w/x 各项权限对于文件的意义如下。

r：可读取此文件的实际内容，例如采用 vim/nano 等文本编辑器，可以查看到内容。

w：可以编辑、新增、修改文件内容，例如，在 Vim 下可以插入内容，但是不能删除该文件，尽管可以编辑清除文件内容。

x：具有执行的权限，如果该文件是一个例如.sh、.run 等格式的文件或者是一个 C 代码，则可以执行，并且可以删除该文件。（文件的最高权限，一般新建的文件不具有可执行的权限。）

2. 权限对于目录的意义

在 Linux 系统中，一切硬件设备都视为文件，而目录是一种特殊的文件，r/w/x 各项权限对于目录的意义如下。

r：可查询此目录下文件名数据，例如 ls 命令。

w：可以建立新目录,删除已存在目录,修改已存在的目录(名称,移动其位置)。(目录的最高权限,一般不随意给出该权限。)

x：具有执行的权限,简单地说,就是可以将该目录转换成家目录的能力,例如 cd 命令。注意,x 权限对于目录是极其重要的,如果没有该目录,表示不能切换到该目录,更不能对其子目录或者文件进行操作,即使有 r/w 权限。

当执行"ls -l"或" ls -al"或"ll"命令后显示的结果如图 7-1 所示。

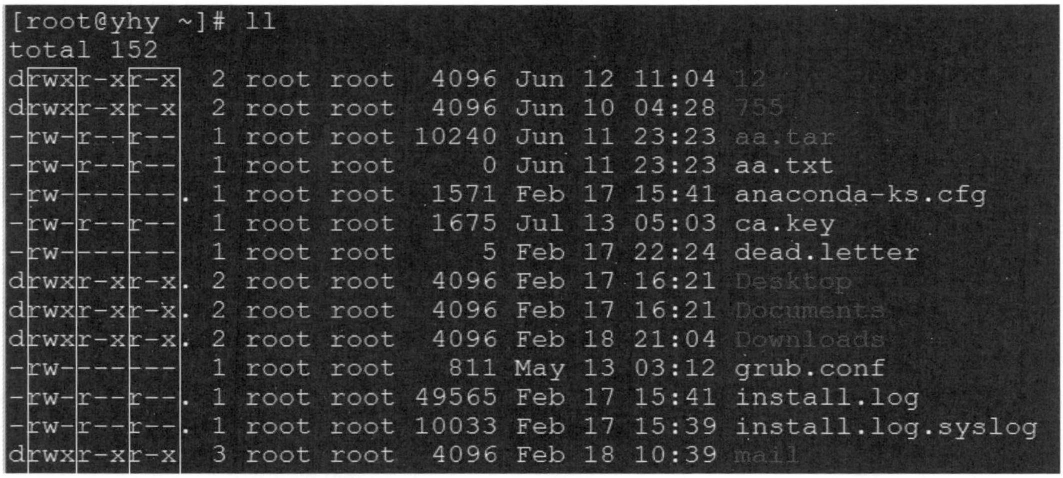

```
[root@yhy ~]# ll
total 152
drwxr-xr-x   2 root root  4096 Jun 12 11:04 12
drwxr-xr-x   2 root root  4096 Jun 10 04:28 755
-rw-r--r--   1 root root 10240 Jun 11 23:23 aa.tar
-rw-r--r--   1 root root     0 Jun 11 23:23 aa.txt
-rw-------.  1 root root  1571 Feb 17 15:41 anaconda-ks.cfg
-rw-r--r--.  1 root root  1675 Jul 13 05:03 ca.key
-rw-------   1 root root     5 Feb 17 22:24 dead.letter
drwxr-xr-x.  2 root root  4096 Feb 17 16:21 Desktop
drwxr-xr-x.  2 root root  4096 Feb 17 16:21 Documents
drwxr-xr-x.  2 root root  4096 Feb 18 21:04 Downloads
-rw-------   1 root root   811 May 13 03:12 grub.conf
-rw-r--r--.  1 root root 49565 Feb 17 15:41 install.log
-rw-r--r--.  1 root root 10033 Feb 17 15:39 install.log.syslog
drwxr-xr-x   3 root root  4096 Feb 18 10:39 mail
```

图 7-1　ll 命令输出结果截图

上述结果中最前面的第 2～10 个字符是用来表示一般权限的。第一个字符一般用来区分文件和目录。常见的字符如下所示。

—：普通文件。

d：目录文件。

l：链接文件。

b：块设备文件。

c：字符设备文件。

p：管道文件。

第 2～10 个字符当中的每 3 个字符为一组,左边 3 个字符表示所有者权限,中间 3 个字符表示与所有者同一组的用户的权限,右边 3 个字符是其他用户的权限。这 3 个一组共 9 个字符,代表的意义如表 7-1 所示。

表 7-1　文件权限意义对照表

权　　限	对文件而言	对目录来说
r(Read,读取)	读取文件内容的权限	具有浏览目录的权限
w(Write,写入)	新增、修改文件内容的权限	删除、移动目录内文件的权限
x(eXecute,执行)	执行文件的权限	进入目录的权限
—(短横杠)	不具有该项权限	不具有该项权限

下面以表 7-2 举例说明。

表 7-2 文件权限对照表

字母表示	所有者	所属组	其他人
-rwx------	读、写、执行	无权限	无权限
-rwxr--r--	读、写、执行	读	读
-rw-rw-r-x	读、写	读、写	读、执行
drwx--x--x	读、写、执行	能进入该目录,却无法读取任何数据	能进入该目录,却无法读取任何数据

每个用户都拥有自己的专属目录即家目录,通常集中放置在/home目录下,这些专属目录的默认权限为rwx------:表示目录所有者本身具有所有权限,其他用户无法进入该目录。执行mkdir命令所创建的目录,其默认权限为rwxr-xr-x,用户可以根据需要修改目录的权限。

文件和目录的权限表示,用rwx这三个字符来代表所有者、用户组和其他用户的权限。有时候字符似乎过于麻烦,因此还有另外一种方法是以数字来表示权限,而且仅需三个数字。把r、w、x分别用数字4、2、1来表示,权限数字之和即可代表对应的权限。

r:对应数值4。
w:对应数值2。
x:对应数值1。
—:对应数值0。

rwx合起来就是4+2+1=7,一个rwxrwxrwx权限全开放的文件,数值表示为777;而完全不开放权限的文件"---------"其数字表示为000。下面以表 7-3 为例说明字母所对应的数字权限关系。

表 7-3 文件字母表示与数字表示对照表

字母表示	换算	数字表示
-rwx------	4+2+1,0+0+0,0+0+0	700
-rwxr--r--	4+2+1,4+0+0,4+0+0	744
-rw-rw-r-x	4+2+0,4+2+0,4+0+1	665
drwx--x--x	4+2+1,0+0+1,0+0+1	711
drwx------	4+2+1,0+0+0,0+0+0	700

7.2 文件权限常用命令

Linux系统中,通常使用chmod命令对文件的权限进行设置和更改。

1. 使用chmod改变文件或目录的访问权限

1) 数字类型修改法

如前所述,Linux文件的基本权限有9个,分别是拥有者、所属组、其他人,三种身份各有"读、写、执行"三种权限。Linux使用了数字来代表各个权限:r=4,w=2,x=1。

其中,每种身份的最终权限是需要累加的,例如当权限为"-rwxr-xr-x"时,表示成数字则是：

```
owner: 4 + 2 + 1 = 7
group: 4 + 1 = 5
others: 4 + 1 = 5
```

这表示该文件的权限数字为"755",而修改权限的命令语法为：

chmod [- R] xyz dir/filename

其中,xyz 就是权限数字,dir/filename 表示文件或者目录名。

2）符号类型修改法

将 user、group、other 三种身份借由 u、g、o 来代表,采用 a 表示所有权限,其余的 r、w、x 分别代表读、写、执行权限,如表 7-4 所示。

表 7-4 符号类型修改法对照表

命 令	身 份 权 限	操 作	权 限	操作对象
chmod	u(user) g(group) o(other) a(all)	＋（加入） －（移除） ＝（设置）	r w x	文件或目录

例如要将一个文件权限从"-rwxr-xr-"修改为"-rwxrwxr-x",则需要对用户组身份的权限追加 w 权限,对其他用户追加 x 权限,所以执行如下命令。

chmod g + w, o + x filename   或者   chmod g = rwx, o = rx filename

下面来看几个常见的例子。

chmod 777 123.txt：把 123.txt 文件的权限设置为 777。

chmod 777 /home/user：仅把 /home/user 目录的权限设置为 rwxrwxrw。

chmod -R 777 /home/user：表示将整个 /home/user 目录与其中的文件和子目录的权限都设置为 rwxrwxrwx。

chmod u＝rwx,g＝rx,o＝rx 123.txt：把 123.txt 文件设置为 755 的权限。

这里的 u＝rwx 代表 user（文件的拥有者）的权限等于 rwx,g＝rx 代表 group（所属组）的权限等于 rx,o＝rx 代表 other（其他人）的权限等于 rx。

2. 使用 chown 更改文件的所有者以及所属组

文件与目录的权限可以改变,使用 chown 命令还可以改变其所有者及所属用户组。

先使用"touch 123.txt"命令创建一个文件后再执行"ls -l"或"ll"命令查看文件的情况,如图 7-2 所示。

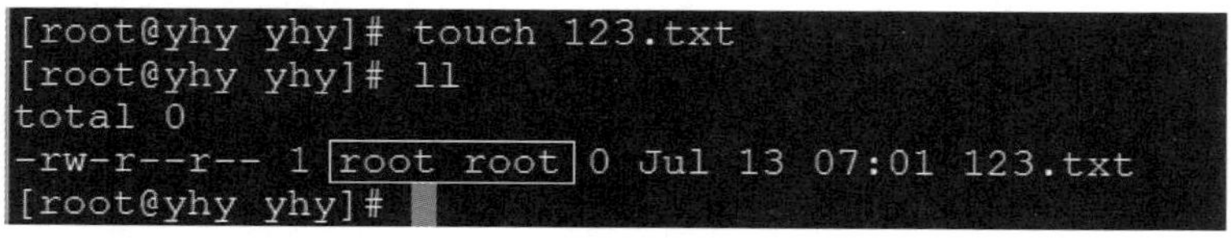

```
[root@yhy yhy]# touch 123.txt
[root@yhy yhy]# ll
total 0
-rw-r--r-- 1 root root 0 Jul 13 07:01 123.txt
[root@yhy yhy]#
```

图 7-2 查看文件权限

从图 7-2 中可以看到 123.txt 文件的所有者为 ROOT，所属用户组为 ROOT。
执行下面的命令，把 123.txt 文件的所有权转移到用户 yhy，如图 7-3 所示。
chown yhy 123.txt：把 123.txt 文件的拥有者改为 yhy 用户。
ls -l：查看文件的详细信息。

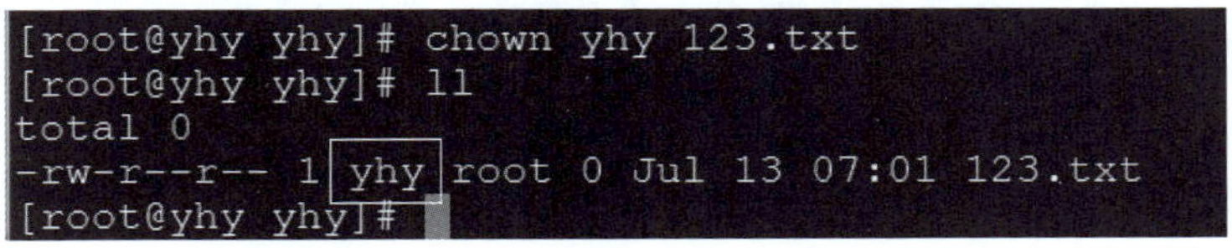

```
[root@yhy yhy]# chown yhy 123.txt
[root@yhy yhy]# ll
total 0
-rw-r--r-- 1 yhy root 0 Jul 13 07:01 123.txt
[root@yhy yhy]#
```

图 7-3　改变文件所有者命令以及结果截图

要改变所属组，可使用"chown :yhy 123.txt"命令把 123.txt 文件的所属组改为 yhy，然后使用"ls -l"命令查看文件详细信息，如图 7-4 所示。

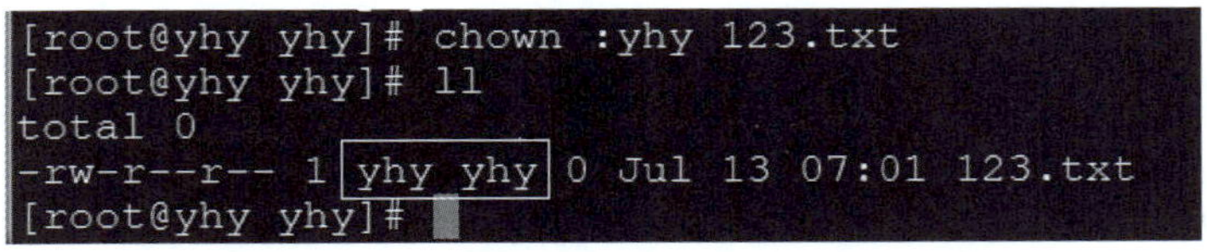

```
[root@yhy yhy]# chown :yhy 123.txt
[root@yhy yhy]# ll
total 0
-rw-r--r-- 1 yhy yhy 0 Jul 13 07:01 123.txt
[root@yhy yhy]#
```

图 7-4　改变文件所属组命令以及结果截图

要修改目录的权限，使用-R 参数就可以了，方法和前面一样。
除了可以通过 chown 命令改变文件的拥有者以及所属组外，还可以通过 chgrp 命令改变文件的所属组。
chgrp yangs /etc/123.txt：修改/etc/a.txt 所属组为 yangs。
chmod　yhy.zck　a.txt：或 chmod　yhy:zck　a.txt：把 a.txt 文件的拥有者改为 yhy，所属组改为 zck。
当然，前提条件是 yhy 用户以及 zck 用户组存在系统中。然后可以用"ls -l"命令看一下执行后的结果。

7.3　文件默认权限 umask

当我们登录系统之后创建一个文件总是有一个默认权限的，那么这个权限是怎么来的呢？这就是 umask 的功能。umask 设置了用户创建文件的默认权限，它与 chmod 的效果刚好相反，umask 设置的是权限"补码"，而 chmod 设置的是文件权限码。可在/etc/profile，/etc/bashrc，$［HOME］/.bash_profile，$［HOME］/.profile 或 $［HOME］/.bashrc 中设置 umask 值。具体取决于 Linux 发行版本。

默认的权限可用 umask 命令修改，用法非常简单，只需执行"umask 777"命令，便代表屏蔽所有的权限，因此之后建立的文件或目录，其权限都变成 000，以此类推，如图 7-5 所示。
如图 7-5 所示，当执行"umask 777"后，再建立的文件夹的权限默认为 000。
通常 ROOT 账号搭配 umask 命令的数值为 022、027 和 077，普通用户则是采用 002，这样所产生的权限依次为 755、750、700 和 775。用户登录系统时，用户环境就会自动执行 umask 命令来决定文件、目录的默认权限。

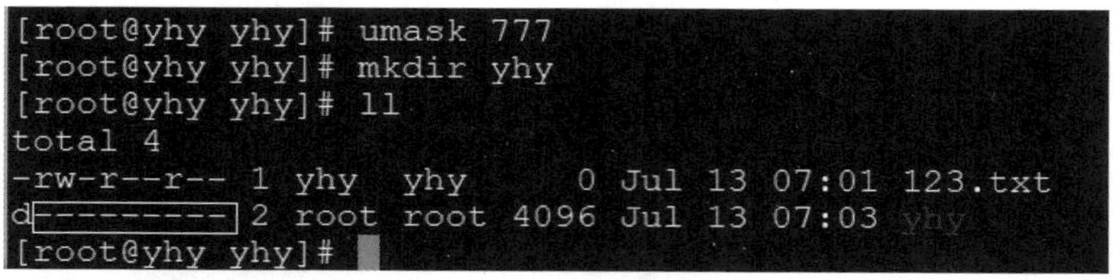

```
[root@yhy yhy]# umask 777
[root@yhy yhy]# mkdir yhy
[root@yhy yhy]# ll
total 4
-rw-r--r-- 1 yhy  yhy     0 Jul 13 07:01 123.txt
d--------- 2 root root 4096 Jul 13 07:03 yhy
[root@yhy yhy]#
```

图 7-5　umask 效果图

umask 参数中的数字范围为 000～777。umask 的计算方法分为目录和文件两种情况。相应的文件和目录默认创建权限确定步骤如下。

（1）目录和文件的最大权限模式为 777，即所有用户都具有读、写和执行权限。

（2）得到当前环境 umask 的值，当前系统为 0022。

（3）对于目录来说，根据互补原则目录权限为 755，而文件由于默认没有执行权限，最大为 666，则对应的文件权限为 644。

touch file：创建文件。

mkdir dir：创建目录。

文件默认权限为 666-022＝644，目录默认权限为 777－022＝755。

7.4　文件的特殊权限

在复杂多变的生产环境中，单纯设置文件的 rwx 权限无法满足对安全和灵活性的需求，因此便有了 SUID、SGID 与 SBIT 的特殊权限位。这是一种对文件权限进行设置的特殊功能，可以与一般权限同时使用，以弥补一般权限不能实现的功能。下面具体解释这 3 个特殊权限位的功能以及用法。

1. SUID 特殊权限

SUID 是一种对二进制程序进行设置的特殊权限，可以让二进制程序的执行者临时拥有属主的权限（仅对拥有执行权限的二进制程序有效）。例如，所有用户都可以执行 passwd 命令来修改自己的用户密码，而用户密码保存在 /etc/shadow 文件中。仔细查看这个文件就会发现它的默认权限是 000，也就是说除了 ROOT 管理员以外，所有用户都没有查看或编辑该文件的权限。但是，在使用 passwd 命令时如果加上 SUID 特殊权限位，就可让普通用户临时获得程序所有者的身份，把变更的密码信息写入 shadow 文件中。

查看 passwd 命令属性时发现所有者的权限由 rwx 变成了 rws，其中，x 改变成 s 就意味着该文件被赋予了 SUID 权限。另外有读者会好奇，如果原来的权限是 rw- 呢？如果原来权限位上没有 x 执行权限，那么被赋予特殊权限后将变成大写的 S。

2. SGID 特殊权限

SGID 主要实现如下两种功能。

（1）让执行者临时拥有属组的权限（对拥有执行权限的二进制程序进行设置）；

（2）让在某个目录中创建的文件自动继承该目录的用户组（只可以对目录进行设置）。

SGID 的第一种功能是参考 SUID 而设计的，不同点在于执行程序的用户获取的不再是文件所有者的临时权限，而是获取到文件所属组的权限。举例来说，在早期的 Linux 系中，/dev/kmem 是一个字符设备文件，用于存储内核程序要访问的数据，权限为：

  cr--r----- 1 root system 2, 1 Feb 11 2018 kmem

看出问题了吗？除了 ROOT 管理员或属于 system 组成员外，所有用户都没有读取该文件的权限。由于在平时需要查看系统的进程状态，为了能够获取到进程的状态信息，可在用于查看系统进程状态的 ps 命令文件上增加 SGID 特殊权限位。查看 ps 命令文件的属性信息：

  -r-xr-sr-x 1 bin system 59346 Feb 11 2017 ps

这样一来，由于 ps 命令被增加了 SGID 特殊权限位，所以当用户执行该命令时，也就临时获取到了 system 用户组的权限，从而可以顺利地读取设备文件了。

前文提到，每个文件都有其归属的所有者和所属组，当创建或传送一个文件后，这个文件就会自动归属于执行这个操作的用户（即该用户是文件的所有者）。如果现在需要在一个部门内设置共享目录，让部门内的所有人员都能够读取目录中的内容，那么就可以创建部门共享目录后，在该目录上设置 SGID 特殊权限位。这样，部门内的任何人员在里面创建的任何文件都会归属于该目录的所属组，而不再是自己的基本用户组。此时，用到的就是 SGID 的第二个功能，即在某个目录中创建的文件自动继承该目录的用户组（只可以对目录进行设置）。

【cd /tmp】
【mkdir testdir】
【ls -ald testdir/】
drwxr-xr-x. 2 root root 6 Feb 11 11:50 testdir/
【chmod -Rf 777 testdir/】
【chmod -Rf g+s testdir/】
【ls -ald testdir/】
drwxrwsrwx. 2 root root 6 Feb 11 11:50 testdir/

在使用上述命令设置好目录的 777 权限（确保普通用户可以向其中写入文件），并为该目录设置了 SGID 特殊权限位后，就可以切换至一个普通用户，然后尝试在该目录中创建文件，并查看新创建的文件是否会继承新创建的文件所在的目录的所属组名称。

【su - linux-yhy】切换用户
Last login: Wed Feb 11 11:49:16 CST 2017 on pts/0
【cd /tmp/testdir/】
【echo "linux-yhy.com" > test】
【ls -al test】
-rw-rw-r--. 1 linux-yhy root 15 Feb 11 11:50 test

3. SBIT 特殊权限位

CentOS 7 系统中的 /tmp 作为一个共享文件的目录，默认已经设置了 SBIT 特殊权限位，因此除非是该目录的所有者，否则无法删除这里面的文件。SBIT 特殊权限位可确保用户只能删除自己的文件，而不能删除其他用户的文件。换句话说，当对某个目录设置了 SBIT 黏滞位权限后，那么该目录中的文件就只能被其所有者执行删除操作了。

与前面所讲的 SUID 和 SGID 权限显示方法不同，当目录被设置 SBIT 特殊权限位后，文件的其他人权限部分的 x 执行权限就会被替换成 t 或者 T,原本有 x 执行权限则会写成 t,原本没有 x 执行权限则会被写成 T。

【su – linux – yhy】切换用户
Last login: Wed Feb 11 12:41:20 CST 2017 on pts/0
【ls – ald /tmp】
drwxrwxrwt. 17 root root 4096 Feb 11 13:03 /tmp
【cd /tmp】
【ls – ald】
drwxrwxrwt. 17 root root 4096 Feb 11 13:03 .
【echo "Welcome to linux – yhy.com" > test】
【chmod 777 test】
【ls – al test】
 – rwxrwxrwx. 1 linux – yhy linux – yhy 10 Feb 11 12:59 test

其实,文件能否被删除并不取决于自身的权限,而是看其所在目录是否有写入权限。为了避免现在很多读者不放心,所以上面的命令还是赋予了这个 test 文件最大的 777 权限(rwxrwxrwx)。切换到另外一个普通用户,然后尝试删除这个其他人创建的文件就会发现,即便读、写、执行权限全开,但是由于 SBIT 特殊权限位的缘故,依然无法删除该文件。

【su – linux – yhy1】
Last login: Wed Feb 11 12:41:29 CST 2017 on pts/1
【cd /tmp】
【rm – f test】
rm: cannot remove 'test': Operation not permitted

当然,如果想对其他目录来设置 SBIT 特殊权限位,用 chmod 命令就可以了。对应的参数 o+t 代表设置 SBIT 黏滞位权限。

【exit】
Logout
【cd ~】
【mkdir linux】
【chmod – R o+t linux/】
【ls – ld linux/】
drwxr – xr – t. 2 root root 6 Feb 11 19:34 linux/

下面来看一个特殊权限的典型例子,如图 7-6 所示。

从图 7-6 的操作结果来看,对于 test1 这个文件,属主、属组、其他人都没有执行权限,其权限用数字表示为 644,通过"chmod 7644 test1"命令都加上了特殊权限,然后再通过"ll"命令查看,发现属主、属组、其他用户的执行权限变为 S、S、T。

对于 test2 这个文件,属主、属组、其他人都执行权限,其权限用数字表示为 755,通过"chmod 7755 test1"命令都加上了特殊权限,然后再通过"ll"命令查看,发现属主、属组、其他用户的执行权限变为 s、s、t。

备注:从安全方面来讲,对于特殊权限,最好不要设置,不然会带来很严重的安全问题。

4. 识别文件颜色

从图 7-6 中可以看出,在 Linux 中,文件的颜色都是有含义的。其中,Linux 中文件名颜色不同,代表文件类型不一样,如下所示。

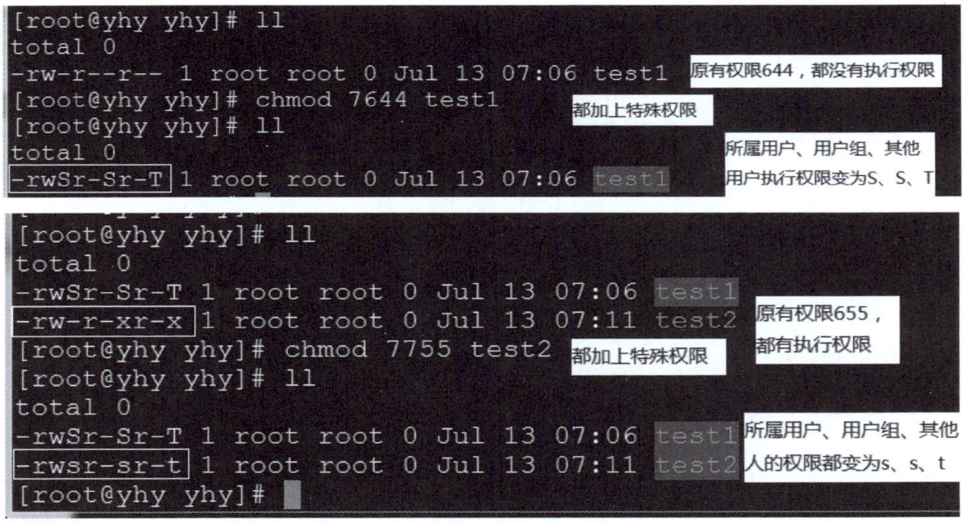

```
[root@yhy yhy]# ll
total 0
-rw-r--r-- 1 root root 0 Jul 13 07:06 test1     原有权限644,都没有执行权限
[root@yhy yhy]# chmod 7644 test1
[root@yhy yhy]# ll                              都加上特殊权限
total 0
-rwSr-Sr-T 1 root root 0 Jul 13 07:06 test1     所属用户、用户组、其他
                                                用户执行权限变为S、S、T

[root@yhy yhy]# ll
total 0
-rwSr-Sr-T 1 root root 0 Jul 13 07:06 test1
-rw-r-xr-x 1 root root 0 Jul 13 07:11 test2     原有权限655,
[root@yhy yhy]# chmod 7755 test2                都有执行权限
                                                都加上特殊权限
[root@yhy yhy]# ll
total 0
-rwSr-Sr-T 1 root root 0 Jul 13 07:06 test1     所属用户、用户组、其他
-rwsr-sr-t 1 root root 0 Jul 13 07:11 test2     人的权限都变为s、s、t
[root@yhy yhy]#
```

图 7-6 特殊权限操作截图

浅蓝色：表示链接文件。

灰色：表示其他文件。

绿色：表示可执行文件。

红色：表示压缩文件。

蓝色：表示目录。

红色闪烁：表示链接的文件有问题了。

黄色：表示设备文件，包括 block,char,fifo。

用 dircolors -p 命令可以看到默认的颜色设置，包括各种颜色和"粗体"、下画线、闪烁等的定义。

touch a.txt：创建一般文件，文件颜色为白色。

chmod 775 a.txt：增加可执行权限后，文件颜色变为绿色。

ln /etc/abc.txt 345.txt：执行该命令后，文件颜色变为天蓝色（建立 345.txt 为/etc/abc.txt 的快捷方式）。

7.5　文件的隐藏属性

Linux 系统中的文件除了具备一般权限和特殊权限之外，还有一种隐藏权限，即被隐藏起来的权限，默认情况下不能直接被用户发觉。有用户曾经在生产环境和 RHCE 考试题目中碰到过明明权限充足但却无法删除某个文件的情况，或者仅能在日志文件中追加内容而不能修改或删除内容，这在一定程度上阻止了黑客篡改系统日志的图谋，因此这种"奇怪"的文件也保障了 Linux 系统的安全性。

1. 使用 chattr 命令设置文件的隐藏权限

chattr 命令用于设置文件的隐藏权限，格式为"chattr［参数］　文件"。如果想要把某个隐藏功能添加到文件上，则需要在命令后面追加"＋参数"，如果想要把某个隐藏功能移出文件,则需要追加"-参数"。chattr 命令中可供选择的隐藏权限参数非常丰富,具体如表 7-5 所示。

表 7-5 chattr 命令中用于隐藏权限的参数及其作用

参　　数	作　　用
i	无法对文件进行修改;若对目录设置了该参数,则仅能修改其中的子文件内容而不能新建或删除文件
a	仅允许补充(追加)内容,无法覆盖/删除内容(Append Only)
S	文件内容在变更后立即同步到硬盘(sync)
s	彻底从硬盘中删除,不可恢复(用 0 填充原文件所在硬盘区域)
A	不再修改这个文件或目录的最后访问时间(atime)
b	不再修改文件或目录的存取时间
D	检查压缩文件中的错误
d	使用 dump 命令备份时忽略本文件/目录
c	默认将文件或目录进行压缩
u	当删除该文件后依然保留其在硬盘中的数据,方便日后恢复
t	让文件系统支持尾部合并(tail-merging)
X	可以直接访问压缩文件中的内容

为了让读者能够更好地感受隐藏权限的效果,先创建一个普通文件,然后立即尝试删除(这个操作肯定会成功)。

【echo "for Test" > linux - yhy】
【rm linux - yhy】
rm: remove regular file 'linux - yhy'? y

接下来再次新建一个普通文件,并为其设置不允许删除与覆盖(＋a 参数)权限,然后再尝试将这个文件删除。

【echo "for Test" > linux - yhy】
【chattr ＋a linux - yhy】
【rm linux - yhy】
rm: remove regular file 'linux - yhy'? y
rm: cannot remove 'linux - yhy': Operation not permitted

操作失败,提示操作被拒绝。

2. 使用 lsattr 命令显示文件的隐藏权限

lsattr 命令用于显示文件的隐藏权限,格式为"lsattr［参数］ 文件"。在 Linux 系统中,文件的隐藏权限必须使用 lsattr 命令来查看,平时使用的 ls 之类的命令则看不出端倪。

【ls - al linux - yhy】
- rw- r-- r--. 1 root root 9 Feb 12 11:42 linux - yhy

一旦使用 lsattr 命令后,文件上被赋予的隐藏权限马上就会原形毕露。此时可以按照显示的隐藏权限的类型(字母),使用 chattr 命令将其去掉。

【lsattr linux - yhy】
----- a---------- linux - yhy

【chattr -a linux-yhy】
【lsattr linux-yhy】
---------------- linux-yhy
【rm linux-yhy】
rm: remove regular file 'linux-yhy'? y

7.6 文件访问控制列表

前文讲解的一般权限、特殊权限、隐藏权限其实有一个共性，即权限是针对某一类用户设置的。如果希望对某个指定的用户进行单独的权限控制，就需要用到文件的访问控制列表(ACL)了。通俗地讲，基于普通文件或目录设置 ACL 其实就是针对指定的用户或用户组设置文件或目录的操作权限。另外，如果针对某个目录设置了 ACL，则目录中的文件会继承其 ACL；若针对文件设置了 ACL，则文件不再继承其所在目录的 ACL。

为了更直观地看到 ACL 对文件权限控制的强大效果，先切换到普通用户，然后尝试进入 ROOT 管理员的家目录中。在没有针对普通用户对 ROOT 管理员的家目录设置 ACL 之前，其执行结果如下所示。

【su - linux-yhy】
Last login: Sat Mar 21 16:31:19 CST 2017 on pts/0
【cd /root】
-bash: cd: /root: Permission denied
【exit】

1. 使用 setfacl 命令管理文件的 ACL 规则

setfacl 命令用于管理文件的 ACL 规则，格式为"setfacl［参数］ 文件名称"。文件的 ACL 提供的是在所有者、所属组、其他人的读/写/执行权限之外的特殊权限控制，使用 setfacl 命令可以针对单一用户或用户组、单一文件或目录来进行读/写/执行权限的控制。其中，针对目录文件需要使用-R 递归参数；针对普通文件则使用-m 参数；如果想要删除某个文件的 ACL，则可以使用-b 参数。下面设置用户在/root 目录上的权限。

【setfacl -Rm u:linux-yhy:rwx /root】
【su - linux-yhy】
Last login: Sat Mar 21 15:45:03 CST 2017 on pts/1
【cd /root】
【ls】
anaconda-ks.cfg Downloads Pictures Public
【cat anaconda-ks.cfg】
【exit】

2. 使用 getfacl 命令显示文件上设置的 ACL 信息

常用的 ls 命令是看不到 ACL 表信息的，但是却可以看到文件的权限最后一个点(.)变成了加号(+)，这就意味着该文件已经设置了 ACL 了。

【ls -ld /root】
dr-xrwx---+ 14 root root 4096 May 4 2017 /root

getfacl 命令用于显示文件上设置的 ACL 信息,格式为"getfacl 文件名称"。想要设置 ACL,使用 setfacl 命令;要想查看 ACL,则使用 getfacl 命令。下面使用 getfacl 命令显示在 ROOT 管理员家目录上设置的所有 ACL 信息。

【getfacl /root】
getfacl: Removing leading '/' from absolute path names
\# file: root
\# owner: root
\# group: root
user::r-x
user:linux-yhy:rwx
group::r-x
mask::rwx
other::---

7.7 用户切换与提权操作

在实验环境中不需要考虑安全问题,为了避免因权限因素导致配置服务失败,笔者还强烈建议使用 ROOT 管理员来学习本书,但是在生产环境中,还必须考虑系统的安全性,不要用 ROOT 管理员去做所有事情。因为一旦执行了错误的命令,可能会直接导致系统崩溃。但是,尽管 Linux 系统为了安全性考虑,使得许多系统命令和服务只能被 ROOT 管理员来使用,但是这也让普通用户受到了更多的权限束缚,从而导致无法顺利完成特定的工作任务。

su 命令可以解决切换用户身份的需求,使得当前用户在不退出登录的情况下,顺畅地切换到其他用户,例如从 ROOT 管理员切换至普通用户。

【id】
uid=0(root) gid=0(root) groups=0(root)
【su - linux-yhy】
Last login: Wed Jan 4 01:17:25 EST 2017 on pts/0
【id】
uid=1000(linux-yhy) gid=1000(linux-yhy) groups=1000(linux-yhy) context=unconfined_u:unconfined_r:unconfined_t:s0-s0:c0.c1023

需要注意的是上面的 su 命令与用户名之间有一个减号(一),这意味着完全切换到新的用户,即把环境变量信息也变更为新用户的相应信息,而不是保留原始的信息。强烈建议在切换用户身份时添加减号(一)。

另外,当从 ROOT 管理员切换到普通用户时是不需要密码验证的,而从普通用户切换成 ROOT 管理员就需要进行密码验证了。这也是一个必要的安全检查。

【su root】
Password:
【su - linux-yhy】
Last login: Mon Aug 24 19:27:09 CST 2017 on pts/0
【exit】
logout

尽管像上面这样使用 su 命令后，普通用户可以完全切换到 ROOT 管理员身份来完成相应工作，但这将暴露 ROOT 管理员的密码，从而增大了系统密码被黑客获取的概率。这并不是最安全的方案。

接下来将介绍如何使用 sudo 命令把特定命令的执行权限赋予指定用户，这样既可保证普通用户能够完成特定的工作，也可以避免泄露 ROOT 管理员密码。要做的就是合理配置 sudo 服务，以便兼顾系统的安全性和用户的便捷性。sudo 服务的配置原则也很简单——在保证普通用户完成相应工作的前提下，尽可能少地赋予额外的权限。

sudo 命令用于给普通用户提供额外的权限来完成原本 ROOT 管理员才能完成的任务，格式为"sudo［参数］ 命令名称"。sudo 服务中可用的参数以及相应的作用如表 7-6 所示。

表 7-6　sudo 服务中的可用参数以及作用

参　　数	作　　用
-h	列出帮助信息
-l	列出当前用户可执行的命令
-u 用户名或 UID 值	以指定的用户身份执行命令
-k	清空密码的有效时间，下次执行 sudo 时需要再次进行密码验证
-b	在后台执行指定的命令
-p	更改询问密码的提示语

总结来说，sudo 命令具有如下功能。
（1）限制用户执行指定的命令；
（2）记录用户执行的每一条命令；
（3）配置文件（/etc/sudoers）提供集中的用户管理、权限与主机等参数；
（4）验证密码的后 5 分钟内（默认值）无须再让用户再次验证密码。

当然，如果担心直接修改配置文件会出现问题，则可以使用 sudo 命令提供的 visudo 命令配置用户权限。这条命令在配置用户权限时将禁止多个用户同时修改 sudoers 配置文件，还可以对配置文件内的参数进行语法检查，并在发现参数错误时进行报错。

注：只有 ROOT 管理员才可以使用 visudo 命令编辑 sudo 服务的配置文件。

```
visudo: >>> /etc/sudoers: syntax error near line 111 <<<
What now?
Options are:
(e)dit sudoers file again
(x)it without saving changes to sudoers file
(Q)uit and save changes to sudoers file (DANGER!)
```

使用 visudo 命令配置 sudo 命令的配置文件时，其操作方法与 Vim 编辑器中用到的方法一致，因此在编写完成后记得在末行模式下保存并退出。在 sudo 命令的配置文件中，按照下面的格式将第 99 行（大约）填写指定的信息：

```
【visudo】
96 ##
97 ## Allow root to run any commands anywhere
98 root ALL=(ALL) ALL
```

```
99 linux-yhy ALL=(ALL) ALL、
# 谁可以使用    允许使用的主机=(以谁的身份)    可执行命令的列表
```

在填写完毕后记得要先保存再退出,然后切换至指定的普通用户身份,此时就可以用 sudo -l 命令查看到所有可执行的命令了(下面的命令中,验证的是该普通用户的密码,而不是 ROOT 管理员的密码,请读者不要搞混了)。

```
【su - linux-yhy】
Last login: Thu Sep 3 15:12:57 CST 2017 on pts/1
【sudo -l】
[sudo] password for linux-yhy:此处输入 linux-yhy 用户的密码
Matching Defaults entries for linux-yhy on this host:
requiretty, !visiblepw, always_set_home, env_reset, env_keep = "COLORS
DISPLAY HOSTNAME HISTSIZE INPUTRC KDEDIR LS_COLORS", env_keep + = "MAIL PS1
PS2 QTDIR USERNAME LANG LC_ADDRESS LC_CTYPE", env_keep + = "LC_COLLATE
LC_IDENTIFICATION LC_MEASUREMENT LC_MESSAGES", env_keep + = "LC_MONETARY
LC_NAME LC_NUMYANGBOSHI LC_PAPER LC_TELEPHONE", env_keep + = "LC_TIME LC_ALL
LANGUAGE LINGUAS _XKB_CHARSET XAUTHORITY",
secure_path = /sbin\:/bin\:/usr/sbin\:/usr/bin
User linux-yhy may run the following commands on this host:
    (ALL) ALL
```

接下来是来验证,作为一名普通用户,是肯定不能看到 ROOT 管理员的家目录(/root)中的文件信息的,但是,只需要在想执行的命令前面加上 sudo 命令就可以了。

```
【ls /root】
ls: cannot open directory /root: Permission denied
【sudo ls /root】
anaconda-ks.cfg Documents initial-setup-ks.cfg Pictures Templates
Desktop Downloads Music Public Videos
```

但是考虑到生产环境中不允许某个普通用户拥有整个系统中所有命令的最高执行权(这也不符合前文提到的权限赋予原则,即尽可能少地赋予权限),因此 ALL 参数就有些不合适了。因此只能赋予普通用户具体的命令以满足工作需求,这也受到了必要的权限约束。如果需要让某个用户只能使用 ROOT 管理员的身份执行指定的命令,切记一定要给出该命令的绝对路径,否则系统会识别不出来。可以先使用 whereis 命令找出命令所对应的保存路径,然后把配置文件第 99 行的用户权限参数修改成对应的路径即可。

```
【exit】
logout
【whereis cat】
cat: /usr/bin/cat /usr/share/man/man1/cat.1.gz /usr/share/man/man1p/cat.1p.gz
【visudo】
96 ##
97 ## Allow root to run any commands anywhere
98 root ALL=(ALL) ALL
99 linux-yhy ALL=(ALL) /usr/bin/cat
```

在编辑好后依然是先保存再退出。再次切换到指定的普通用户,然后尝试正常查看某个文件的内容,此时系统提示没有权限。这时再使用 sudo 命令就可以顺利地查看文件内容了。

【su – linux – yhy】
Last login: Thu Sep 3 15:51:01 CST 2017 on pts/1
【cat /etc/shadow】
cat: /etc/shadow: Permission denied
【sudo cat /etc/shadow】
root: $ 6 $ GV3UVtX4ZGg6ygA6 $ J9pBuPGUSgZslj83jyoI7ThJla9ZAULku3BcncAYF00Uwk6Sqc4E36
MnD1hLtlG9QadCpQCNVJs/5awHd0/pi1:16626:0:99999:7:::
bin: * :16141:0:99999:7:::
daemon: * :16141:0:99999:7:::
adm: * :16141:0:99999:7:::
lp: * :16141:0:99999:7:::
sync: * :16141:0:99999:7:::
shutdown: * :16141:0:99999:7:::
halt: * :16141:0:99999:7:::
mail: * :16141:0:99999:7:::
operator: * :16141:0:99999:7:::
games: * :16141:0:99999:7:::
ftp: * :16141:0:99999:7:::
nobody: * :16141:0:99999:7:::
…………省略部分文件内容…………

每次执行 sudo 命令后都会要求验证一下密码。虽然这个密码就是当前登录用户的密码，但是每次执行 sudo 命令都要输入一次密码其实也很麻烦，这时可以添加 NOPASSWD 参数，使得用户执行 sudo 命令时不再需要密码验证。

【exit】
logout
【whereis poweroff】
poweroff: /usr/sbin/poweroff /usr/share/man/man8/poweroff.8.gz
【visudo】
…………省略部分文件内容…………
96 ＃＃
97 ＃＃ Allow root to run any commands anywhere
98 root ALL =(ALL) ALL
99 linux – yhy ALL = NOPASSWD: /usr/sbin/poweroff
…………省略部分文件内容…………

这样，当切换到普通用户后再执行命令时，就不用再频繁地验证密码了，在日常工作中也方便多了。

【su – linux – yhy】
Last login: Thu Sep 3 15:58:31 CST 2017 on pts/1
【poweroff】
User root is logged in on seat0.
Please retry operation after closing inhibitors and logging out other users.
Alternatively, ignore inhibitors and users with 'systemctl poweroff – i'.
【sudo poweroff】

习 题

一、选择题

1. 执行命令 chmod o＋rw file 后,file 文件的权限变化为( )。
   A. 同组用户可读写 file 文件　　　　　B. 所有用户可读写 file 文件
   C. 其他用户可读写 file 文件　　　　　D. 文件所有者可读写 file 文件
2. 若要改变一个文件的拥有者,可通过( )命令实现。
   A. chmod　　　　B. chown　　　　C. usermod　　　　D. file
3. 一个文件属性为 drwxrwxrwt,则这个文件的权限是( )。
   A. 任何用户皆可读取,可写入　　　　B. ROOT 可以删除该目录的文件
   C. 给普通用户以文件所有者特征　　　D. 文件拥有者有权删除该目录的文件
4. 某文件的组外成员的权限为只读 4,所有者有全部权限 7,组内的权限为读与写权限 6,则该文件的权限为( )。
   A. 467　　　　B. 674　　　　C. 476　　　　D. 764
5. Linux 文件权限一共 10 位长度,分成 4 段,第 3 段表示的内容是( )。
   A. 文件类型　　　　　　　　　　　　B. 文件所有者的权限
   C. 文件所有者所在组的权限　　　　　D. 其他用户的权限

二、填空题

1. 在 CentOS 7 系统中,ROOT 管理员是( )。
2. 如何使用 Linux 系统的命令行来添加或删除用户?( )
3. 若某个文件的所有者具有文件的读/写/执行权限,其余人仅有读权限,那么用数字法表示应该是( )。
4. 某链接文件的权限用数字法表示为 755,那么相应的字符法表示是( )。
5. 如果希望用户执行某命令时临时拥有该命令所有者的权限,应该设置( )特殊权限。

三、简答题

1. 若对文件设置了隐藏权限＋i,意味着什么?
2. 使用访问控制列表(ACL)来限制 linux-yhy 用户组,使得该组中的所有成员不能在 /tmp 目录中写入内容。

第 8 章　管理磁盘存储与分区

为了让读者更好地理解文件系统的作用,本章将详细地分析 Linux 系统中最常见的 EXT3、EXT4 与 XFS 文件系统的不同之处,并带领读者着重练习硬盘设备分区、格式化以及挂载等常用的硬盘管理操作,以便熟练掌握文件系统的使用方法。

在打下坚实的理论基础与完成一些相关的实践练习后,将进一步完整地部署 SWAP 交换分区以及配置 quota 磁盘配额服务。

8.1　Linux 系统的文件结构

在 Linux 系统中,目录、字符设备、块设备、套接字、打印机等都被抽象成了文件,即"Linux 系统中一切都是文件"。既然平时打交道的都是文件,那么又应该如何找到它们呢?在 Windows 操作系统中,想要找到一个文件,要依次进入该文件所在的磁盘分区(假设这里是 D 盘),然后再进入该分区下的具体目录,最终找到这个文件。但是在 Linux 系统中并不存在 C/D/E/F 等盘符,Linux 系统中的一切文件都是从"根(/)"目录开始的,并按照文件系统层次化标准(FHS)采用树状结构来存放文件,以及定义了常见目录的用途。另外,Linux 系统中的文件和目录名称是严格区分大小写的,例如,root、rOOt、Root、rooT 均代表不同的目录,并且文件名称中不得包含斜杠(/)。Linux 系统中的文件存储结构如图 8-1 所示。

Linux 系统中最常见的目录以及所对应的存放内容如表 8-1 所示。

表 8-1　Linux 系统中常见的目录名称以及相应内容

目 录 名 称	应放置文件的内容
/bin	存放单用户模式下还可以操作的命令
/boot	开机所需文件—内核、开机菜单以及所需配置文件等
/dev	以文件形式存放任何设备与接口
/etc	配置文件
/home	用户"家"目录
/lib	开机时用到的函数库,以及/bin 与/sbin 下面的命令要调用的函数
/sbin	开机过程中需要的命令
/media	用于挂载设备文件的目录
/opt	放置第三方的软件
/root	系统管理员的"家"目录
/srv	一些网络服务的数据文件目录
/tmp	任何人均可使用的"共享"临时目录

续表

目 录 名 称	应放置文件的内容
/proc	虚拟文件系统,例如,系统内核、进程、外部设备及网络状态等
/usr/local	用户自行安装的软件
/usr/sbin	Linux 系统开机时不会使用到的软件、命令、脚本
/usr/share	帮助与说明文件,也可放置共享文件
/var	主要存放经常变化的文件,如日志
/lost+found	当文件系统发生错误时,将一些丢失的文件片段存放在这里

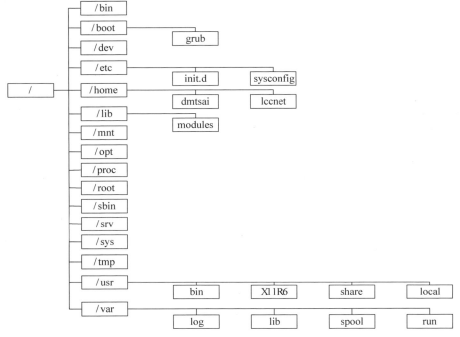

图 8-1 Linux 系统中的文件存储结构

在 Linux 系统中另外还有一个重要的概念:路径。路径指的是如何定位到某个文件,分为绝对路径与相对路径。绝对路径指的是从根目录(/)开始写起的文件或目录名称,而相对路径则指的是相对于当前路径的写法。

例如,/usr/local/mysql 就是绝对路径。

相对路径中路径的写法不是由根目录"/"写起,例如,首先用户进入/然后再进入 home,命令为"cd /home",然后使用"cd test"命令,此时用户所在的路径为/home/test。第一个 cd 命令后跟/home,第二个 cd 命令后跟 test,并没有斜杠,这个 test 是相对于/home 目录来讲的,所以叫作相对路径。

8.2　物理设备管理

在 Linux 系统中一切都是文件,硬件设备也不例外。既然是文件,就必须有文件名称。系统内核中的 udev 设备管理器会自动把硬件名称规范起来,目的是让用户通过设备文件的名字可以猜出设备大致的属性以及分区信息等；这对于陌生的设备来说特别方便。另外，udev设备管理器的服务会一直以守护进程的形式运行并侦听内核发出的信号来管理/dev目录下的设备文件。Linux系统中常见的硬件设备的文件名称如表8-2所示。

表8-2 常见的硬件设备及其文件名称

硬 件 设 备	文 件 名 称	硬 件 设 备	文 件 名 称
IDE设备	/dev/hd[a-d]	光驱	/dev/cdrom
SCSI/SATA/U盘	/dev/sd[a-p]	鼠标	/dev/mouse
软驱	/dev/fd[0-1]	磁带机	/dev/st0 或 /dev/ht0
打印机	/dev/lp[0-15]		

由于现在的IDE设备已经很少见了，所以一般的硬盘设备都是以"/dev/sd"开头的。而一台主机上可以有多块硬盘，因此系统采用a～p来代表16块不同的硬盘（默认从a开始分配），而且硬盘的分区编号也很有讲究。

（1）主分区或扩展分区的编号从1开始，到4结束；

（2）逻辑分区从编号5开始。

备注：/dev目录中sda设备之所以是a，并不是由插槽决定的，而是由系统内核的识别顺序决定的。分区的数字编码不一定是强制顺延下来的，也有可能是手工指定的。因此sda3只能表示编号为3的分区，而不能判断sda设备上已经存在了3个分区。

接下来再分析/dev/sda5这个设备文件名称包含哪些信息，如图8-2所示。

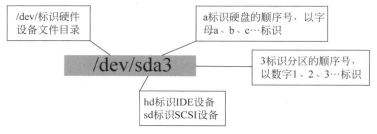

图8-2 设备文件名称

首先，/dev/目录中保存的应当是硬件设备文件；其次，sd表示是存储设备；然后，a表示系统中同类接口中第一个被识别到的设备；最后，3表示这个设备是一个主分区。因此，"/dev/sda3"表示的就是"这是系统中第一块被识别到的硬件设备中分区编号为3的主分区的设备文件"。

下面详细解释主分区、扩展分区和逻辑分区的概念。

硬盘是由最小的物理组成单位——扇区（Sector）组成，数个扇区组成一个同心圆时，就称为柱面（Cylinder），最后构成整个硬盘容量的大小，如图8-3所示。

在图8-3中，硬盘分为两个区域，一个是放置这个硬盘本身的信息区，称为主引导区（Master Boot Recorder，MBR）；一个是实际文件数据放置的数据存放区。MBR可以说是整个硬盘最重要的地方，因为在MBR中记录了两个重要的信息，分别是：引导程序与磁盘分区表。

一旦MBR物理实体损坏时，那么这个硬盘就差不多要报废了。如果系统找不到分区表,就无法使用这块硬盘,所以数据即使没有丢掉,但是没有 MBR,还是不能使用(备注:现在也可通过专业的软件重建 MBR 记录)。

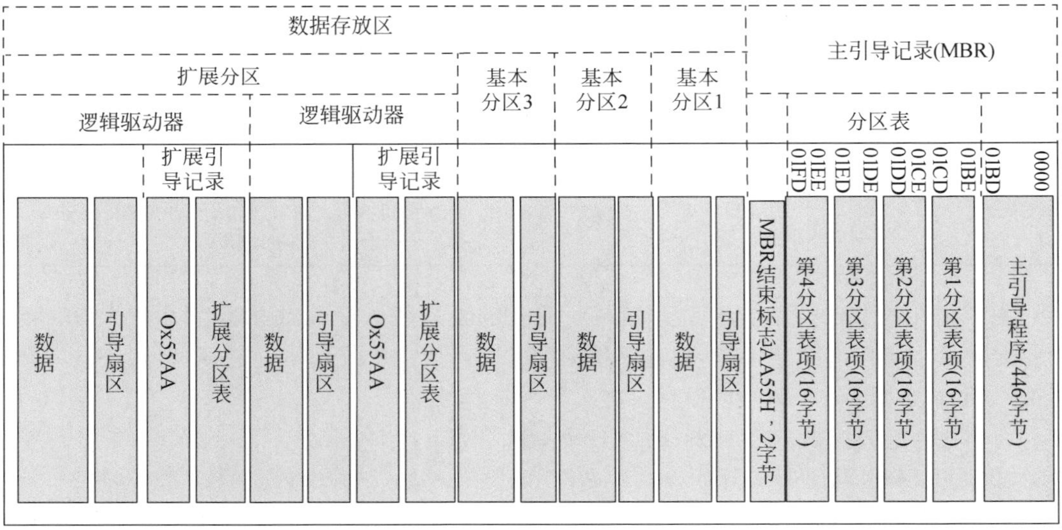

图 8-3 硬盘结构示意图

MBR 存储在活动硬盘的 0 磁头 0 磁道的第一个扇区,就是整个硬盘的第一扇区。该记录的大小是 512 字节,由以下三部分组成。

第一部分为 pre-boot 区(预启动区),即主引导程序,占 446 字节。

第二部分是 Partition table 区(分区表),占 64 字节,包含 4 个分区表项。每个分区表项的长度为 16 字节,它包含一个分区的引导标志、系统标志、起始和结尾的柱面号、扇区号、磁头号以及本分区前面的扇区数和本分区所占用的扇区数。其中"引导标志"表明此分区是否可引导,即是否活动分区。当引导标志为 80 时,此分区为活动分区;"系统标志"决定了该分区的类型,如 06 为 FAT16 分区,0B 为 FAT32 分区,07 为 NTFS 分区,63 为 UNIX 与 Linux 分区等;起始和结尾的柱面号、扇区号、磁头号指明了该分区的起始和终止位置。

第三部分是主引导扇区结束标志 AA55H,占 2 字节。

现在,问题来了:第一个扇区最多只能创建出 4 个分区吗?于是为了解决分区个数不够的问题,可以将第一个扇区的分区表中 16 字节(原本要写入主分区信息)的空间(称之为扩展分区)拿出来指向另外一个分区。也就是说,扩展分区其实并不是一个真正的分区,而更像是一个占用 16 字节分区表空间的指针:一个指向另外一个分区的指针。这样一来,用户一般会选择使用 3 个主分区加 1 个扩展分区的方法,然后在扩展分区中创建出数个逻辑分区,从而满足多分区(大于 4 个)的需求。主分区、扩展分区、逻辑分区可以像图 8-3 那样来规划。

8.3 文件资料存储

用户在硬件存储设备中执行的文件建立、写入、读取、修改、转存与控制等操作都是依靠文件系统来完成的。文件系统的作用是合理规划硬盘,以保证用户正常的使用需求。Linux 系统支持数十种文件系统,而最常见的文件系统如表 8-3 所示。

表 8-3　分区格式与功能对照表

格　式	功能与优点
Ext3	是一款日志文件系统,能够在系统异常宕机时避免文件系统资料丢失,并能自动修复数据的不一致与错误。然而,当硬盘容量较大时,所需的修复时间也会很长,而且也不能百分之百地保证资料不会丢失。它会把整个磁盘的每个写入动作的细节都预先记录下来,以便在发生异常宕机后能回溯追踪到被中断的部分,然后尝试进行修复
EXT4	EXT3 的改进版本,作为 RHEL 6 系统中的默认文件管理系统,它支持的存储容量高达 1EB(1EB=1 073 741 824GB),且能够有无限多的子目录。另外,EXT4 文件系统能够批量分配 block 块,从而极大地提高了读写效率
XFS	是一种高性能的日志文件系统,而且是 CentOS 7 中默认的文件管理系统,它的优势在发生意外宕机后尤其明显,即可以快速地恢复可能被破坏的文件,而且强大的日志功能只用花费极低的计算和存储性能。并且它最大可支持的存储容量为 18EB,这几乎满足了所有需求

RHEL 7/CentOS 7 系统使用 XFS 作为文件系统,RHEL 6/CentOS 6 使用 EXT4。XFS 文件系统最卓越的亮点应该当属可支持高达 18EB 的存储容量。一块新的硬盘首先需要分区,然后格式化,最后才能挂载并正常使用。

日常在硬盘需要保存的数据实在太多了,因此 Linux 系统中有一个名为 super block 的"硬盘地图"。Linux 并不是把文件内容直接写入这个"硬盘地图"里面,而是在里面记录整个文件系统的信息。因为如果把所有的文件内容都写到这里面,它的体积将变得非常大,而且文件内容的查询与写入速度也会变得很慢。Linux 只是把每个文件的权限与属性记录在 inode 中,而且每个文件占用一个独立的 inode 表格,该表格的大小默认为 128 字节,里面记录如下信息。

(1) 该文件的访问权限(read、write、execute);
(2) 该文件的所有者与所属组(owner、group);
(3) 该文件的大小(size);
(4) 该文件的创建或内容修改时间(ctime);
(5) 该文件的最后一次访问时间(atime);
(6) 该文件的修改时间(mtime);
(7) 文件的特殊权限(SUID、SGID、SBIT);
(8) 该文件的真实数据地址(point)。

而文件的实际内容则保存在 block 中(大小可以是 1KB、2KB 或 4KB),一个 inode 的默认大小仅为 128B(EXT3),记录一个 block 则消耗 4B。当文件的 inode 被写满后,Linux 系统会自动分配出一个 block,专门用于像 inode 那样记录其他 block 的信息,这样把各个 block 的内容串到一起,就能够让用户读到完整的文件内容了。对于存储文件内容的 block,有下面两种常见情况(以 4KB 的 block 大小为例进行说明)。

情况 1:文件很小(1KB),但依然会占用一个 block,因此会潜在地浪费 3KB。
情况 2:文件很大(5KB),那么会占用两个 block(5KB-4KB 后剩下的 1KB 也要占用一个 block)。

计算机系统在发展过程中产生了众多的文件系统,为了使用户在读取或写入文件时不用关心底层的硬盘结构，Linux 内核中的软件层为用户程序提供了一个 VFS(Virtual File System，虚拟文件系统)接口，这样用户实际上在操作文件时就是统一对这个虚拟文件系统进行操作了。如图 8-4 所示为 VFS 的架构示意图。

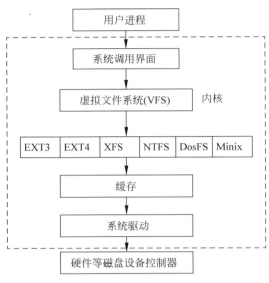

图 8-4　VFS 的架构示意图

从图 8-4 中可见，实际文件系统在 VFS 下隐藏了自己的特性和细节，这样用户在日常使用时会觉得"文件系统都是一样的"，也就可以随意使用各种命令在任何文件系统中进行各种操作了。

8.4　挂载与卸载硬件

在用惯了 Windows 系统后总觉得一切都是理所当然的，平时把 U 盘插入计算机后也从来没有考虑过 Windows 系统做了哪些事情，才使得用户可以访问这个 U 盘。接下来会逐一学习在 Linux 系统中挂载和卸载存储设备的方法，以便读者更好地了解 Linux 系统添加硬件设备的工作原理和流程。前面讲到，在拿到一块全新的硬盘存储设备后要先分区，然后格式化，最后才能挂载并正常使用。"分区"和"格式化"以前经常听到，但"挂载"又是什么呢？当用户需要使用硬盘设备或分区中的数据时，需要先将其与一个已存在的目录文件进行关联，而这个关联动作就是"挂载"。

mount 命令用于挂载文件系统，格式为"mount 文件系统 挂载目录"。mount 命令中可用的参数有-a 和-t，其作用如下。

-a：挂载所有在/etc/fstab 中定义的文件系统。

-t：指定文件系统的类型。

挂载是在使用硬件设备前所执行的最后一步操作。只需使用 mount 命令把硬盘设备或分区与一个目录文件进行关联，然后就能在这个目录中看到硬件设备中的数据了。对于比较新的 Linux 系统来讲，一般不需要使用-t 参数来指定文件系统的类型，Linux 系统会自动进行判断。而 mount 中的-a 参数会在执行后自动检查/etc/fstab 文件中有无疏漏被挂载的设备文件,如果有,则进行自动挂载操作。

例如,要把设备/dev/sdb2 挂载到/yhy 目录,只需要在 mount 命令中填写设备与挂载目录参数就行,系统会自动去判断要挂载文件的类型,因此只需要执行下述命令即可:

mount /dev/sdb2 /yhy

虽然按照上面的方法执行 mount 命令后就能立即使用文件系统了,但系统在重启后挂载就会失效,也就是说需要每次开机后都手动挂载一下。这肯定不是想要的效果,如果想让硬件设备和目录永久地进行自动关联,就必须把挂载信息按照指定的填写格式"设备文件 挂载目录 格式类型 权限选项 是否备份 是否自检"(各字段的意义见表 8-4)写入/etc/fstab 文件中。这个文件中包含着挂载所需的诸多信息项目,一旦配置好之后系统重启后会自动读取该文件,并自动挂载。

表 8-4 用于挂载信息的指定填写格式中各字段所表示的意义

字 段	意 义
设备文件	一般为设备的路径+设备名称,也可以写唯一识别码(Universally Unique Identifier,UUID)
挂载目录	指定要挂载到的目录,需在挂载前创建好
格式类型	指定文件系统的格式,例如 EXT3、EXT4、XFS、SWAP、iso9660(此为光盘设备)等
权限选项	若设置为 defaults,则默认权限为:rw, suid, dev, exec, auto, nouser, async
是否备份	若为 1 则开机后使用 dump 进行磁盘备份,为 0 则不备份
是否自检	若为 1 则开机后自动进行磁盘自检,为 0 则不自检

如果想将文件系统为 EXT4 的硬件设备/dev/sdb2 在开机后自动挂载到/yhy 目录上,并保持默认权限且无须开机自检,就需要在/etc/fstab 文件中写入下面的信息,这样在系统重启后也会成功挂载。

/dev/sdb2   /yhy   ext4   defaults   0 0

效果如图 8-5 所示。

umount 命令用于撤销已经挂载的设备文件,格式为:umount [挂载点/设备文件]。挂

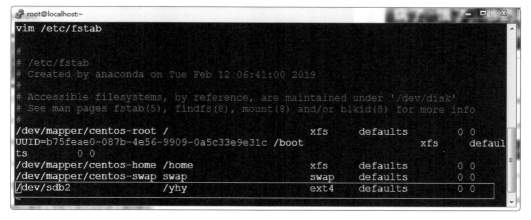

图 8-5 /etc/fstab 文件效果图

载文件系统的目的是为了使用硬件资源,而卸载文件系统就意味着不再使用硬件的设备资源;相对应地,挂载操作就是把硬件设备与目录进行关联的动作,因此卸载操作只需要说明想要取消关联的设备文件或挂载目录的其中一项即可,一般不需要加其他额外的参数。下面尝试手动卸载掉/dev/sdb2 设备文件:

umount /dev/sdb2

8.5 硬盘分区管理

根据前文讲解的与管理硬件设备相关的理论知识,先来理清一下添加硬盘设备的操作思路:首先需要在虚拟机中模拟添加入一块新的硬盘存储设备,然后再进行分区、格式化、挂载等操作,最后通过检查系统的挂载状态并真实地使用硬盘来验证硬盘设备是否成功添加。

下面是在虚拟机中添加一块新硬盘的具体操作步骤。

首先把虚拟机系统关机,稍等几分钟会自动返回到虚拟机管理主界面,然后单击"编辑虚拟机设置"选项,在弹出的界面中单击"添加"按钮,新增一块硬件设备。

选择想要添加的硬件类型为"硬盘",然后单击"下一步"按钮就可以了,选择虚拟硬盘的类型为 SCSI(默认推荐),并单击"下一步"按钮,这样虚拟机中的设备名称应该为/dev/sdb,选中"创建新虚拟磁盘"单选按钮,而不是其他选项,再次单击"下一步"按钮,将"最大磁盘大小"设置为默认的 20GB。这个数值是限制这台虚拟机所使用的最大硬盘空间,而不是立即将其填满,因此默认 20GB 就很合适了。单击"下一步"按钮,设置磁盘文件的文件名和保存位置(这里采用默认设置即可,无须修改),直接单击"完成"按钮,将新硬盘添加好后就可以看到设备信息了。这里不需要做任何修改,直接单击"确认"按钮后就可以开启虚拟机了,如图 8-6 所示。

在虚拟机中模拟添加了硬盘设备后就应该能看到抽象成的硬盘设备文件了。按照前文讲解的 udev 服务命名规则,第二个被识别的 SCSI 设备应该会被保存为/dev/sdb,这个就是硬盘设备文件了。但在开始使用该硬盘之前还需要进行分区操作,例如,从中取出一个 2GB 的分区设备以供后面的操作使用。

在 Linux 系统中,管理硬盘设备最常用的方法就当属 fdisk 命令了。fdisk 命令用于管理磁盘分区,格式为:fdisk [磁盘名称]。它提供了集添加、删除、转换分区等功能于一身的"一站式分区服务"。不过与前面讲解的直接写到命令后面的参数不同,这条命令的参数(见表 8-5)是交互式的,因此在管理硬盘设备时特别方便,可以根据需求动态调整。

表 8-5 fdisk 命令中的参数以及作用

参 数	作 用	参 数	作 用
m	查看全部可用的参数	t	改变某个分区的类型
n	添加新的分区	p	查看分区信息
d	删除某个分区信息	w	保存并退出
l	列出所有可用的分区类型	q	不保存直接退出

图 8-6 查看虚拟机硬件设置信息

首先使用 fdisk 命令来尝试管理/dev/sdb 硬盘设备。在看到提示信息后输入参数 p 来查看硬盘设备内已有的分区信息,其中包括硬盘的容量大小、扇区个数等信息,如图 8-7 所示。

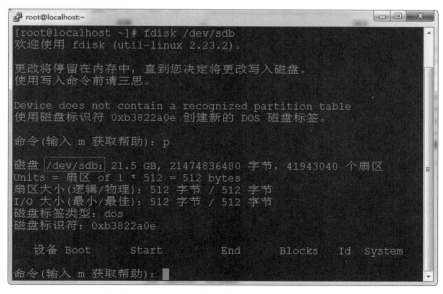

图 8-7 查看硬盘设备内已有的分区信息

fdisk /dev/sdb

输入参数 n 尝试添加新的分区。系统会询问是选择继续输入参数 p 来创建主分区，还是输入参数 e 来创建扩展分区。这里输入参数 p 来创建一个主分区，如图 8-8 所示。

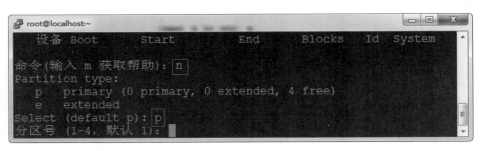

图 8-8 创建主分区

在确认创建一个主分区后，系统要求先输入主分区的编号。从前文得知，主分区的编号范围是 1～4，因此这里输入默认的 1 就可以了。接下来系统会提示定义起始的扇区位置，这不需要改动，按 Enter 键保留默认设置即可，系统会自动计算出最靠前的空闲扇区的位置。最后，系统会要求定义分区的结束扇区位置，这其实就是要去定义整个分区的大小是多少。不用去计算扇区的个数，只需要输入＋2G 即可创建出一个容量为 2GB 的硬盘分区，如图 8-9 所示。

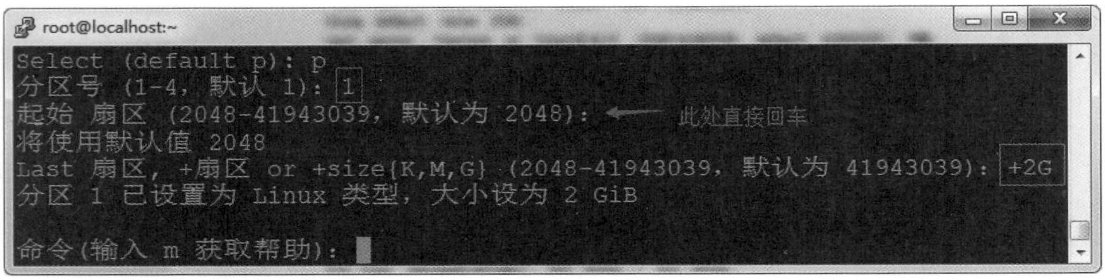

图 8-9 设置分区大小

再次使用参数 p 来查看硬盘设备中的分区信息，就能看到一个名称为/dev/sdb1、起始扇区位置为 2048、结束扇区位置为 4196351 的主分区了。输入参数 w 后回车，保存退出，如图 8-10 所示。

在上述步骤执行完毕之后，Linux 系统会自动把这个硬盘主分区抽象成/dev/sdb1 设备文件。可以使用"file /dev/sdb1"命令查看该文件的属性，但是在工作中发现，有些时候系统并没有自动把分区信息同步给 Linux 内核，会提示"/dev/sdb1：cannot open（No such file or directory）"，而且这种情况似乎还比较常见（算是一个小的 bug）。可以输入 partprobe 命令手动将分区信息同步到内核，而且一般推荐连续两次执行该命令，效果会更好。使用"file /dev/sdb1"命令，提示"/dev/sdb1：block special"，表示分区成功，如果仍无法解决问题，就需要重启计算机了。

接下来是对硬盘进行格式化操作。在 Linux 系统中用于格式化操作的命令是 mkfs。在 Shell 终端中输入 mkfs 名后再按两次 Tab 键，会有如图 8-11 所示的效果。

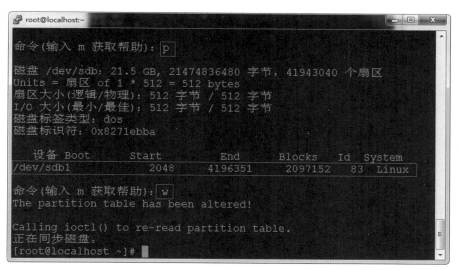

图 8-10 查看分区与保存配置

图 8-11 格式化操作的命令

在此,系统提示需要补齐的命令,例如,要格式分区为 XFS 的文件系统,则命令应为

mkfs.xfs /dev/sdb1

完成了磁盘的分区和格式化操作后,接下来就是要来挂载并使用磁盘了。首先是创建一个用于挂载设备的挂载点目录;然后使用 mount 命令将磁盘分区与挂载点进行关联;最后使用 df -h 命令来查看挂载状态和硬盘使用量信息,如图 8-12 所示。

mkdir /newFS
mount /dev/sdb1 /newFS/
df -h

如果磁盘分区挂载顺利,接下来就可以尝试通过挂载点目录向硬盘分区中写入文件了。在写入文件之前,先介绍一个用于查看文件数据占用量的 du 命令,其格式为:du [选项][文件]。简单来说,该命令就是用来查看一个或多个文件占用了多大的硬盘空间。还可以使用"du -sh /*"命令来查看在 Linux 系统根目录下所有一级目录分别占用的空间大小。下面先从某些目录中复制过来一批文件,然后查看这些文件总共占用了多大的容量。

【cp -rf /etc/* /newFS/】
【ls /newFS/】
【du -sh /newFS/】

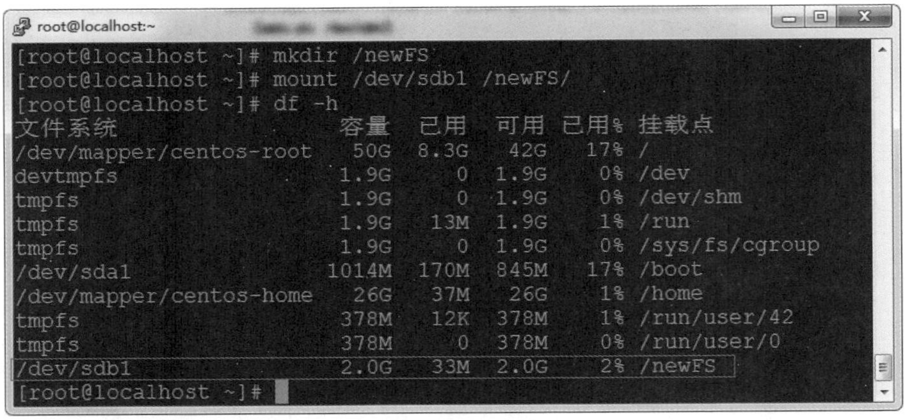

```
[root@localhost ~]# mkdir /newFS
[root@localhost ~]# mount /dev/sdb1 /newFS/
[root@localhost ~]# df -h
文件系统                    容量   已用  可用  已用%  挂载点
/dev/mapper/centos-root    50G   8.3G  42G   17%   /
devtmpfs                   1.9G  0     1.9G  0%    /dev
tmpfs                      1.9G  0     1.9G  0%    /dev/shm
tmpfs                      1.9G  13M   1.9G  1%    /run
tmpfs                      1.9G  0     1.9G  0%    /sys/fs/cgroup
/dev/sda1                  1014M 170M  845M  17%   /boot
/dev/mapper/centos-home    26G   37M   26G   1%    /home
tmpfs                      378M  12K   378M  1%    /run/user/42
tmpfs                      378M  0     378M  0%    /run/user/0
/dev/sdb1                  2.0G  33M   2.0G  2%    /newFS
[root@localhost ~]#
```

图 8-12　查看挂载状态和硬盘使用量信息

33M /newFS/

需要注意的是，使用 mount 命令挂载的设备文件会在系统下一次重启的时候失效。如果想让这个设备文件的挂载永久有效，则需要把挂载的信息写入/etc/fstab 配置文件中，在/etc/fstab 文件中添加"/dev/sdb1 /newFS xfs defaults 0 0"内容。

echo "/dev/sdb1 /newFS xfs defaults 0 0" >> /etc/fstab

接下来是添加交换分区的操作。

交换分区的创建过程与前文讲到的挂载并使用磁盘分区的过程非常相似。在对/dev/sdb 磁盘进行分区操作前，有必要先说一下交换分区的划分建议：在生产环境中，交换分区的大小一般为真实物理内存的 1.5~2 倍，为了让读者更明显地感受交换分区空间的变化，这里取出一个大小为 5GB 的主分区作为交换分区资源。在分区创建完毕后保存并退出即可，如图 8-13 所示。

fdisk /dev/sdb

使用 SWAP 分区专用的格式化命令 mkswap，对新建的主分区进行格式化操作：

mkswap /dev/sdb2

使用 swapon 命令把准备好的 SWAP 分区设备正式挂载到系统中。可以使用 free -m 命令查看交换分区的大小变化，由 3967MB（见图 8-14）增加到 9087MB（见图 8-15）。

free -m
swapon /dev/sdb2
free -m

为了能够让新的交换分区设备在重启后依然生效，需要按照下面的格式将相关信息写入/etc/fstab 配置文件中，在/etc/fstab 文件中添加"/dev/sdb2 swap swap defaults 0 0"内容。

echo "/dev/sdb2 swap swap defaults 0 0" >> /etc/fstab

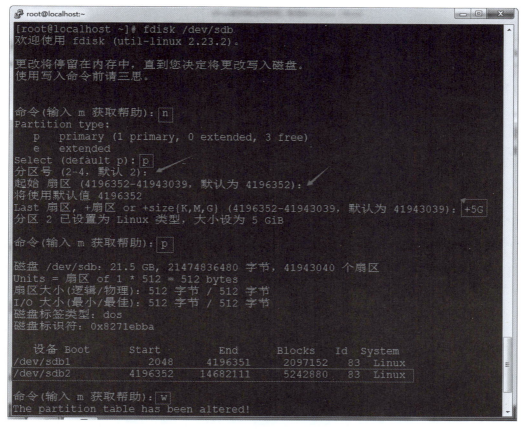

```
[root@localhost ~]# fdisk /dev/sdb
欢迎使用 fdisk (util-linux 2.23.2)。

更改将停留在内存中，直到您决定将更改写入磁盘。
使用写入命令前请三思。


命令(输入 m 获取帮助)：n
Partition type:
   p   primary (1 primary, 0 extended, 3 free)
   e   extended
Select (default p): p
分区号 (2-4，默认 2)：
起始 扇区 (4196352-41943039，默认为 4196352)：
将使用默认值 4196352
Last 扇区, +扇区 or +size{K,M,G} (4196352-41943039，默认为 41943039)：+5G
分区 2 已设置为 Linux 类型，大小设为 5 GiB

命令(输入 m 获取帮助)：p

磁盘 /dev/sdb：21.5 GB, 21474836480 字节，41943040 个扇区
Units = 扇区 of 1 * 512 = 512 bytes
扇区大小(逻辑/物理)：512 字节 / 512 字节
I/O 大小(最小/最佳)：512 字节 / 512 字节
磁盘标签类型：dos
磁盘标识符：0x8271ebba

   设备 Boot      Start         End      Blocks   Id  System
/dev/sdb1            2048     4196351     2097152   83  Linux
/dev/sdb2         4196352    14682111     5242880   83  Linux

命令(输入 m 获取帮助)：w
The partition table has been altered!
```

图 8-13　创建交换分区

```
[root@localhost ~]# free -m
              total        used        free      shared  buff/cache   available
Mem:           3773         916        2101          12         754        2474
Swap:          3967           0        3967
[root@localhost ~]#
```

图 8-14　查看交换分区原来的大小

```
[root@localhost ~]# swapon /dev/sdb2
[root@localhost ~]# free -m
              total        used        free      shared  buff/cache   available
Mem:           3773         921        2096          12         754        2470
Swap:          9087           0        9087
[root@localhost ~]#
```

图 8-15　查看交换分区后来的大小

swapoff /dev/sdb2：停止正在使用的 SWAP 分区。

rm /dev/sdb2：删除 SWAP 分区文件。

注：记得删除或注释在/etc/fstab 文件中的开机自动挂载内容。

8.6 磁盘容量配额限制

当 Linux 根分区的磁盘空间耗尽时，系统将无法再建立新的文件，从而出现服务程序崩溃、系统无法启动等故障现象，为了避免在服务器中出现类似的磁盘空间不足的问题，可以设置启用磁盘配额的功能，对用户在指定文件系统（分区）中使用的磁盘空间、文件数量进行限制，以防个别用户恶意或无意间占用大量磁盘空间，保持系统存储空间的稳定性和持续可用性。在服务器管理中此功能非常重要，但对单机用户来说意义不大。

可以使用 quota 命令进行磁盘容量配额管理，从而限制用户的硬盘可用容量或所能创建的最大文件个数。quota 命令还有软限制和硬限制的功能。

（1）软限制：当达到软限制时会提示用户，但仍允许用户在限定的额度内继续使用。

（2）硬限制：当达到硬限制时会提示用户，且强制终止用户的操作。

CentOS 7 系统中已经安装了 quota 磁盘容量配额服务程序包，但磁盘分区却默认没有开启对 quota 的支持，此时需要手动编辑配置文件，让 CentOS 7 系统中的/boot 目录能够支持 quota 磁盘配额技术，如图 8-16 所示。

```
vim /etc/fstab
```

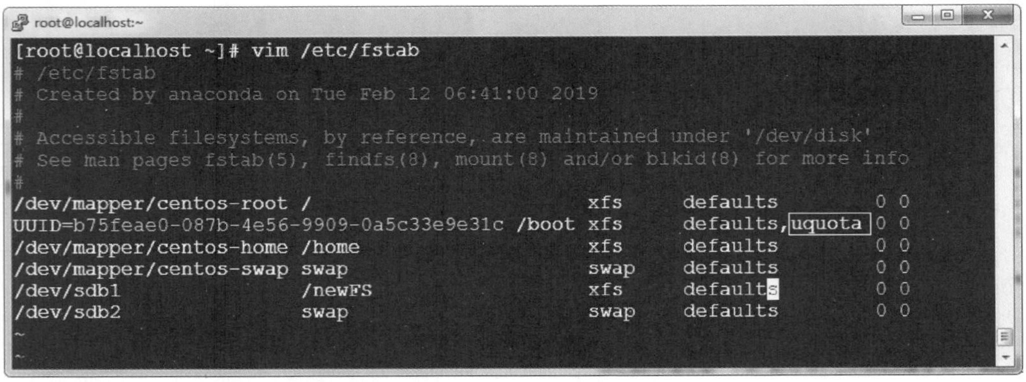

图 8-16　开启/boot 目录对 quota 的支持

另外，需要特别注意的是早期的 Linux 系统让硬盘设备支持 quota 磁盘容量配额服务，使用的是 usrquota 参数，而 CentOS 7 系统使用的则是 uquota 参数。在重启系统后使用 mount 命令查看，即可发现/boot 目录已经支持 quota 磁盘配额技术了，如图 8-17 所示。

```
reboot
mount | grep boot
```

图 8-17　查看/boot 目录对 quota 磁盘配额技术的支持

接下来看两个重要的命令以及相应案例。

1. xfs_quota 命令

xfs_quota 命令是一个专门针对 XFS 文件系统来管理 quota 磁盘容量配额服务而设计的命令，格式为："xfs_quota ［参数］ 配额 文件系统"。其中,-c 参数用于以参数的形式设置要执行的命令；-x 参数是专家模式,让运维人员能够对 quota 服务进行更多更复杂的配置。

接下来使用 xfs_quota 命令来设置用户 yhy 对/boot 目录的 quota 磁盘容量配额。具体的限额控制包括：硬盘使用量的软限制和硬限制分别为 3MB 和 6MB；创建文件数量的软限制和硬限制分别为 3 个和 6 个,效果如图 8-18 所示。

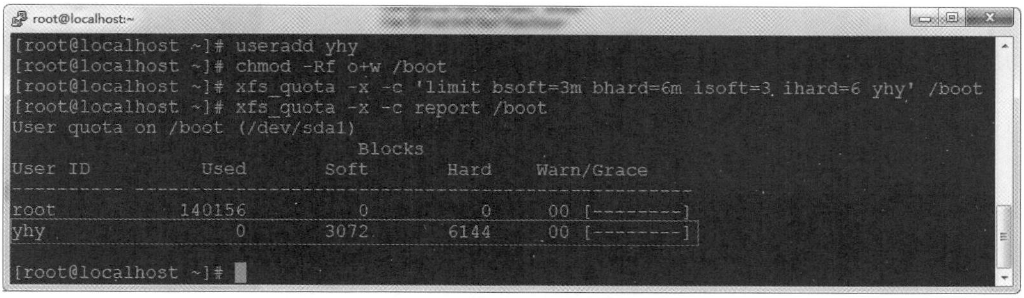

图 8-18 查看配置的配额情况

useradd yhy：建一个用于检查 quota 磁盘容量配额效果的用户 yhy。
chmod -Rf o＋w /boot：针对/boot 目录增加其他人的写权限,保证用户能够正常写入数据。

```
xfs_quota －x －c 'limit bsoft＝3m bhard＝6m isoft＝3 ihard＝6 yhy' /boot
xfs_quota －x －c report /boot
```

当配置好上述各种软硬限制后,尝试切换到这个普通用户,然后分别尝试创建一个体积为 5MB 和 8MB 的文件。可以发现,在创建 8MB 的文件时受到了系统限制,如图 8-19 所示。
su -yhy：切换用户。

图 8-19 在创建 8MB 的文件时受到了系统限制

dd if＝/dev/zero of＝/boot/yhy bs＝5M count＝1：创建一个 5MB 的文件。
dd if＝/dev/zero of＝/boot/yhy bs＝8M count＝1：创建一个 8MB 的文件。

2. edquota 命令

edquota 命令用于编辑用户的 quota 配额限制,格式为：edquota［参数］［用户］。在为用户设置了 quota 磁盘容量配额限制后,可以使用 edquota 命令按需修改限额的数值。其中,-u 参数表示要针对哪个用户进行设置;-g 参数表示要针对哪个用户组进行设置。edquota 命令会调用 Vi 或 Vim 编辑器来让 ROOT 管理员修改要限制的具体细节。下面把用户 yhy 的硬盘使用量的硬限额从 6MB 提升到 8MB,如图 8-20 所示,可以发现,在创建 8MB 的文件时受到了系统限制,如图 8-21 所示。

图 8-20　将用户 yhy 的硬盘使用量的硬限额从 5MB 提升到 8MB

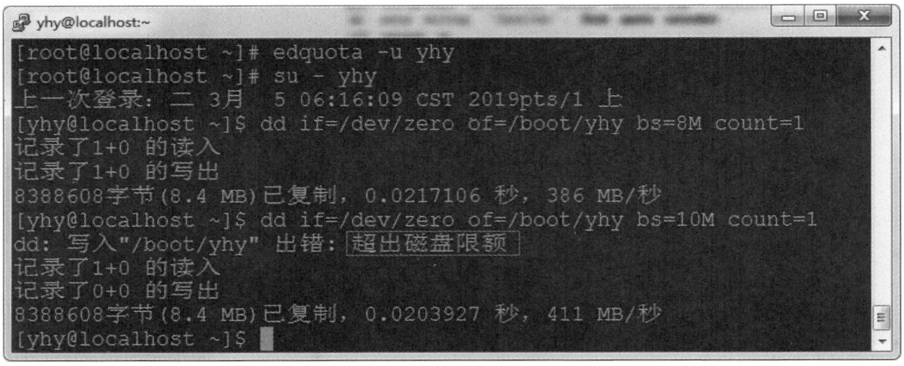

图 8-21　在创建 8MB 的文件时受到了系统限制

exit:退出到 ROOT 用户。

edquota －u yhy
su － yhy
Last login: Mon Sep 7 16:43:12 CST 2017 on pts/0

dd if＝/dev/zero of＝/boot/yhy bs＝8M count＝1:创建一个 5MB 的文件。
dd if＝/dev/zero of＝/boot/yhy bs＝10M count＝1:创建一个 8MB 的文件。

习　　题

一、选择题

1. 光盘所使用的文件系统类型为(　　)。
   A. EXT2　　　　　　B. EXT3　　　　　　C. swap　　　　　　D. ISO9600
2. 在以下设备文件中,代表第二个 IDE 硬盘的第一个逻辑分区的设备文件是(　　)。
   A. /etc/hdbl　　　　B. etc/hdal　　　　C. /etc/hdb5　　　　D. /dev/hdbl
3. 将光盘 CD-ROM(cdrom)安装到文件系统的/mnt/cdrom 目录下的命令是(　　)。
   A. mount/,mnt/cdrom　　　　　　　　B. mount /mnt/cdrom/dev/cdrom

C. mount /dev/cdrom /mnt/cdrom　　　　D. mount /dev/cdrom

二、填空题

1. Linux 内核引导时,从文件(　　)中读取要加载的文件系统。
2. /dev/sda5 是主分区还是逻辑分区?(　　)
3. 哪个服务决定了设备在/dev 目录中的名称?(　　)

三、简答题

1. 假如一个设备的文件名称为/dev/sdb,可以确认它是主板第二个插槽上的设备吗?
2. 如果硬盘中需要 5 个分区,至少需要几个逻辑分区?

第 9 章　管理 RAID 与 LVM 磁盘阵列

在学习了第 8 章讲解的硬盘设备分区、格式化、挂载等知识后，本章将深入讲解各个常用 RAID（Redundant Array of Independent Disks，独立冗余磁盘阵列）技术方案的特性，并通过实际部署 RAID 10、RAID 5＋备份盘等方案更直观地查看 RAID 的强大效果，以便进一步满足生产环境对硬盘设备的 IO 读写速度和数据冗余备份机制的需求。同时，考虑到用户可能会动态调整存储资源，本章还将介绍 LVM（Logical Volume Manager，逻辑卷管理器）的部署、扩容、缩小、快照、卸载删除以及掌握 ln 命令带来的软硬链接的相关知识。

9.1　磁盘阵列 RAID 技术

RAID 全称为 Redundant Array of Inexpensive Disks，中文名为独立冗余磁盘阵列。RAID 可分为软 RAID 和硬 RAID。软 RAID 是通过软件实现多块硬盘冗余的，而硬 RAID 一般是通过 RAID 卡来实现多块硬盘冗余的。前者配置简单，管理也比较灵活，对于中小企业来说不失为一种最佳选择。硬 RAID 往往花费比较高，不过在性能方面具有一定优势。

RAID 技术通过把多个硬盘设备组合成一个容量更大、安全性更好的磁盘阵列，并把数据切割成多个区段后分别存放在各个不同的物理硬盘设备上，然后利用分散读写技术来提升磁盘阵列整体的性能，同时把多个重要数据的副本同步到不同的物理硬盘设备上，从而起到了非常好的数据冗余备份效果。

RAID 技术的设计初衷是减少因为采购硬盘设备带来的费用支出，但是与数据本身的价值相比较，现代企业更看重的则是 RAID 技术所具备的冗余备份机制以及由此带来的硬盘吞吐量的提升。也就是说，RAID 不仅降低了硬盘设备损坏后丢失数据的概率，还提升了硬盘设备的读写速度，所以它在绝大多数运营商或大中型企业中得以广泛部署和应用。

出于成本和技术方面的考虑，需要针对不同的需求在数据可靠性及读写性能上做出权衡，制定出满足各自需求的不同方案。目前已有的 RAID 磁盘阵列的方案至少有十几种，笔者在此列出了常用的几种，如表 9-1 所示。

表 9-1　RAID 种类与意义对照表

RAID 种类	意　义
RAID 0	存取速度最快，没有容错功能（带区卷）
RAID 1	完全容错，成本高，硬盘使用率低（镜像卷）
RAID 3	写入性能最好，没有多任务功能
RAID 4	具备多任务及容错功能但奇偶检验磁盘驱动器会造成性能瓶颈
RAID 5	具备多任务及容错功能，写入时有额外开销
RAID 0＋1	速度快，完全容错，成本高

接下来将详细介绍 RAID 0、RAID 1、RAID 5 与 RAID 10 这 4 种最常见的方案。

1. RAID 0 技术

RAID 0 是一种简单的、无数据校验的数据条带化技术。它实际上不是一种真正的 RAID，因为它并不提供任何形式的冗余策略。RAID 0 将所在磁盘条带化后组成大容量的存储空间（如图 9-1 所示），将数据分散存储在所有磁盘中，以独立访问方式实现多块磁盘的并读访问。由于可以并发执行 I/O 操作，总线带宽得到充分利用，再加上不需要进行数据校验，RAID 0 的性能在所有 RAID 等级中是最高的。理论上讲，一个由 n 块磁盘组成的 RAID 0，它的读写性能是单个磁盘性能的 n 倍，但由于总线带宽等多种因素的限制，实际的性能提升低于理论值。

RAID 0 具有低成本、高读写性能、100% 的高存储空间利用率等优点，但是它不提供数据冗余保护，一旦数据损坏，将无法恢复。因此，RAID 0 一般适用于对性能要求严格但对数据安全性和可靠性要求不高的应用，如视频、音频存储、临时数据缓存空间等。

2. RAID 1 技术

RAID 1 称为镜像，它将数据完全一致地分别写到工作磁盘和镜像磁盘，磁盘空间利用率为 50%。RAID 1 在数据写入时，响应时间会有所影响，但是读数据的时候没有影响。RAID 1 提供了最佳的数据保护，一旦工作磁盘发生故障，系统自动从镜像磁盘读取数据，不会影响用户工作。其工作原理如图 9-2 所示。

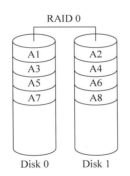

图 9-1　RAID 0 无冗错的数据条带

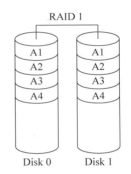

图 9-2　RAID 1 无校验的相互镜像

3. RAID 5 技术

RAID 5 应该是目前最常见的 RAID 等级。RAID 5（如图 9-3 所示）的磁盘上同时存储数据和校验数据，数据块和对应的校验信息保存在不同的磁盘上，当一个数据盘损坏时，系统可以根据同一条带的其他数据块和对应的校验数据来重建损坏的数据。与其他 RAID 等级一样，重建数据时，RAID 5 的性能会受到较大的影响。

RAID 5 兼顾存储性能、数据安全和存储成本等各方面因素，可以理解为 RAID 0 和 RAID 1 的折中方案，是目前综合性能最佳的数据保护解决方案。RAID 5 基本上可以满足大部分的存储应用需求，数据中心大多采用它作为应用数据的保护方案。

4. RAID 01 和 RAID 10

一些文献把这两种 RAID 等级看作是等同的，而笔者认为是不同的。RAID 01 是先做条带化再做镜像，本质是对物理磁盘实现镜像；而 RAID 10 是先做镜像再做条带化，是对虚拟磁盘实现镜像。相同的配置下，通常 RAID 01 比 RAID 10 具有更好的容错能力，原理如图 9-4 所示。

RAID 01 兼备了 RAID 0 和 RAID 1 的优点,它先用两块磁盘建立镜像,然后再在镜像内部做条带化。RAID 01 的数据将同时写入两个磁盘阵列中,如果其中一个阵列损坏,仍可继续工作,保证数据安全性的同时又提高了性能。RAID 01 和 RAID 10 内部都含有 RAID 1 模式,因此整体磁盘利用率均仅为 50%。

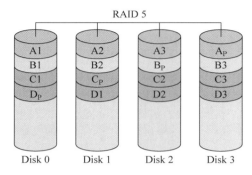

图 9-3 RAID 5 带分散校验的数据条带

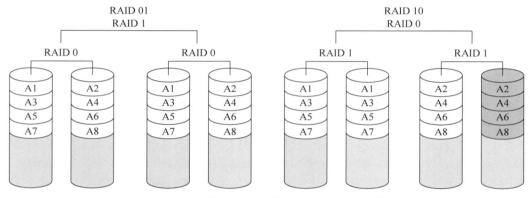

图 9-4 典型的 RAID 01(左)和 RAID 10(右)模型

9.2 磁盘阵列 RAID 的部署与修复

1. 磁盘阵列的部署

在学习完磁盘阵列理论基础之后,部署 RAID 和 LVM 就变得十分轻松了。首先,需要在虚拟机中添加 4 块硬盘设备来制作一个 RAID 10 磁盘阵列,如图 9-5 所示。

需要注意的是,一定要记得在关闭系统之后,再在虚拟机中添加硬盘设备,否则可能会因为计算机架构的不同而导致虚拟机系统无法识别添加的硬盘设备。

mdadm 命令用于管理 Linux 系统中的软件 RAID 硬盘阵列,格式为:mdadm [模式] <RAID 设备名称> [选项] [成员设备名称]。

当前生产环境中用到的服务器一般都配备 RAID 阵列卡,如果没有 RAID 阵列卡,就必须用 mdadm 命令在 Linux 系统中创建和管理软件 RAID 磁盘阵列。mdadm 命令的常用参数以及作用如表 9-2 所示。

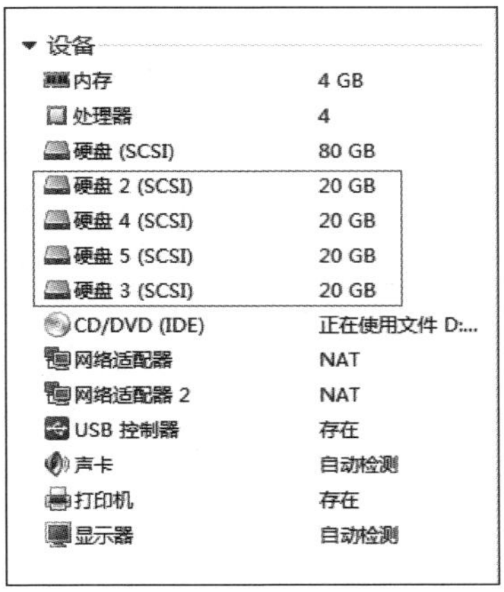

图 9-5　为虚拟机系统模拟添加 4 块硬盘设备

表 9-2　mdadm 命令的常用参数和作用

参　数	作　用	参　数	作　用
-a	检测设备名称	-f	模拟设备损坏
-n	指定设备数量	-r	移除设备
-l	指定 RAID 级别	-Q	查看摘要信息
-C	创建磁盘陈列	-D	查看详细信息
-v	显示过程	-S	停止 RAID 磁盘阵列

接下来,使用 mdadm 命令创建 RAID 10,名称为"/dev/md0"。

第 8 章中讲到,udev 是 Linux 系统内核中用来给硬件命名的服务,其命名规则也非常简单。可以通过命名规则猜测到第二个 SCSI 存储设备的名称会是/dev/sdb,然后以此类推。此时,就需要使用 mdadm 中的参数了。其中,-C 参数代表创建一个 RAID 阵列;-v 参数显示创建的过程,同时在后面追加一个设备名称/dev/md0,这样/dev/md0 就是创建后的 RAID 磁盘阵列的名称;-a yes 参数代表自动创建设备文件;-n 4 参数代表使用 4 块硬盘来部署这个 RAID 磁盘阵列;而-l 10 参数则代表 RAID 10 方案;最后再加上 4 块硬盘设备的名称就可以了。

```
mdadm -Cv /dev/md0 -a yes -n 4 -l 10 /dev/sdb /dev/sdc /dev/sdd /dev/sde
```

其次,把制作好的 RAID 磁盘阵列格式化为 ext4 格式。

```
mkfs.ext4 /dev/md0
```

再次,创建挂载点然后把硬盘设备进行挂载操作。挂载成功后可看到可用空间为 40GB,如图 9-6 所示。

```
mkdir /RAID
mount /dev/md0 /RAID
df -h
```

最后,查看/dev/md0 磁盘阵列的详细信息,并把挂载信息写入配置文件中,使其永久生效。

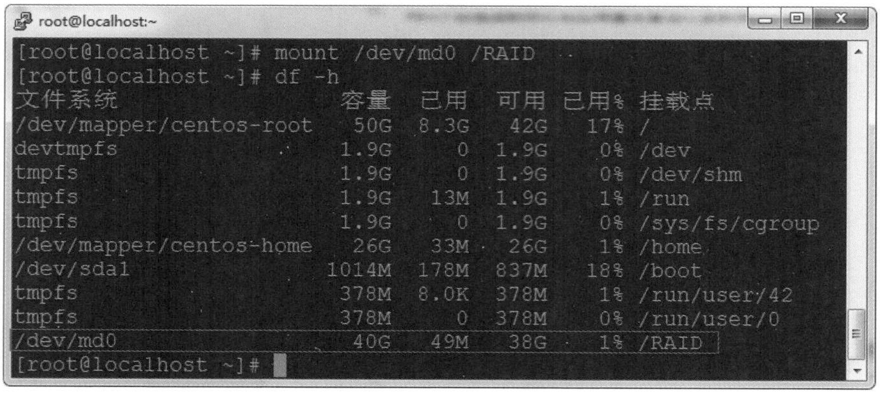

```
[root@localhost ~]# mount /dev/md0 /RAID
[root@localhost ~]# df -h
文件系统                   容量    已用   可用  已用% 挂载点
/dev/mapper/centos-root    50G    8.3G   42G   17%   /
devtmpfs                   1.9G   0      1.9G  0%    /dev
tmpfs                      1.9G   0      1.9G  0%    /dev/shm
tmpfs                      1.9G   13M    1.9G  1%    /run
tmpfs                      1.9G   0      1.9G  0%    /sys/fs/cgroup
/dev/mapper/centos-home    26G    33M    26G   1%    /home
/dev/sda1                  1014M  178M   837M  18%   /boot
tmpfs                      378M   8.0K   378M  1%    /run/user/42
tmpfs                      378M   0      378M  0%    /run/user/0
/dev/md0                   40G    49M    38G   1%    /RAID
[root@localhost ~]#
```

图 9-6　查看磁盘空间与挂载情况

mdadm -D /dev/md0
echo "/dev/md0 /RAID ext4 defaults 0 0" >> /etc/fstab

2. 磁盘阵列的修复

之所以在生产环境中部署 RAID 10 磁盘阵列，是为了提高硬盘存储设备的读写速度及数据的安全性，但由于硬盘设备是在虚拟机中模拟出来的，因此对读写速度的改善可能并不直观，因此接着讲解一下 RAID 磁盘阵列损坏后的处理方法，这样读者在步入运维岗位后遇到类似问题时，也可以轻松解决。

在确认有一块物理硬盘设备出现损坏而不能继续正常使用后，应该使用 mdadm 命令将其移除，然后查看 RAID 磁盘阵列的状态，可以发现状态已经改变。

【mdadm /dev/md0 -f /dev/sdb】
mdadm: set /dev/sdb faulty in /dev/md0
【mdadm -D /dev/md0】
/dev/md0:
Version : 1.2
…………省略部分内容…………
0 0 0 0 removed
1 8 32 1 active sync /dev/sdc
2 8 48 2 active sync /dev/sdd
3 8 64 3 active sync /dev/sde
0 8 16 - faulty   /dev/sdb

在 RAID 10 级别的磁盘阵列中，当 RAID 1 磁盘阵列中存在一个故障盘时并不影响 RAID 10 磁盘阵列的使用。当购买了新的硬盘设备后再使用 mdadm 命令予以替换即可，在此期间可以在 /RAID 目录中正常地创建或删除文件。由于是在虚拟机中模拟硬盘，所以先重启系统，然后再把新的硬盘添加到 RAID 磁盘阵列中。

【umount /RAID】
【mdadm /dev/md0 -a /dev/sdb】
【mdadm -D /dev/md0】
/dev/md0:
Version : 1.2
Creation Time : Mon Jan 30 00:08:56 2017

```
……………省略部分内容……………
Number  Major  Minor  RaidDevice State
   4      8     16       0     active sync /dev/sdb
   1      8     32       1     active sync /dev/sdc
   2      8     48       2     active sync /dev/sdd
   3      8     64       3     active sync /dev/sde
```
【mount －a】

3. 备份盘

RAID 10 磁盘阵列中最多允许 50％的硬盘设备发生故障,但是存在这样一种极端情况,即同一 RAID 1 磁盘阵列中的硬盘设备若全部损坏,也会导致数据丢失。换句话说,在 RAID 10 磁盘阵列中,如果 RAID 1 中的某一块硬盘出现了故障,而正在前往修复的路上,恰巧该 RAID 1 磁盘阵列中的另一块硬盘设备也出现故障,那么数据就被彻底丢失了。在这样的情况下,该怎么办呢?其实,完全可以使用 RAID 备份盘技术来预防这类事故。该技术的核心理念就是准备一块足够大的硬盘,这块硬盘平时处于闲置状态,一旦 RAID 磁盘阵列中有硬盘出现故障后则会马上自动顶替上去。

为了避免多个实验之间相互发生冲突,需要保证每个实验的相对独立性,为此需要读者自行将虚拟机还原到初始状态。另外,由于刚才已经演示了 RAID 10 磁盘阵列的部署方法,现在来看一下 RAID 5 的部署效果。部署 RAID 5 磁盘阵列时,至少需要用到 3 块硬盘,还需要再加一块备份硬盘,所以总计需要在虚拟机中模拟 4 块硬盘设备,如图 9-5 所示。

现在创建一个 RAID 5 磁盘阵列＋备份盘。在下面的命令中,参数-n 3 代表创建这个 RAID 5 磁盘阵列所需的硬盘数,参数-l 5 代表 RAID 的级别,而参数-x 1 则代表有一块备份盘。当查看/dev/md0(即 RAID 5 磁盘阵列的名称)磁盘阵列的时候就能看到有一块备份盘在等待中了。

```
【mdadm －Cv /dev/md0 －n 3 －l 5 －x 1 /dev/sdb /dev/sdc /dev/ sdd /dev/sde】
【mdadm －D /dev/md0】
/dev/md0:
   Version : 1.2
Creation Time : Fri May 8 09:20:35 2017
……………省略部分内容……………
Number  Major  Minor  RaidDevice State
   0      8     16       0     active sync /dev/sdb
   1      8     32       1     active sync /dev/sdc
   4      8     48       2     active sync /dev/sdd
   3      8     64       -     spare       /dev/sde
```

现在将部署好的 RAID 5 磁盘阵列格式化为 ext4 文件格式,然后挂载到目录上,之后就可以使用了。

```
mkfs.ext4 /dev/md0
echo "/dev/md0 /RAID ext4 defaults 0 0" >> /etc/fstab
mkdir /RAID
mount －a
```

最后来做验证。再次把硬盘设备/dev/sdb 移出磁盘阵列,然后迅速查看/dev/md0 磁盘阵列的状态,就会发现备份盘已经被自动顶替上去并开始了数据同步。RAID 中的这种备份盘技术非常实用,可以在保证 RAID 磁盘阵列数据安全性的基础上进一步提高数据可靠性,所以,强烈建议多购买一块备份盘以防万一。

【mdadm /dev/md0 -f /dev/sdb】
mdadm: set /dev/sdb faulty in /dev/md0
【mdadm -D /dev/md0】
/dev/md0:
        Version : 1.2
……………省略部分内容……………
         Events : 21
    Number   Major   Minor   RaidDevice State
       3   8   64   0   spare rebuilding   /dev/sde
       1   8   32   1   active sync   /dev/sdc
       4   8   48   2   active sync   /dev/sdd
       0   8   16   -   faulty   /dev/sdb

9.3 磁盘的逻辑卷组 LVM

逻辑卷组管理是 Linux 系统用于对硬盘分区进行管理的一种机制,理论性较强,其创建初衷是为了解决硬盘设备在创建分区后不易修改分区大小的缺陷。尽管对传统的硬盘分区进行强制扩容或缩容从理论上来讲是可行的,但是却可能造成数据的丢失。而 LVM 技术是在硬盘分区和文件系统之间添加了一个逻辑层,它提供了一个抽象的卷组,可以把多块硬盘进行卷组合并。这样一来,用户不必关心物理硬盘设备的底层架构和布局,就可以实现对硬盘分区的动态调整。LVM 的技术架构如图 9-7 所示。

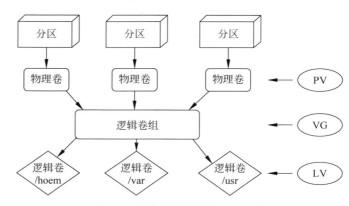

图 9-7　逻辑卷管理器的技术结构

物理卷处于 LVM 中的最底层,可以将其理解为物理硬盘、硬盘分区或者 RAID 磁盘阵列,这些都可以。卷组建立在物理卷之上,一个卷组可以包含多个物理卷,而且在卷组创建之后也可以继续向其中添加新的物理卷。逻辑卷是用卷组中空闲的资源建立的,并且逻辑卷在建立后可以动态地扩展或缩小空间。这就是 LVM 的核心理念。

1. 部署逻辑卷

一般而言,在生产环境中无法精确地评估每个硬盘分区在日后的使用情况,因此会导致原先分配的硬盘分区不够用。例如,伴随着业务量的增加,用于存放交易记录的数据库目录的体积也随之增加；因为分析并记录用户的行为从而导致日志目录的体积不断变大，这些都会导致原有的硬盘分区在使用上捉襟见肘。而且，还存在对较大的硬盘分区进行精简缩容的情况。

可以通过部署LVM来解决上述问题。部署LVM时，需要逐个配置物理卷、卷组和逻辑卷。常用的部署命令如表9-3所示。

表9-3 常用的LVM部署命令

功能\命令	建立	扫描	显示	删除	扩展	缩小
物理卷管理	pvcreate	pvscan	pvdisplay	pvremove		
卷组管理	vgcreate	vgscan	vgdisplay	vgremove	vgextend	vgreduce
逻辑卷管理	lvcreate	lvscan	lvdisplay	lvremove	lvextend	lvreduce

为了避免多个实验之间相互发生冲突，请读者自行将虚拟机还原到初始状态，并在虚拟机中添加两块新硬盘设备，然后开机，如图9-8所示。

图9-8 在虚拟机中添加两块新的硬盘设备

在虚拟机中添加两块新硬盘设备的目的，是为了更好地演示LVM理念中用户无须关心底层物理硬盘设备的特性。先对这两块新硬盘进行创建物理卷的操作，可以将该操作简单理解成让硬盘设备支持LVM技术，或者理解成是把硬盘设备加入LVM技术可用的硬件资源池中，然后对这两块硬盘进行卷组合并，卷组的名称可以由用户来自定义。接下来，根据需求把合并后的卷组切割出一个约为150MB的逻辑卷设备,最后把这个逻辑卷设备格式化成EXT4文件系统后挂载使用。下面是详细的操作步骤。

第1步:让新添加的两块硬盘设备支持LVM技术。

pvcreate /dev/sdb /dev/sdc

第2步:把两块硬盘设备加入storage卷组中,然后查看卷组的状态。

【vgcreate storage /dev/sdb /dev/sdc】
Volume group "storage" successfully created
【vgdisplay】

```
  --- Volume group ---
  VG Name               storage
  System ID
  Format                lvm2
  Metadata Areas        2
  Metadata Sequence No  1
  VG Access             read/write
  VG Status             resizable
  MAX LV                0
  Cur LV                0
  Open LV               0
  Max PV                0
  Cur PV                2
  Act PV                2
  VG Size               39.99 GiB
  PE Size               4.00 MiB
  Total PE              10238
  Alloc PE / Size       0 / 0
  Free  PE / Size       10238 / 39.99 GiB
  VG UUID               RUziyj-f2Jc-nDox-6DY7-7MEt-WFJR-7wkAHG
```
……………………省略部分输出信息……………………

第3步:切割出一个约为150MB的逻辑卷设备。

这里需要注意切割单位的问题。在对逻辑卷进行切割时有两种计量单位。第一种是以容量为单位,所使用的参数为-L。例如,使用-L 150M生成一个大小为150MB的逻辑卷。另外一种是以基本单元的个数为单位,所使用的参数为-l。每个基本单元的大小默认为4MB。例如,使用-l 38可以生成一个大小为38×4MB=152MB的逻辑卷。

【lvcreate -n vo -l 38 storage】
Logical volume "vo" created
【lvdisplay】

```
  --- Logical volume ---
  LV Path                /dev/storage/vo
  LV Name                vo
  VG Name                storage
  LV UUID                Yp9JO1-p1oh-5E2m-8WDh-6VS3-sffX-E1Cbxe
  LV Write Access        read/write
  LV Creation host, time linux-yhy, 2019-02-11 21:11:42 +0800
```

```
  LV Status              available
# open                   0
  LV Size                152.00 MiB
  Current LE             38
  Segments               1
  Allocation             inherit
  Read ahead sectors     auto
  - currently set to     8192
  Block device           253:2
```
………………省略部分输出信息………………

第 4 步：把生成好的逻辑卷进行格式化，然后挂载使用。

Linux 系统会把 LVM 中的逻辑卷设备存放在 /dev 设备目录中（实际上是做了一个符号链接），同时会以卷组的名称来建立一个目录，其中保存了逻辑卷的设备映射文件（即 /dev/卷组名称/逻辑卷名称）。

```
mkfs.ext4 /dev/storage/vo
mkdir /linux-yhy
mount /dev/storage/vo /linux-yhy
```

第 5 步：查看挂载状态，并写入配置文件，使其永久生效。

```
df -h
echo "/dev/storage/vo /linux-yhy ext4 defaults 0 0" >> /etc/fstab
```

2. 扩容逻辑卷

在前面的实验中，卷组是由两块硬盘设备共同组成的。用户在使用存储设备时感知不到设备底层的架构和布局，更不用关心底层是由多少块硬盘组成的，只要卷组中有足够的资源，就可以一直为逻辑卷扩容。扩展前一定要使卸载设备和挂载点关联。

```
umount /linux-yhy
```

第 1 步：把上一个实验中的逻辑卷 vo 扩展至 290MB。

```
lvextend -L 290M /dev/storage/vo
```

第 2 步：检查硬盘完整性，并重置硬盘容量。

```
e2fsck -f /dev/storage/vo
resize2fs /dev/storage/vo
```

第 3 步：重新挂载硬盘设备并查看挂载状态。

```
mount -a
df -h
```

3. 缩小逻辑卷

相较于扩容逻辑卷，在对逻辑卷进行缩容操作时，其丢失数据的风险更大。所以在生产环境中执行相应操作时，一定要提前备份好数据。另外，Linux 系统规定，在对 LVM 逻辑卷进行缩容操作之前，要先检查文件系统的完整性（当然这也是为了保证数据的安全）。在执行缩容操作前一定要先把文件系统卸载掉。

umount /linux-yhy

第 1 步：检查文件系统的完整性。

e2fsck -f /dev/storage/vo

第 2 步：把逻辑卷 vo 的容量减小到 120MB。

resize2fs /dev/storage/vo 120M
lvreduce -L 120M /dev/storage/vo

第 3 步：重新挂载文件系统并查看系统状态。

mount -a
df -h

4. 逻辑卷快照

LVM 还具备有"快照卷"功能，该功能类似于虚拟机软件的还原时间点功能。例如，可以对某一个逻辑卷设备做一次快照，如果日后发现数据被改错了，就可以利用之前做好的快照卷进行覆盖还原。LVM 的快照卷功能有以下两个特点。

（1）快照卷的容量必须等同于逻辑卷的容量；
（2）快照卷仅一次有效，一旦执行还原操作后则会被立即自动删除。
首先查看卷组的信息。

```
【vgdisplay】
 --- Volume group ---
 VG Name               storage
 System ID
 Format                lvm2
 Metadata Areas        2
 Metadata Sequence No  4
 VG Access             read/write
 VG Status             resizable
 MAX LV                0
 Cur LV                1
 Open LV               1
 Max PV                0
 Cur PV                2
 Act PV                2
 VG Size               39.99 GiB
 PE Size               4.00 MiB
 Total PE              10238
 Alloc PE / Size       30 / 120.00 MiB Free PE / Size 10208 / 39.88 GiB
 VG UUID               CTaHAK-0TQv-Abdb-R830-RU6V-YYkx-8o2R0e
……………………省略部分输出信息………………
```

通过卷组的输出信息可以清晰地看到，卷组中已经使用了 120MB 的容量，空闲容量还有 39.88GB。接下来用重定向往逻辑卷设备所挂载的目录中写入一个文件。

【echo "Welcome to Linux-yhy.com" > /linux-yhy/readme.txt】
【ls -l /linux-yhy】

```
total 14
drwx------. 2 root root 12288 Feb 1 07:18 lost+found
-rw-r--r--. 1 root root    26 Feb 1 07:38 readme.txt
```

第 1 步：使用 -s 参数生成一个快照卷，使用 -L 参数指定切割的大小。另外，还需要在命令后面写上是针对哪个逻辑卷执行的快照操作。

【lvcreate -L 120M -s -n SNAP /dev/storage/vo】
  Logical volume "SNAP" created
【lvdisplay】
  --- Logical volume ---
  LV Path /dev/storage/SNAP
  LV Name SNAP
  VG Name storage
  LV UUID BC7WKg-fHoK-Pc7J-yhSd-vD7d-lUnl-TihKlt
  LV Write Access read/write
  LV Creation host, time localhost.localdomain, 2017-02-01 07:42:31 -0500
  LV snapshot status active destination for vo
  LV Status available
  # open 0
  LV Size 120.00 MiB
  Current LE 30
  COW-table size 120.00 MiB
  COW-table LE 30
  Allocated to snapshot 0.01%
  Snapshot chunk size 4.00 KiB
  Segments 1
  Allocation inherit
  Read ahead sectors auto
  - currently set to 8192
  Block device 253:3
  ………………省略部分输出信息………………

第 2 步：在逻辑卷所挂载的目录中创建一个 100MB 的垃圾文件，然后再查看快照卷的状态。可以发现存储空间占的用量上升了。

【dd if=/dev/zero of=/linux-yhy/files count=1 bs=100M】
【lvdisplay】
  --- Logical volume ---
  LV Path /dev/storage/SNAP
  LV Name SNAP
  VG Name storage
  LV UUID BC7WKg-fHoK-Pc7J-yhSd-vD7d-lUnl-TihKlt
  LV Write Access read/write
  LV Creation host, time localhost.localdomain, 2017-02-01 07:42:31 -0500
  LV snapshot status active destination for vo
  LV Status available
  # open 0
  LV Size 120.00 MiB
  Current LE 30
  COW-table size 120.00 MiB

```
COW-table LE 30
Allocated to snapshot 83.71%
Snapshot chunk size 4.00 KiB
Segments 1
Allocation inherit
Read ahead sectors auto
 - currently set to 8192
Block device 253:3
```

第 3 步：为了校验 SNAP 快照卷的效果，需要对逻辑卷进行快照还原操作。在此之前一定要先卸载掉逻辑卷设备与目录的挂载。

```
umount /linux-yhy
lvconvert -- merge /dev/storage/SNAP
```

第 4 步：快照卷会被自动删除掉，并且刚刚在逻辑卷设备被执行快照操作后再创建出来的 100MB 的垃圾文件也被清除了。

【mount -a】
【ls /linux-yhy/】
lost+found readme.txt

5. 删除逻辑卷

当生产环境中想要重新部署 LVM 或者不再需要使用 LVM 时，则需要执行 LVM 的删除操作。为此，需要提前备份好重要的数据信息，然后依次删除逻辑卷、卷组、物理卷设备，这个顺序不可颠倒。

第 1 步：取消逻辑卷与目录的挂载关联，删除配置文件中永久生效的设备参数。

```
umount /linux-yhy
vim /etc/fstab
```

删除"dev/storage/vo /linuxprobe ext4 defaults 0 0"。

第 2 步：删除逻辑卷设备，需要输入 y 来确认操作。

【lvremove /dev/storage/vo】
Do you really want to remove active logical volume vo? [y/n]: y
 Logical volume "vo" successfully removed

第 3 步：删除卷组，此处只写卷组名称即可，不需要设备的绝对路径。

【vgremove storage】
 Volume group "storage" successfully removed

第 4 步：删除物理卷设备。

【pvremove /dev/sdb /dev/sdc】
 Labels on physical volume "/dev/sdb" successfully wiped
 Labels on physical volume "/dev/sdc" successfully wiped

在上述操作执行完毕之后，再执行 lvdisplay、vgdisplay、pvdisplay 命令来查看 LVM 的信息时就不会再看到信息了（前提是上述步骤的操作是正确的）。

9.4　软硬方式链接

在 Windows 系统中,快捷方式是指向原始文件的一个链接文件,可以让用户从不同的位置来访问原始的文件;原文件一旦被删除或剪切到其他地方后,会导致链接文件失效。

Linux 系统中的"快捷方式"称为"链接",在 Linux 系统中存在硬链接和软链接两种文件。

(1) 硬链接:可以将它理解为一个"指向原始文件 inode 的指针",系统不为它分配独立的 inode 和文件。所以,硬链接文件与原始文件其实是同一个文件,只是名字不同。每添加一个硬链接,该文件的 inode 连接数就会增加 1;而且只有当该文件的 inode 连接数为 0 时,才算彻底将它删除。换言之,由于硬链接实际上是指向原文件 inode 的指针,因此即便原始文件被删除,依然可以通过硬链接文件来访问。需要注意的是,由于技术的局限性,不能跨分区对目录文件进行链接。

(2) 软链接(也称为符号链接):仅包含所链接文件的路径名,因此能链接目录文件,也可以跨越文件系统进行链接。但是,当原始文件被删除后,链接文件也将失效,从这一点上来说与 Windows 系统中的"快捷方式"具有一样的性质。

ln 命令用于创建链接文件,格式为:ln [选项] 目标。其可用的参数以及作用如表 9-4 所示。在使用 ln 命令时,根据是否添加-s 参数,将创建出性质不同的两种"快捷方式"。

表 9-4　ln 命令中可用的参数以及作用

参　　数	作　　用
-s	创建"符号链接"(如果不带-s 参数,则默认创建硬链接)
-f	强制创建文件或目录的链接
-i	覆盖前先询问
-v	显示创建链接的过程

为了更好地理解软链接、硬链接的不同性质,接下来创建一个类似于 Windows 系统中快捷方式的软链接。这样,当原始文件被删除后,就无法读取新建的链接文件了。

【echo "Welcome to linux-yhy.com" > readme.txt】
【ln -s readme.txt readit.txt】
【cat readme.txt】
Welcome to linux-yhy.com
【cat readit.txt】
Welcome to linux-yhy.com
【ls -l readme.txt】
-rw-r--r-- 1 root root 26 Jan 11 00:08 readme.txt
【rm -f readme.txt】
【cat readit.txt】
cat: readit.txt: No such file or directory

接下来针对一个原始文件创建一个硬链接,即相当于针对原始文件的硬盘存储位置创建了一个指针,这样一来,新创建的这个硬链接就不再依赖于原始文件的名称等信息,也不会因为原始文件的删除而导致无法读取。同时可以看到创建硬链接后,原始文件的硬盘链接数量增加到了2。

```
【echo "Welcome to linux-yhy.com" > readme.txt】
【ln readme.txt readit.txt】
【cat readme.txt】
Welcome to linux-yhy.com
【cat readit.txt】
Welcome to linux-yhy.com
【ls -l readme.txt】
-rw-r--r-- 2 root root 26 Jan 11 00:13 readme.txt
【rm -f readme.txt】
【cat readit.txt】
Welcome to linux-yhy.com
```

习 题

1. RAID 技术主要是为了解决什么问题呢？
2. RAID 0 和 RAID 5 哪个更安全？
3. 假设使用 4 块硬盘来部署 RAID 10 方案，外加一块备份盘，最多可以允许几块硬盘同时损坏呢？
4. LVM 对逻辑卷的扩容和缩容操作有何异同点呢？

第 10 章　配置网络存储 iSCSI 服务

iSCSI 是一种在 Internet 协议上,特别是以太网上进行数据块传输的标准,它是一种基于 IP 存储理论的新型存储技术。该技术将存储行业广泛应用的 SCSI 接口技术与 IP 网络技术相结合,可以在 IP 网络上构建 SAN 存储区域网。简单地说,iSCSI 就是在 IP 网络上运行 SCSI 协议的一种网络存储技术。

iSCSI(internet SCSI)支持从客户端(发起端)通过 IP 向远程服务器上的 iSCSI 存储设备(目标)发送 SCSI 命令。iSCSI 限定名称用于确定发起端和目标,并采用 iqn.yyyy-mm.{reverse domain}:label 的格式。默认情况下,网络通信时使用 iSCSI 目标上的端口 3260/tcp 明文端口。iSCSI 技术实现了物理硬盘设备与 TCP/IP 的相互结合,使得用户可以通过 Internet 方便地访问远程机房提供的共享存储资源。

本章将介绍在 Linux 系统上部署 iSCSI 服务端程序,并分别基于 Linux 系统和 Windows 系统来访问远程的存储资源。进一步理解和掌握如何在 Linux 系统中管理硬盘设备和存储资源,为今后走向服务器运维管理岗位打下坚实的基础。

10.1　iSCSI 技术概述

iSCSI(internet Small Computer System Interface,互联网小型计算机系统接口),又称为 IP-SAN,是一种基于 Internet 及 SCSI-3 协议的存储技术,由 IETF 提出,并于 2003 年 2 月 11 日成为正式标准。

下面将简单介绍一下 iSCSI 技术在生产环境中的优势和劣势。首先,iSCSI 存储技术非常便捷,在访问存储资源的形式上发生了很大变化,摆脱了物理环境的限制,同时还可以把存储资源分给多个服务器共同使用,因此是一种非常推荐使用的存储技术。但是,iSCSI 存储技术受到了网速的制约。以往,硬盘设备直接通过主板上的总线进行数据传输,现在则需要让互联网作为数据传输的载体和通道,因此传输速率和稳定性是 iSCSI 技术的瓶颈。随着网络技术的持续发展,相信 iSCSI 技术也会随之得以改善。

既然要通过以太网来传输硬盘设备上的数据,那么数据是通过网卡传入计算机中的吗?这就有必要介绍一下 iSCSI-HBA 卡了(如图 10-1 所示)。

与一般的网卡不同(连接网络总线和内存,供计算机上网使用),iSCSI-HBA 卡

图 10-1　iSCSI-HBA 卡实物图

连接的则是 SCSI 接口或 FC（光纤通道）总线和内存，专门用于在主机之间交换存储数据，其使用的协议也与一般网卡有本质的不同。运行 Linux 系统的服务器会基于 iSCSI 协议把硬盘设备命令与数据打包成标准的 TCP/IP 数据包，然后通过以太网传输到目标存储设备，而当目标存储设备接收到这些数据包后，还需要基于 iSCSI 协议把 TCP/IP 数据包解压成硬盘设备命令与数据。

10.2　创建 RAID 磁盘阵列

既然要使用 iSCSI 存储技术为远程用户提供共享存储资源，首先要保障用于存放资源的服务器的稳定性与可用性，否则一旦在使用过程中出现故障，则维护的难度相较于本地硬盘设备要更加复杂、困难。下面以配置 RAID 5 磁盘阵列组为例进行讲解。

首先在虚拟机中添加 4 块新硬盘，用于创建 RAID 5 磁盘阵列和备份盘，然后启动虚拟机系统，使用 mdadm 命令创建 RAID 磁盘阵列。其中，-Cv 参数为创建阵列并显示过程，/dev/md0 为生成的阵列组名称，-n 3 参数为创建 RAID 5 磁盘阵列所需的硬盘个数，-l 5 参数为 RAID 磁盘阵列的级别，-x 1 参数为磁盘阵列的备份盘个数。在命令后面要逐一写上使用的硬盘名称。

```
mdadm -Cv /dev/md0 -n 3 -l 5 -x 1 /dev/sdb /dev/sdc /dev/sdd /dev/sde
```

在上述命令成功执行之后，得到一块名称为 /dev/md0 的新设备，这是一块 RAID 5 级别的磁盘阵列，并且还有一块备份盘。可使用"mdadm -D /dev/md0"命令来查看设备的详细信息，如图 10-2 所示。

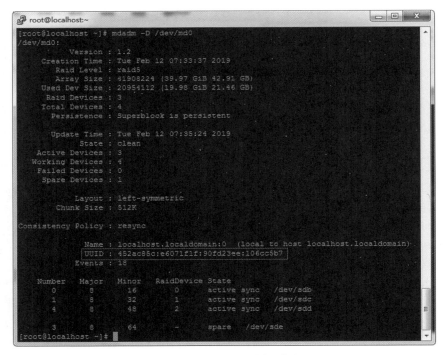

图 10-2　磁盘整列的详细信息

另外，由于在使用远程设备时极有可能出现设备识别顺序发生变化的情况，因此，如果直接在 fstab 挂载配置文件中写入/dev/sdb、/dev/sdc 等设备名称，就有可能在下一次挂载了错误的存储设备。而值是设备的唯一标识符，用于精确标识硬件设备。所以强烈建议填写 UUID 的值到挂载配置文件中。

10.3　iSCSI 服务器搭建

iSCSI 技术在工作形式上分为服务端（target）与客户端（initiator）。iSCSI 服务端即用于存放硬盘存储资源的服务器，它作为前面创建的 RAID 磁盘阵列的存储端，能够为用户提供可用的存储资源。iSCSI 客户端则是用户使用的软件，用于访问远程服务端的存储资源。下面按照表 10-1 配置 iSCSI 服务端和客户端所用操作系统以及 IP 地址。

表 10-1　iSCSI 服务端和客户端的操作系统以及 IP 地址

主 机 名 称	操 作 系 统	IP 地址
iSCSI 服务端	CentOS 7	192.168.88.188
iSCSI 客户端	CentOS 7	192.168.88.20

第 1 步：安装服务。

配置好 YUM 软件仓库后安装 iSCSI 服务端程序以及配置命令工具。通过在 yum 命令的后面添加-y 参数，在安装过程中就不需要再进行人工确认了。

```
yum -y install targetd targetcli
```

安装完成后启动 iSCSI 的服务端进程 targetd，然后把这个服务进程加入开机启动项中，以便下次在服务器重启后依然能够为用户提供 iSCSI 共享存储资源服务。

```
systemctl start targetd
systemctl enable targetd
```

第 2 步：配置 iSCSI 服务端共享资源。

targetcli 是用于管理 iSCSI 服务端存储资源的专用配置命令，它能够提供类似于 fdisk 命令的交互式配置功能，将 iSCSI 共享资源的配置内容抽象成"目录"的形式，只需将各类配置信息填入相应的"目录"中即可。这里的难点主要在于认识每个"参数目录"的作用。当把配置参数正确地填写到"目录"中后，iSCSI 服务端也可以提供共享资源服务了。

在执行 targetcli 命令后就能看到交互式的配置界面了。在该界面中可以使用很多 Linux 命令，例如利用 ls 查看目录参数的结构，使用 cd 切换到不同的目录中。/backstores/block 是 iSCSI 服务端配置共享设备的位置。需要把刚刚创建的 RAID 5 磁盘阵列 md0 文件加入配置共享设备的"资源池"中，并将该文件重新命名为 disk0，这样用户就不会知道是由服务器中的哪块硬盘来提供共享存储资源，而只会看到一个名为 disk0 的存储设备，如图 10-3 所示。

本案例在进入 targetcli 交互式的配置界面后所需的所有命令如下。

```
targetcli
ls
```

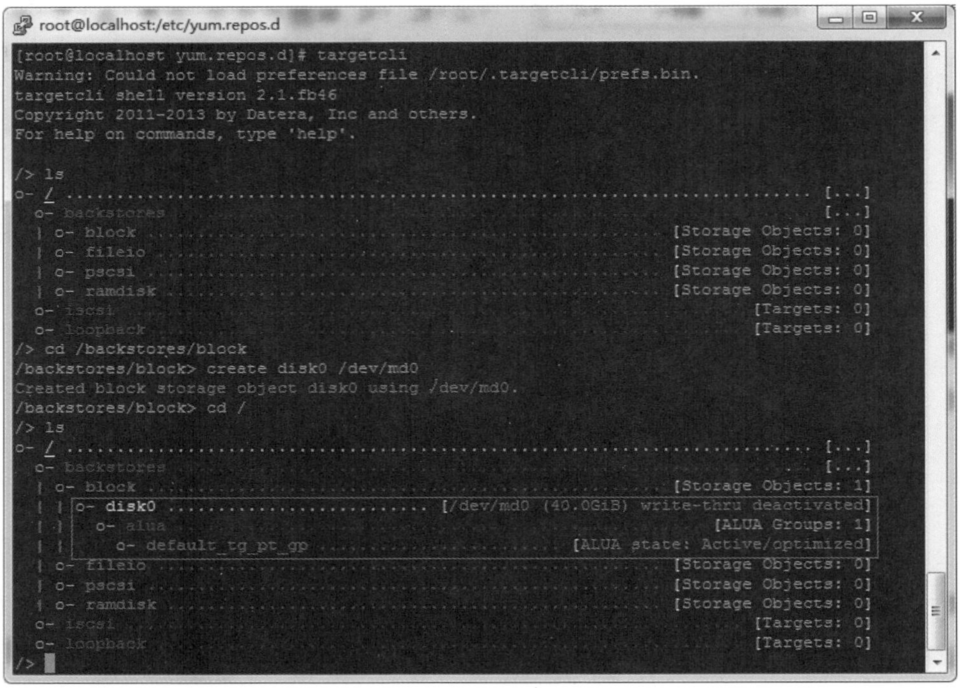

图 10-3 配置 iSCSI 服务端共享资源

```
cd /backstores/block
create disk0 /dev/md0
cd /
ls
```

第 3 步：创建 iSCSI target 名称及配置共享资源。

iSCSI target 名称是由系统自动生成的，这是一串用于描述共享资源的唯一字符串。稍后用户在扫描 iSCSI 服务端时即可看到这个字符串，因此不需要记住它。系统在生成这个 target 名称后，还会在/iscsi 参数目录中创建一个与其字符串同名的新"目录"用来存放共享资源。需要把前面加入 iSCSI 共享资源池中的硬盘设备添加到这个新目录中，这样用户在登录 iSCSI 服务端后，即可默认使用这个硬盘设备提供的共享存储资源了，如图 10-4 所示。

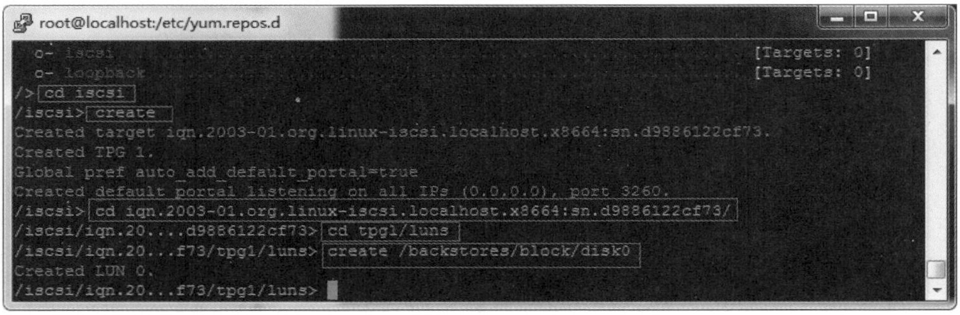

图 10-4 创建 iSCSI target 名称及配置共享资源

本案例在进入 targetcli 交互式的配置界面后所需的所有命令如下。

```
targetcli
cd iscsi
create
cd iqn.2003-01.org.linux-iscsi.localhost.x8664:sn.d9886122cf73/注意 iqn 的值为上一步产
生的,直接复制后去掉最后的点,然后加斜杠
cd tpg1/luns
create /backstores/block/disk0
```

第 4 步：设置访问控制列表。

iSCSI 协议是通过客户端名称进行验证的,也就是说,用户在访问存储共享资源时不需要输入密码,只要 iSCSI 客户端的名称与服务端中设置的访问控制列表中某一名称条目一致即可,因此需要在 iSCSI 服务端的配置文件中写入一串能够验证用户信息的名称。acls 参数目录用于存放能够访问 iSCSI 服务端共享存储资源的客户端名称。所以笔者推荐在刚刚系统生成的 iSCSI target 后面追加上类似于:client 的参数,这样既能保证客户端的名称具有唯一性,又非常便于管理和阅读,如图 10-5 所示。

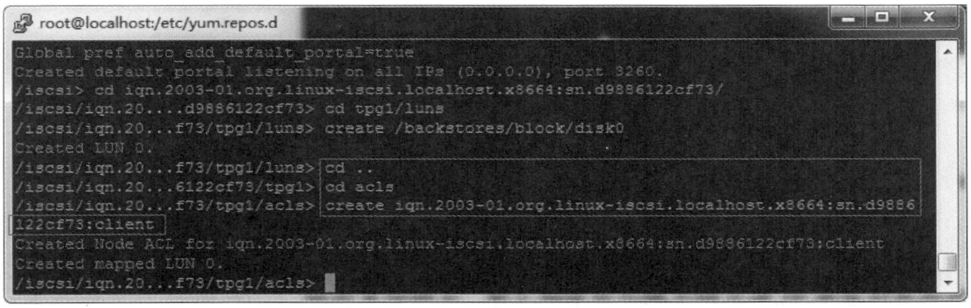

图 10-5　设置访问控制列表(ACL)

本案例在进入 targetcli 交互式的配置界面后所需的所有命令如下。

```
cd ..
cd acls
create iqn.2003-01.org.linux-iscsi.localhost.x8664:sn.d9886122cf73:client
```

第 5 步：设置 iSCSI 服务端的监听 IP 地址和端口号。

位于生产环境中的服务器上可能有多块网卡,那么到底是由哪个网卡或 IP 地址对外提供共享存储资源呢？这就需要在配置文件中手动定义 iSCSI 服务端的信息,即在 portals 参数目录中写上服务器的 IP 地址,如图 10-6 所示。

接下来将由系统自动开启服务器 192.168.88.188 的 3260 端口向外提供 iSCSI 共享存储资源服务。

本案例在进入 targetcli 交互式的配置界面后所需的所有命令如下。

```
cd ..
cd portals
create 192.168.88.188
```

备注：在运行最后一条命令时,笔者的系统提示错误"Could not create NetworkPortal in

configFS",出现这一错误提示的原因是已经存在一个 IP 和端口,使用命令 "delete 0.0.0.0 3260" 删掉就行,然后再重新创建即可。

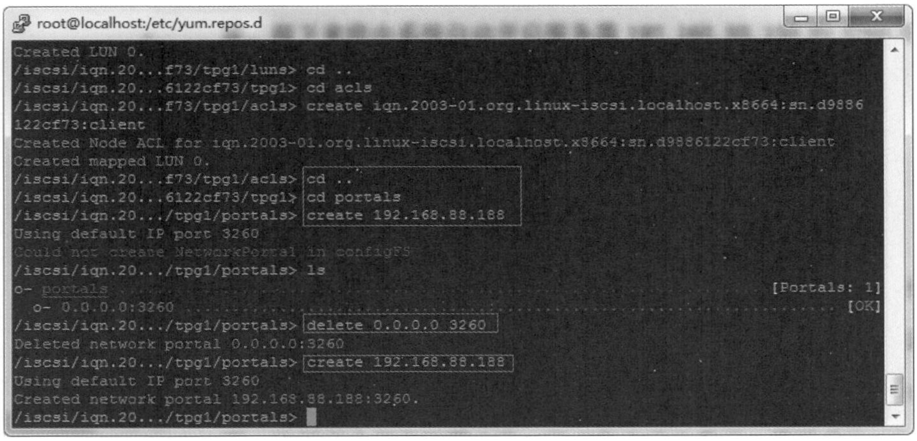

图 10-6　设置 iSCSI 服务端的监听 IP 地址和端口号

第 6 步：应用配置。

配置妥当后检查配置信息,重启 iSCSI 服务端程序并配置防火墙策略。在参数文件配置妥当后,使用 "ls /" 命令可以浏览刚刚配置的信息,确保与下面的信息基本一致,如图 10-7 所示。

图 10-7　查看配置结果信息并退出

在确认信息无误后输入 "exit" 命令来退出配置。注意,千万不要习惯性地按 Ctrl+C 组合键结束进程,这样不会保存配置文件,前期的工作也就白费了。最后重启 iSCSI 服务端程序,再设置 firewalld 防火墙策略,使其放行 3260/tcp 端口号的流量。

```
systemctl restart targetd 重启 iSCSI 服务端程序
```

firewall-cmd --permanent --add-port=3260/tcp 设置 firewalld 防火墙策略,使其放行 3260/tcp 端口号的流量
firewall-cmd --reload 重启防火墙

iSCSI 服务端的配置至此全部完成。

10.4　Linux 客户端配置

在 CentOS 7 系统中,已经默认安装了 iSCSI 客户端服务程序 initiator。如果读者的系统没有安装,可以使用 YUM 软件仓库手动安装。

```
yum install iscsi-initiator-utils
```

前面讲到,iSCSI 协议是通过客户端的名称来进行验证,而该名称也是 iSCSI 客户端的唯一标识,而且必须与服务端配置文件中访问控制列表中的信息一致,否则客户端在尝试访问存储共享设备时,系统会弹出验证失败的保存信息。

下面编辑 iSCSI 客户端中的 initiator 名称文件,把服务端的访问控制列表名称填写进来,然后重启客户端 iscsid 服务程序并将其加入开机启动项中。

```
[vim /etc/iscsi/initiatorname.iscsi]
InitiatorName=iqn.2003-01.org.linux-iscsi.localhost.x8664:sn.d9886122cf73:client
[systemctl restart iscsid]
[systemctl enable iscsid]
```

iSCSI 客户端访问并使用共享存储资源的步骤很简单,只需要记住:"先发现,再登录,最后挂载并使用"。iscsiadm 是用于管理、查询、插入、更新或删除 iSCSI 数据库配置文件的命令行工具,用户需要先使用这个工具扫描发现远程 iSCSI 服务端,然后查看找到的服务端上有哪些可用的共享存储资源。其中,-m discovery 参数的目的是扫描并发现可用的存储资源,-t st 参数为执行扫描操作的类型,-p 192.168.88.188 参数为 iSCSI 服务端的 IP 地址。

```
iscsiadm -m discovery -t st -p 192.168.88.188
192.168.88.188:3260,1 iqn.2003-01.org.linux-iscsi.localhost.x8664:sn.d9886122cf73
```

在使用 iscsiadm 命令发现了远程服务器上可用的存储资源后,接下来准备登录 iSCSI 服务端。其中,-m node 参数为将客户端所在主机作为一台节点服务器,-T iqn.2003-01.org.linux-iscsi.localhost.x8664:sn.d9886122cf73 参数为要使用的存储资源,-p 192.168.88.188 参数依然为对方 iSCSI 服务端的 IP 地址。最后使用--login 或-l 参数进行登录验证,如图 10-8 所示。

```
[root@localhost yum.repos.d]# iscsiadm -m node -T iqn.2003-01.org.linux-iscsi.localhost.x8664:sn.d9886122cf73 -p 192.168.88.188 --login
Logging in to [iface: default, target: iqn.2003-01.org.linux-iscsi.localhost.x8664:sn.d9886122cf73, portal: 192.168.88.188,3260] (multiple)
Login to [iface: default, target: iqn.2003-01.org.linux-iscsi.localhost.x8664:sn.d9886122cf73, portal: 192.168.88.188,3260] successful.
[root@localhost yum.repos.d]#
```

图 10-8　登录验证

```
iscsiadm -m node -T iqn.2003-01.org.linux-iscsi.localhost.x8664:sn.d9886122cf73 -p 192.168.88.188 --login
```

在 iSCSI 客户端成功登录之后，会在客户端主机上多出一块名为/dev/sdb 的设备文件。接下来可以像使用本地主机上的硬盘那样来操作这个设备文件了。

【file /dev/sdb】
/dev/sdb: block special

下面进入标准的磁盘操作流程。考虑到读者已经在第 8 章学习了这部分内容，外加这个设备文件本身只有 40GB 的容量，因此不再进行分区，而是直接格式化并挂载使用，如图 10-9 所示。

```
mkfs.xfs /dev/sdb
mkdir /iscsi
mount /dev/sdb /iscsi
df -h
```

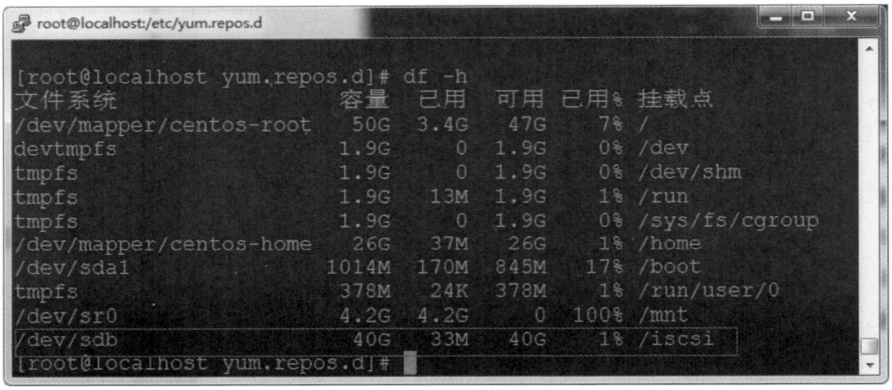

图 10-9　查看磁盘分区与挂载情况

从此以后，这个设备文件就如同是客户端本机主机上的硬盘那样工作。需要提醒读者的是，由于 udev 服务是按照系统识别硬盘设备的顺序来命名硬盘设备的，当客户端主机同时使用多个远程存储资源时，如果下一次识别远程设备的顺序发生了变化，则客户端挂载目录中的文件也将随之混乱。为了防止发生这样的问题，应该在/etc/fstab 配置文件中使用设备的 UUID 唯一标识符进行挂载，这样，不论远程设备资源的识别顺序再怎么变化，系统也能正确找到设备所对应的目录。

blkid 命令用于查看设备的名称、文件系统及 UUID。可以使用管道符进行过滤，只显示与/dev/sdb 设备相关的信息。

```
blkid | grep /dev/sdb
```

备注：由于/dev/sdb 是一块网络存储设备，而 iSCSI 协议是基于 TCP/IP 网络传输数据的，因此必须在/etc/fstab 配置文件中添加上 _netdev 参数，表示当系统联网后再进行挂载操作，以免系统开机时间过长或开机失败。

通过 vim /etc/fstab 命令编辑/etc/fstab 文件，在最末行添加如下行：

```
UUID=35c890c5-253a-418b-b4c3-0bbfa68f262c /iscsi  xfs  defaults,_netdev  0 0
```

如果不再需要使用 iSCSI 共享设备资源了,可以用 iscsiadm 命令的-u 参数将其设备卸载。

```
iscsiadm -m node -T iqn.2003-01.org.linux-iscsi.localhost.x8664:sn.d9886122cf73 -u
```

10.5　Windows 客户端配置

使用 Windows 系统的客户端也可以正常访问 iSCSI 服务器上的共享存储资源,而且操作原理及步骤与 Linux 系统的客户端基本相同。在进行下面的实验之前,请先关闭 Linux 系统客户端,以免这两台客户端主机同时使用 iSCSI 共享存储资源而产生潜在问题。下面按照表 10-2 来配置 iSCSI 服务器和 Windows 客户端所用的 IP 地址。

表 10-2　iSCSI 服务器和客户端的操作系统以及 IP 地址

主 机 名 称	操 作 系 统	IP 地 址
iSCSI 服务器	CentOS 7	192.168.88.188
Windows 系统客户端	Windows 7	192.168.88.30

第 1 步:运行 iSCSI 发起程序。在 Windows 7 操作系统中已经默认安装了 iSCSI 客户端程序,只需在控制面板中找到"系统和安全",然后单击"管理工具"进入"管理工具"页面后即可看到"iSCSI 发起程序"。也可直接在控制面板中查找"iSCSI"关键字,如图 10-10 所示。

图 10-10　在控制面板中查找"iSCSI 发起程序"

单击"设置 iSCSI 发起程序"。在第一次运行 iSCSI 发起程序时,系统会提示"Microsoft iSCSI 服务端未运行",单击"是"按钮即可自动启动并运行 iSCSI 发起程序。

第 2 步:扫描发现 iSCSI 服务端上可用的存储资源。不论是 Windows 系统还是 Linux 系统,要想使用 iSCSI 共享存储资源都必须先进行扫描发现操作。运行 iSCSI 发起程序后在"目标"选项卡的"目标"文本框中写入 iSCSI 服务端的 IP 地址,然后单击"快速连接"按钮,如图 10-11 所示。

在弹出的"快速连接"对话框中可看到共享的硬盘存储资源,单击"完成"按钮即可,如图 10-12 所示。

回到"目标"选项卡,可以看到共享存储资源的名称已经出现,如图 10-13 所示。

第 3 步:准备连接 iSCSI 服务端的共享存储资源。由于在 iSCSI 服务端程序上设置了

ACL，使得只有客户端名称与 ACL 策略中的名称保持一致时才能使用远程存储资源，因此需要在"配置"选项卡中单击"更改"按钮，把 iSCSI 发起程序的名称修改为服务端 ACL 所定义的名称，如图 10-14 所示。

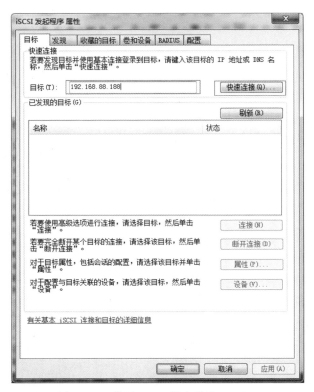

图 10-11　填写 iSCSI 服务端的 IP 地址

图 10-12　"快速连接"对话框

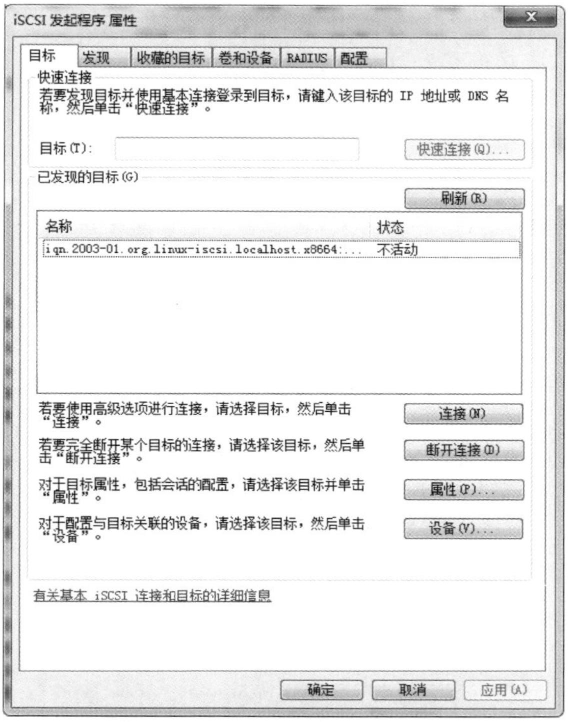

图 10-13 "目标"选项卡

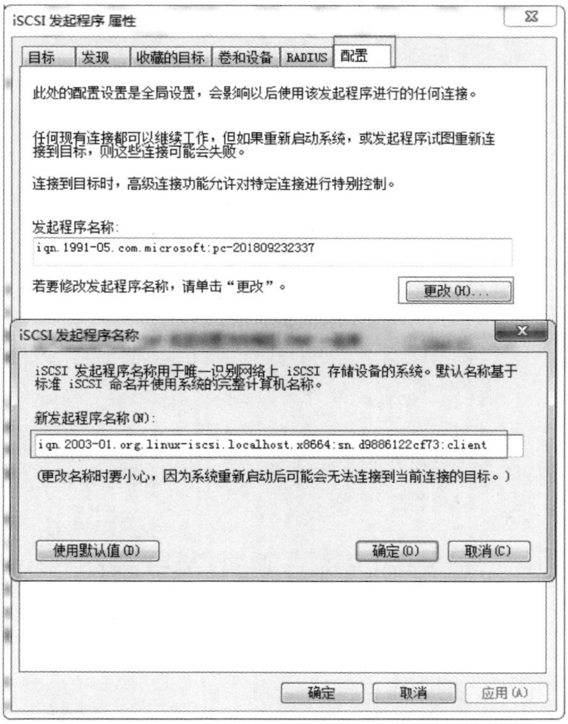

图 10-14 修改 iSCSI 发起程序的名称

在确认客户端发起程序的名称修改正确后即可返回到"目标"选项卡中,然后单击"连接"按钮进行连接请求,成功连接到远程共享存储资源的界面如图 10-15 所示。

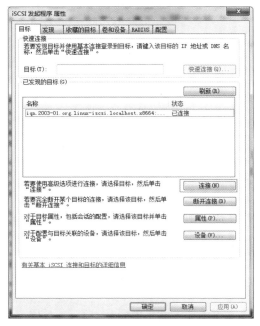

图 10-15　成功连接到远程共享存储资源

第 4 步：访问 iSCSI 远程共享存储资源。右键单击桌面上的"计算机"图标,打开计算机管理程序,然后选择"存储"下的"磁盘管理"。

开始对磁盘进行初始化操作,如图 10-16 所示。

图 10-16　计算机管理程序的界面

Windows 系统的初始化过程如图 10-17～图 10-23 所示。

图 10-17　对磁盘设备进行初始化操作

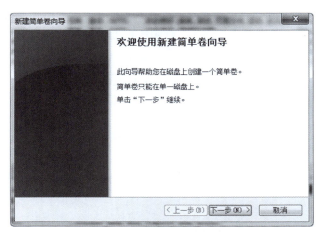

图 10-18　开始使用"新建简单卷向导"

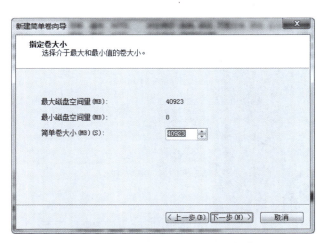

图 10-19　对磁盘设备进行分区操作

图 10-20　设置系统中显示的盘符

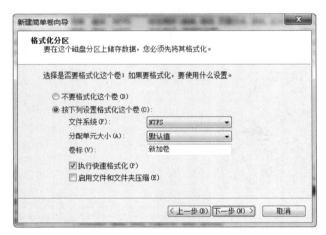

图 10-21　设置磁盘设备的格式以及卷标

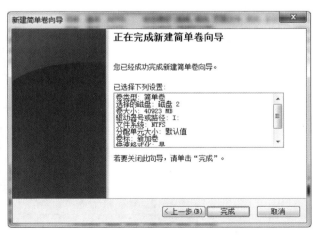

图 10-22　检查磁盘初始化信息是否正确

图 10-23　磁盘初始化完毕后弹出设备图标

习　　题

一、填空题

1. 在 Linux 系统中，iSCSI 服务端和 iSCSI 客户端所使用的服务程序分别叫（　　）、（　　）。

2. iSCSI 协议占用的服务器协议和端口号分别是（　　）、（　　）。

3. 在使用 Windows 系统访问 iSCSI 共享存储资源时，它有两个步骤与 Linux 系统是一样的，分别是（　　）、（　　）。

二、简答

用户在填写 fstab 设备挂载配置文件时，一般会把远程存储资源的 UUID（而非设备的名称）填写到配置文件中。这是为什么？

第 11 章　配置与应用 DHCP 服务

DHCP(Dynamic Host Configuration Protocol,动态主机配置协议)是一个简化主机 IP 地址分配管理的 TCP/IP。只要在网络中安装和配置了 DHCP 服务器,用户就不再需要自行输入任何数据,就可以将一台计算机接入网络中,所有入网的必要参数(包括 IP 地址、子网掩码、默认网关、DNS 服务器的地址等)的设置都可交给 DHCP 服务器负责,它会自动地为用户计算机配置好。DHCP 服务器的部署可以有效地提升 IP 地址的利用率,提高配置效率,并降低管理与维护成本。

本章详细讲解了在 Linux 系统中配置部署 dhcpd 服务程序的方法,剖析了 dhcpd 服务程序配置文件内每个参数的作用,并通过自动分配 IP 地址、绑定 IP 地址与 MAC 地址等实验,让各位读者更直观地体会 DHCP 的强大之处。

11.1　DHCP 服务器工作原理

动态主机配置协议 DHCP 基于客户机/服务器模式,当 DHCP 客户端启动时,它会自动与 DHCP 服务器通信,由 DHCP 服务器为 DHCP 客户端提供自动分配 IP 地址的服务。安装了 DHCP 服务软件的服务器称为 DHCP 服务器,而启用了 DHCP 功能的客户机称为 DHCP 客户端。

DHCP 服务器是以地址租约的方式为 DHCP 客户端提供服务的,它有以下两种方式。

(1) 限定租期:这种方式是一种动态分配的方式,可以很好地解决 IP 地址不够用的问题。

(2) 永久租用:采用这种方式的前提是公司中的 IP 地址足够使用,这样 DHCP 客户端就不必频繁地向 DHCP 服务器提出续约请求。

DHCP 客户机申请一个新的 IP 地址的总体过程如图 11-1 所示。

从图 11-1 中可以看出,DHCP 服务工作分为以下六个阶段。

(1) 发现阶段:即 DHCP 客户端寻找 DHCP 服务端的过程,对应于客户端发送 DHCP 发现(Discovery)报文,因为 DHCP 服务器对应于 DHCP 客户端是未知的,所以 DHCP 客户端发出的 DHCP 发现(Discovery)报文是广播包,源地址为 0.0.0.0,目的地址为 255.255.255.255。如果同一个网络内没有 DHCP 服务器,而该网关接口配置了 DHCP 中继(Relay)功能,则该接口即为 DHCP 中继。DHCP 中继会将该 DHCP 报文的源 IP 地址修改为该接口的 IP 地址,而目的地址则为 DHCP 中继(Relay)配置的 DHCP 服务器的 IP 地址。

(2) 应答阶段:网络上的所有支持 TCP/IP 的主机都会收到该 DHCP 发现报文,但是只有 DHCP 服务器会响应该报文。如果网络中存在多个 DHCP 服务器,则多个 DHCP 服务器均会回复该 DHCP 发现(Discovery)报文。

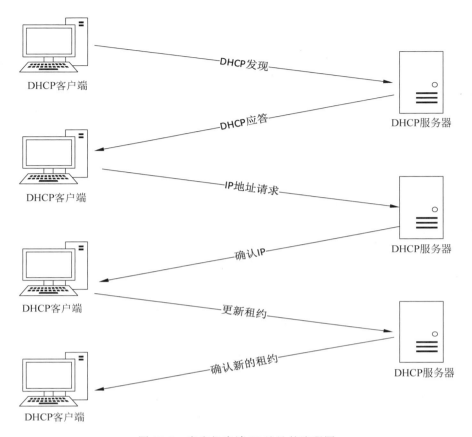

图 11-1　客户机申请 IP 地址的流程图

（3）地址请求阶段：DHCP 客户机收到若干个 DHCP 服务器响应的 DHCP 应答报文后，选择其中一个 DHCP 服务器作为目标 DHCP 服务器。选择策略通常为选择第一个响应的 DHCP 应答报文所属的 DHCP 服务器。

然后以广播方式回答一个 DHCP 请求（Request）报文，该报文中包含向目标 DHCP 请求的 IP 地址等信息。之所以是以广播方式发出的，是为了通知其他 DHCP 服务器自己将选择该 DHCP 服务器所提供的 IP 地址。

（4）确认分配 IP 地址阶段：DHCP 服务器收到 DHCP 请求报文后，解析该报文请求 IP 地址所属的子网。并从 dhcpd.conf 文件中与之匹配的子网（Subnet）中取出一个可用的 IP 地址（从可用地址段选择一个 IP 地址后，首先发送 ICMP 报文来 ping 该 IP 地址，如果收到该 IP 地址的 ICMP 报文，则抛弃该 IP 地址，重新选择 IP 地址继续进行 ICMP 报文测试，直到找到一个网络中没有人使用的 IP 地址，用以达到防治动态分配的 IP 地址与网络中其他设备 IP 地址冲突的目的），设置在 DHCP 发现报文 yiaddress 字段中，表示为该客户端分配的 IP 地址，并且为该租用（Lease）设置该子网（Subnet）配置的选项（Option），例如，默认租用租期、最大租期、路由器等信息。

DHCP 从地址池中选择 IP 地址，以如下优先级进行选择。

① 当前已经存在的 IP Mac 的对应关系。

② 客户端以前的 IP 地址。
③ 读取发现报文中的 Requested IP Address Option 的值，如果该 IP 地址存在并且可用。
④ 从配置的子网中选择 IP 地址。

（5）更新租约阶段：DHCP 客户机获取到的 IP 地址都有一个租约，租约过期后，DHCP 服务器将回收该 IP 地址，所以如果 DHCP 客户机想继续使用该 IP 地址，则必须更新其租约。更新的方式就是，当当前租约期限过了一半的时候，DHCP 客户机将会发送 DHCP 更新（Renew）报文来续约租期。

或者 DHCP 客户机重新登录网络：当 DHCP 客户机重新登录后，发送一个包含之前 DHCP 服务器分配的 IP 地址信息的 DHCP 请求报文。

（6）确认新的租约阶段：当 DHCP 服务器收到更新租约的请求后，会尝试让 DHCP 客户端继续使用该 IP 地址，并回答一个 ACK 报文。但是如果该 IP 地址无法再次分配给该 DHCP 客户端后，DHCP 回复一个 NAK 报文，当 DHCP 客户机收到该 NAK 报文后，会重新发送 DHCP 发现报文来重新获取 IP 地址。

使用 DHCP，不仅可以大大减轻网络管理员管理和维护的负担，还可以解决 IP 地址不够用的问题。DHCP 的应用十分广泛，无论是服务器机房还是家庭、机场、咖啡馆，都会见到它的身影。既然确定在今后的生产环境中肯定离不开 DHCP，那么也就有必要好好地熟悉一下 DHCP 涉及的常见术语了。

（1）作用域：一个完整的 IP 地址段，DHCP 根据作用域来管理网络的分布、分配 IP 地址及其他配置参数。

（2）超级作用域：用于管理处于同一个物理网络中的多个逻辑子网段。超级作用域中包含可以统一管理的作用域列表。

（3）排除范围：把作用域中的某些 IP 地址排除，确保这些 IP 地址不会分配给 DHCP 客户端。

（4）地址池：在定义了 DHCP 的作用域并应用了排除范围后，剩余的用来动态分配给 DHCP 客户端的 IP 地址范围。

（5）租约：DHCP 客户端能够使用动态分配的 IP 地址的时间。

（6）预约：保证网络中的特定设备总是获取到相同的 IP 地址。

11.2 解读 DHCP 配置文件

在确认 YUM 软件仓库配置妥当之后，通过 yum 命令安装 dhcpd 服务程序，安装完成后通过 cat 命令查看 dhcpd 服务程序的配置文件内容。

```
yum -y install dhcp
cat /etc/dhcp/dhcpd.conf
```

默认情况下，该文件只有 3 行注释过的提示信息，文件内容如图 11-2 所示。

注释信息提示我们 DHCP 服务器的配置请参阅一个示例文件，该文件是/usr/share/doc/dhcp*/dhcpd.conf.sample。或者是根据 DHCP 的配置手册来配置，可使用如下命令将示例文件复制过来，并覆盖现有的空文件。

```
[root@localhost ~]# cat /etc/dhcp/dhcpd.conf
#
# DHCP Server Configuration file.
#   see /usr/share/doc/dhcp*/dhcpd.conf.example
#   see dhcpd.conf(5) man page
#
[root@localhost ~]#
```

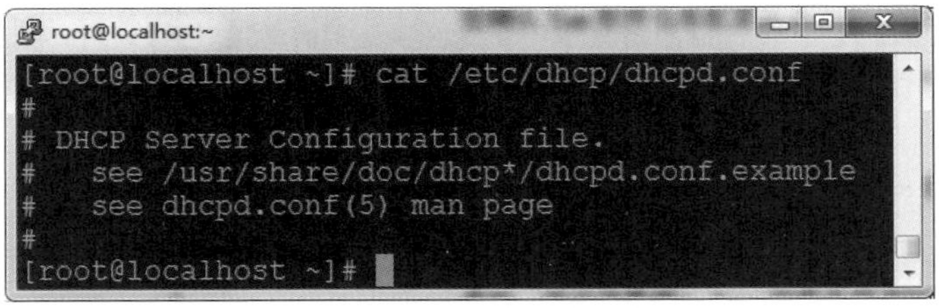

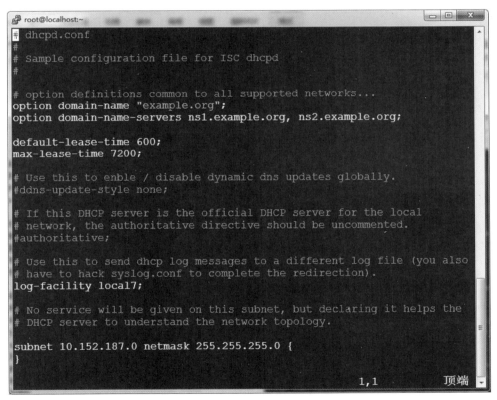

图 11-2　dhcpd.conf 文件的默认内容

```
cp /usr/share/doc/dhcp-4.2.5/dhcpd.conf.example /etc/dhcp/dhcpd.conf
```

使用如下命令编辑 HDCP 的主配置文件。

```
vim /etc/dhcp/dhcpd.conf
```

打开 DHCP 的主配置文件可以看到如图 11-3 所示的内容。

```
# dhcpd.conf
#
# Sample configuration file for ISC dhcpd
#

# option definitions common to all supported networks...
option domain-name "example.org";
option domain-name-servers ns1.example.org, ns2.example.org;

default-lease-time 600;
max-lease-time 7200;

# Use this to enble / disable dynamic dns updates globally.
#ddns-update-style none;

# If this DHCP server is the official DHCP server for the local
# network, the authoritative directive should be uncommented.
#authoritative;

# Use this to send dhcp log messages to a different log file (you also
# have to hack syslog.conf to complete the redirection).
log-facility local7;

# No service will be given on this subnet, but declaring it helps the
# DHCP server to understand the network topology.

subnet 10.152.187.0 netmask 255.255.255.0 {
}
                                                    1,1          顶端
```

图 11-3　DHCP 示例文件

和所有的配置文件类似，它用#代表注释。

一个标准的配置文件应该包括全局配置参数、子网网段声明、地址配置选项以及地址配置参数。其中，全局配置参数用于定义 dhcpd 服务程序的整体运行参数；子网网段声明用于配置整个子网段的地址属性。

考虑到 dhcpd 服务程序配置文件的可用参数比较多，笔者在此挑选了最常用的参数(见表 11-1)，并逐一进行了简单介绍，以便为接下来的实验打好基础。

表 11-1 dhcpd 服务程序配置文件中使用的常见参数以及作用

参 数	作 用
ddns-update-style［类型］	定义 DNS 服务动态更新的类型，类型包括 none（不支持动态更新）、interim（互动更新模式）与 ad-hoc（特殊更新模式）
［allow | ignore］client-updates	允许/忽略客户端更新 DNS 记录
default-lease-time［21600］	默认超时时间
max-lease-time［43200］	最大超时时间
option domain-name-servers［8.8.8.8］	定义 DNS 服务器地址
option domain-name［"domain.org"］	定义 DNS 域名
range	定义用于分配的 IP 地址池
option subnet-mask	定义客户端的子网掩码
option routers	定义客户端的网关地址
broadcast-address［广播地址］	定义客户端的广播地址
ntp-server［IP 地址］	定义客户端的网络时间服务器（NTP）
nis-servers［IP 地址］	定义客户端的 NIS 域服务器的地址
Hardware［网卡物理地址］	指定网卡接口的类型与 MAC 地址
server-name［主机名］	向 DHCP 客户端通知 DHCP 服务器的主机名
fixed-address［IP 地址］	将某个固定的 IP 地址分配给指定主机
time-offset［偏移误差］	指定客户端与格林尼治时间的偏移差

11.3 架设企业 DHCP 服务器

　　DHCP 的设计初衷是为了更高效地集中管理局域网内的 IP 地址资源。DHCP 服务器会自动把 IP 地址、子网掩码、网关、DNS 地址等网络信息分配给有需要的客户端，而且当客户端的租约时间到期后还可以自动回收所分配的 IP 地址，以便交给新加入的客户端。

　　下面是一个某企业真实生产环境的需求："请保证他们能够使用公司的本地 DHCP 服务器"。

　　某企业每天都会有 100 名左右的员工自带笔记本计算机来公司上班，公司需要架设一台 DHCP 服务器以保证公司员工计算机自动获取 IP 地址并正常上网，服务器 IP 地址为 192.168.88.188。并按照下面的要求进行配置。

　　（1）为子网 192.168.88.0/24 建立一个 IP 作用域，并将在 192.168.88.50～192.168.88.150 的 IP 地址动态分配给客户机。

　　（2）子网中的 DNS 服务器地址为 192.168.88.1 与 114.114.114.114，IP 路由器地址为 192.168.88.1，所在的网域名为 linux-yhy.com，将这些参数指定给客户机使用。

　　（3）配置默认租约时间 21 600s，最大租约时间 43 200s。

　　在了解了真实需求以及企业网络中的配置参数之后，接下来是配置 DHCP 服务器的具体步骤。

　　第 1 步：停止虚拟机的默认 DHCP 服务。

　　由于 VMware Workstation 虚拟机软件自带 DHCP 服务，为了避免与自己配置的 dhcpd 服务程序产生冲突，应该先按照如图 11-4 和图 11-5 所示将虚拟机软件自带的 DHCP

图 11-4　单击虚拟机软件的"虚拟网络编辑器"菜单

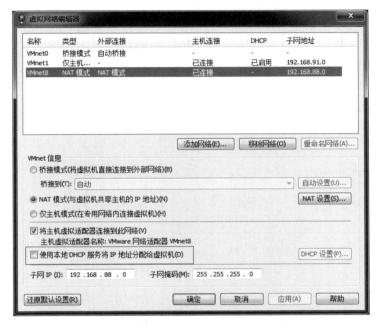

图 11-5　关闭虚拟机自带的 DHCP 功能

功能关闭。

第 2 步：安装服务，准备样本文件。

CentOS 7 系统中默认没有安装 DHCP 服务，需要先配置好 YUM 源，然后通过 yum 命令安装，默认的配置文件为空，建议复制样本配置文件覆盖原本的空文件。

```
yum -y install dhcp
cp /usr/share/doc/dhcp-4.2.5/dhcpd.conf.example /etc/dhcp/dhcpd.conf
```

第 3 步：编辑主配置文件。

在确认 DHCP 服务器的 IP 地址等网络信息配置妥当后就可以配置 dhcpd 服务程序了。请注意，在配置 dhcpd 服务程序时，配置文件中的每行参数后面都需要以分号（;）结尾，这是规定。另外，dhcpd 服务程序配置文件内的参数都十分重要，因此笔者在表 11-2 中罗列出了每一行参数，并对其用途进行了简单介绍。

```
【vim /etc/dhcp/dhcpd.conf】
ddns-update-style none;
ignore client-updates;
```

```
    subnet 192.168.88.0 netmask 255.255.255.0 {
    range 192.168.88.50 192.168.88.150;
    option subnet-mask 255.255.255.0;
    option routers 192.168.88.1;
    option domain-name "linux-yhy.com";
    option domain-name-servers 192.168.88.1;
    default-lease-time 21600;
    max-lease-time 43200;
    }
```

表 11-2　dhcpd 服务程序配置文件中使用的参数以及作用

参　　数	作　　用
ddns-update-style none;	设置 DNS 服务不自动进行动态更新
ignore client-updates;	忽略客户端更新 DNS 记录
subnet 192.168.88.0 netmask 255.255.255.0 {	作用域为 192.168.88.0/24 网段
range 192.168.88.50 192.168.88.150;	IP 地址池为 192.168.88.50～150（约 100 个 IP 地址）
option subnet-mask 255.255.255.0;	定义客户端默认的子网掩码
option routers 192.168.88.1;	定义客户端的网关地址
option domain-name "linux-yhy.com";	定义默认的搜索域
option domain-name-servers 192.168.10.1;	定义客户端的 DNS 地址
default-lease-time 21600;	定义默认租约时间（单位：s）
max-lease-time 43200;	定义最大预约时间（单位：s）
}	结束符

第 4 步：服务验证。

把 dhcpd 服务程序配置妥当之后就可以开启客户端来检验 IP 分配效果了。设置客户端的网卡自动获取 IP 地址即可。可随意开启几台客户端，准备进行验证。但是一定要注意，DHCP 客户端与服务器需要处于同一种网络模式：NAT 模式，否则就会产生物理隔离，从而无法获取 IP 地址。

在红帽认证考试以及生产环境中，都需要把配置过的 dhcpd 服务加入开机启动项中，以确保当服务器下次开机后 dhcpd 服务依然能自动启动，并顺利地为客户端分配 IP 地址等信息。笔者也建议读者能养成"配置好服务程序，顺手加入开机启动项"的好习惯。

```
systemctl start dhcpd
systemctl enable dhcpd
```

11.4　配置 DHCP 保留地址

在 DHCP 中有个术语是"保留"，它用来确保局域网中特定的设备总能获取到保留的 IP 地址。换句话说，就是 dhcpd 服务程序会把某个 IP 地址保留下来，只将其用于相匹配的特定设备。

要想把某个 IP 地址与某台主机进行绑定，就需要用到这台主机的 MAC 地址。MAC 地址是网卡上面的一串独立的标识符，具备唯一性，因此不会存在冲突的情况，如图 11-6 所示。

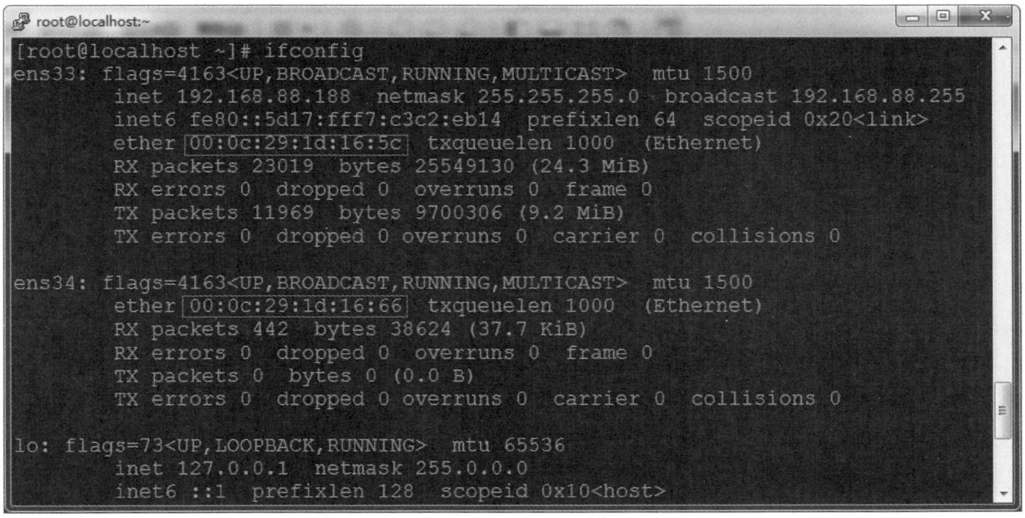

图 11-6　查看运行 Linux 系统的主机 MAC 地址

在 Linux 系统或 Windows 系统中，都可以通过查看网卡的状态来获知主机的 MAC 地址。在 dhcpd 服务程序的配置文件中，按照如下格式将 IP 地址与 MAC 地址进行绑定。

host 主机名称 {
    hardware   ethernet   该主机的 MAC 地址；
    fixed－address 欲指定的 IP 地址；
}

每次为每张网卡分配的 IP 地址，DHCP 服务器都会保存在本地的日志文件中，通过如下命令可以查看日志文件，即可获悉主机的 MAC 地址与 IP 地址的对应关系。

tail －f /var/log/messages

备注：在 Windows 系统中看到的 MAC 地址，其格式类似于 00－0c－29－27－c6－12，间隔符为减号（—）。但是在 Linux 系统中，MAC 地址的间隔符则变成了冒号（:）。

【vim /etc/dhcp/dhcpd.conf】
```
 1 ddns-update-style none;
 2 ignore client-updates;
 3 subnet 192.168.88.0 netmask 255.255.255.0 {
 4 range 192.168.88.50 192.168.88.150;
 5 option subnet-mask 255.255.255.0;
 6 option routers 192.168.88.1;
 7 option domain-name "linux-yhy.com";
 8 option domain-name-servers 192.168.88.1;
 9 default-lease-time 21600;
10 max-lease-time 43200;
11 host linux-yhy {
12 hardware ethernet 00:0c:29:27:c6:12;
13 fixed-address 192.168.88.88;
14 }
15 }
```

确认参数填写正确后就可以保存退出配置文件,然后即可通过如下命令重启 dhcpd 服务程序了。

```
systemctl restart dhcpd
```

至此,配置完成。

习 题

一、选择题

1. DHCP 是动态主机配置协议的简称,其作用是可以使网络管理员通过一台服务器来管理一个网络系统,自动地为一个网络中的主机分配( )地址。

  A. 网络   B. MAC   C. TCP   D. IP

2. 若需要检查当前 Linux 系统是否已安装了 DHCP 服务器,以下命令正确的是( )。

  A. rpm -q dhcp   B. rpm -ql dhcp   C. rpm -q dhcpd   D. rpm -ql

3. DHCP 服务器的主配置文件是( )。

  A. /etc/dhcp.conf

  B. /etc/dhcpd.conf

  C. /etc/dhcp

  D. /usr/share/doc/dhcp-4.1.1/dhcpd.conf.sample

4. 启动 DHCP 服务器的命令有( )。

  A. systemctl start dhcp   B. systemctl dhcp restart

  C. service dhcp start   D. service dhcp restart

5. 以下对 DHCP 服务器的描述中,错误的是( )。

  A. 启动 DHCP 服务的命令是 service dhcpd start

  B. 对 DHCP 服务器的配置,均可通过配置/etc/dhcp.conf 来完成

  C. 在定义作用域时,一个网段通常定义一个作用域,可通过 range 语句指定可分配的 IP 地址范围,使用 option routers 语句指定默认网关

  D. DHCP 服务器必须指定一个固定的 IP 地址

二、简答题

1. 说明 DHCP 服务的工作过程。
2. 如何在 DHCP 服务器中为某一个计算机分配固定的 IP 地址?
3. 如何将 Windows 和 Linux 计算机配置为 DHCP 客户端?

三、操作题

架设一台 DHCP 服务器,并按照下面的要求进行配置。

(1) 为子网 192.168.1.0/24 建立一个 IP 作用域,并将在 192.168.1.20~192.168.1.100 的 IP 地址动态分配给客户机。

(2) 假设子网中的 DNS 服务器地址为 192.168.1.2,IP 路由器地址为 192.168.1.1,所在的网域名为 example.com,将这些参数指定给客户机使用。

(3) 为某台主机保留 192.168.1.50 这个 IP 地址。

第 12 章　配置与应用 Web 服务

Web 服务器是公司、企业、政府部门、科研院所、大中专院校等必备的对外宣传工具,他们都在建设自己的 Web 网站。Web 服务器是实现信息发出、资源查询、数据处理、视频点播、办公处理等诸多应用的基础性平台,所以建设机构自己的 Web 服务器是运维工程师必备的技能。

Web 服务采用浏览器/服务器(B/S)模型,浏览器用于解释和显示 Web 页面,响应用户输入请求,并通过 HTTP 将用户请求传递给 Web 服务器。Web 服务器默认使用 80 端口为客户机的浏览器提供服务,浏览器使用 HTTP 发送请求,浏览器与服务器建立连接后,服务器查找到文档后将文档回传给客户机的浏览器。

本章先向读者科普什么是 Web 服务程序,以及 Web 服务程序的用处,然后通过对比当前主流的 Web 服务程序来帮助读者更好地理解其各自的优势及特点,最后通过对 httpd 服务程序中"全局配置参数""区域配置参数"及"注释信息"的理论讲解和实战部署,确保读者学会 Web 服务程序的配置方法,并真正掌握在 Linux 系统中配置服务的技巧。

12.1　发布默认网站

Web 服务器又称为 WWW 服务器,它是放置一般网站的服务器。一台 Web 服务器上可以建立多个网站,各网站的拥有者只需要把做好的网页和相关文件放置在 Web 服务器的网站中,其他用户就可以用浏览器访问网站中的网页了。

目前能够提供 Web 网络服务的程序有 IIS、Nginx 和 Apache 等。其中,IIS(Internet Information Services,互联网信息服务)是 Windows 系统中默认的 Web 服务程序,这是一款图形化的网站管理工具,不仅可以提供 Web 网站服务,还可以提供 FTP、NMTP、SMTP 等服务。Nginx 程序作为一款轻量级的网站服务软件,因其稳定性和丰富的功能而快速占领服务器市场。Apache 程序是目前拥有很高市场占有率的 Web 服务程序之一,其跨平台和安全性被广泛认可且拥有快速、可靠、简单的 API 扩展。如图 12-1 所示为 Apache 服务基金会的著名 Logo,它的名字取自美国印第安人的土著语,寓意拥有高超的作战策略和无穷的耐性。

Apache 服务程序可以运行在 Linux 系统、UNIX 系统甚至是 Windows 系统中,支持基于 IP、域名及端口号的虚拟主机功能,支持多种认证方式,集成有代理服务器模块、安全 Socket 层(SSL),能够实时监视服务状态与定

图 12-1　Apache 软件基金会著名的 Logo

制日志消息,并有着丰富的模块支持。

注:Apache 程序是在 RHEL 5、6、7 系统中的默认 Web 服务程序,其相关知识点一直也是 RHCSA 和 RHCE 认证考试的重点内容。

Apache 默认网站的发布非常简单,其详细步骤如下。

第 1 步:把光盘设备中的系统镜像挂载到/media/cdrom 目录。

【mkdir -p /media/cdrom】
【mount /dev/cdrom /media/cdrom】
mount: /dev/sr0 is write-protected, mounting read-only

第 2 步:使用 Vim 文本编辑器创建 Yum 仓库的配置文件,下述命令中具体参数的含义可参考 4.1.4 节。

【vim /etc/yum.repos.d/CentOS7.repo】
[CentOS7]
name = CentOS7
baseurl = file:///media/cdrom
enabled = 1
gpgcheck = 0

第 3 步:动手安装 Apache 服务程序。注意,使用 yum 命令进行安装时,跟在命令后面的 Apache 服务的软件包名称为 httpd。

yum install -y httpd

第 4 步:启用 httpd 服务程序并将其加入开机启动项中,使其能够随系统开机而运行,从而持续为用户提供 Web 服务。

systemctl start httpd
systemctl enable httpd

第 5 步:验证 Apache 默认网站是否成功,在浏览器(这里以 Firefox 浏览器为例)的地址栏中输入"http://127.0.0.1"(或者服务器 IP 地址)并按 Enter 键,就可以看到用于提供 Web 服务的 httpd 服务程序的默认页面了,如图 12-2 所示。

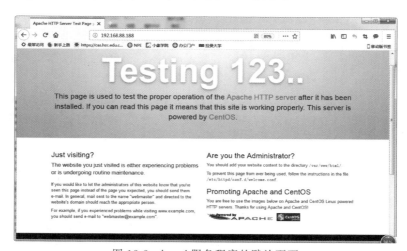

图 12-2 httpd 服务程序的默认页面

12.2 发布个人网站

12.1 节中介绍了怎样发布默认的网站,默认网站是系统自带的一个页面,在本节中,将深入了解个人自建网站的发布过程,在 Linux 系统中配置服务,其实就是修改服务的配置文件,因此还需要知道这些配置文件的所在位置以及用途。httpd 服务程序的主要配置文件及存放位置如表 12-1 所示。

表 12-1　Linux 系统中的配置文件

配置文件的名称	存放位置	配置文件的名称	存放位置
服务目录	/etc/httpd	访问日志	/var/log/httpd/access_log
主配置文件	/etc/httpd/conf/httpd.conf	错误日志	/var/log/httpd/error_log
网站数据目录	/var/www/html		

打开 httpd 服务程序的主配置文件,绝大部分都是以井号(#)开始的注释行,其目的是对 httpd 服务程序的功能或某一行参数进行介绍,不需要逐行研究这些内容。

在 httpd 服务程序的主配置文件中,存在三种类型的信息:注释行信息,全局配置,区域配置。

全局配置参数是一种全局性的配置参数,可作用于所有的子站点,既保证了子站点的正常访问,也有效减少了频繁写入重复参数的工作量。区域配置参数则是单独针对每个独立的子站点进行设置的。就像在大学食堂里面打饭,食堂负责打饭的阿姨先给每位同学来一碗标准大小的白饭(全局配置),然后再根据每位同学的具体要求盛放他们想吃的菜(区域配置)。在 httpd 服务程序主配置文件中,最常用的参数如表 12-2 所示。

表 12-2　配置 httpd 服务程序时最常用的参数以及用途描述

参数	用途	参数	用途
ServerRoot	服务目录	Directory	网站数据目录的权限
ServerAdmin	管理员邮箱	Listen	监听的 IP 地址与端口号
User	运行服务的用户	DirectoryIndex	默认的索引页页面
Group	运行服务的用户组	ErrorLog	错误日志文件
ServerName	网站服务器的域名	Customlog	访问日志文件
DocumentRoot	网站数据目录	Timeout	网页超时时间,默认为 300s

从表 12-2 中可知,DocumentRoot 参数用于定义网站数据的保存路径,其参数的默认值是把网站数据存放到/var/www/html 目录中;而当前网站普遍的首页面名称是 index.html,因此可以向/var/www/html 目录中写入一个文件,替换 httpd 服务程序的默认首页面,该操作会立即生效。

在执行上述操作之后,再在 Firefox 浏览器中刷新 httpd 服务程序,可以看到该程序的首页面内容已经发生了改变,如图 12-3 所示。

```
echo "Welcome To Linux - yhy.Com" > /var/www/html/index.html
```

默认情况下,网站数据保存在/var/www/html 目录中,而实际情况下网站数据是可以放在其他路径下的,下面是把网站数据的目录修改为/home/wwwroot目录的详细操作步骤。

第1步:建立网站数据的保存目录,并创建首页文件。

```
mkdir /home/wwwroot
echo "The New Web Directory" > /home/wwwroot/index.html
```

第2步:打开httpd服务程序的主配置文件,将第119行用于定义网站数据保存路径的参数DocumentRoot修改为/home/wwwroot,同时还需要将第124行用于定义目录权限的参数Directory后面的路径也修改为/home/wwwroot,如图12-4所示。

图12-3 httpd服务程序的首页面内容已经被修改

使用vim /etc/httpd/conf/httpd.conf命令修改Apache配置文件,如图12-4所示。

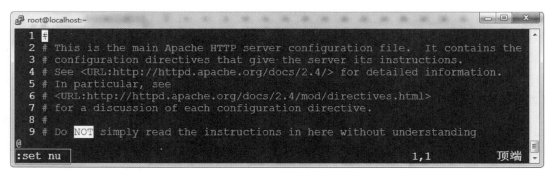

图12-4 修改Apache配置文件

配置文件修改完毕后即可保存并退出。Vim编辑器显示行号的命令为在命令行模式下输入":set nu"命令,如图12-5所示。

第3步：通过"systemctl restart httpd"命令重新启动 httpd 服务程序并验证效果，浏览器刷新页面后的内容如图 12-6 所示。

图 12-6　新的网站页面

备注：如果显示的依然是 httpd 服务程序的默认首页面，请检查网站的首页面文件是否不存在或者用户权限不足。如果尝试访问 http://127.0.0.1/index.html 页面时，发现页面中显示"Forbidden,You don't have permission to access /index.html on this server."，将确定是 SELinux 的配置问题，可以使用"setenforce 0"命令临时关闭 SELinux，然后再访问。注意，这种修改只是临时的，在系统重启后就会失效。

12.3　配置网站安全机制 SELinux

SELinux(Security-Enhanced Linux)是美国国家安全局(NSA)对于强制访问控制的实现，是 Linux 历史上最杰出的新安全子系统。NSA 是在 Linux 社区的帮助下开发了一种访问控制体系，在这种访问控制体系的限制下，进程只能访问那些在它的任务中所需要的文件。SELinux 默认安装在 Fedora、Red Hat Enterprise Linux、CentOS 等系统上，也可以作为其他发行版上容易安装的包得到。

SELinux 对服务程序的功能进行限制(SELinux 域限制可以确保服务程序做不了出格的事情)；对文件资源的访问进行限制(SELinux 安全上下文确保文件资源只能被其所属的服务程序进行访问)。

SELinux 服务有三种配置模式，具体如下。

（1）enforcing：强制启用安全策略模式，将拦截服务的不合法请求。

（2）permissive：遇到服务越权访问时，只发出警告而不强制拦截。

（3）disabled：对于越权的行为不警告也不拦截。

本书中的后续所有实验都是在强制启用安全策略模式下进行的，虽然在禁用 SELinux 服务后确实能够减少报错概率，但这在生产环境中相当不推荐。随着技术的进步，建议读者检查自己的系统，查看 SELinux 服务主配置文件中定义的默认状态，如果是 permissive 或 disabled，建议及时修改为 enforcing，如图 12-7 所示。

```
vim /etc/selinux/config
```

SELinux 服务的主配置文件中，定义的是 SELinux 的默认运行状态，可以将其理解为系统重启后的状态，因此它不会在更改后立即生效。可以使用"getenforce"命令获得当前 SELinux 服务的运行模式，可以用"setenforce [0|1]"命令修改 SELinux 当前的运行模式（0 为禁用，1 为启用）。注意，这种修改只是临时的，在系统重启后就会失效。

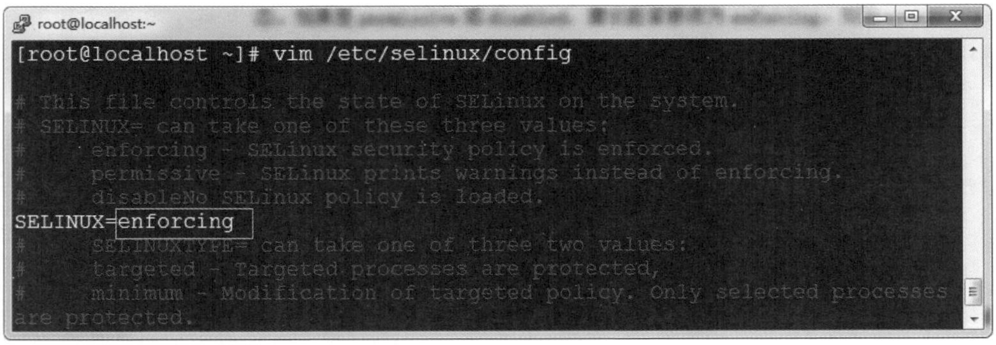

```
[root@localhost ~]# vim /etc/selinux/config
# This file controls the state of SELinux on the system.
# SELINUX= can take one of these three values:
#     enforcing - SELinux security policy is enforced.
#     permissive - SELinux prints warnings instead of enforcing.
#     disabled - No SELinux policy is loaded.
SELINUX=enforcing
# SELINUXTYPE= can take one of three two values:
#     targeted - Targeted processes are protected,
#     minimum - Modification of targeted policy. Only selected processes
are protected.
```

图 12-7　SELinux 配置

现在再来访问/home/wwwroot 网站，发现跳出默认主页面，这是什么原因呢？接着往下看。

httpd 服务程序的功能是允许用户访问网站内容，因此 SELinux 肯定会默认放行用户对网站的请求操作。但是，将网站数据的默认保存目录修改为/home/wwwroot，这就产生问题了。在前面讲到，/home 目录是用来存放普通用户的家目录数据的，而现在，httpd 提供的网站服务却要去获取普通用户家目录中的数据了，这显然违反了 SELinux 的监管原则。

现在，把 SELinux 服务恢复到强制启用安全策略模式，然后分别查看原始网站数据的保存目录与当前网站数据的保存目录是否拥有不同的 SELinux 安全上下文值：

【setenforce 1】
【ls – Zd /var/www/html】
drwxr–xr–x. root root system_u:object_r:httpd_sys_content_t:s0 /var/www/html
【ls – Zd /home/wwwroot】
drwxrwxrwx. root root unconfined_u:object_r:home_root_t:s0 /home/wwwroot

在文件上设置的 SELinux 安全上下文是由用户段、角色段以及类型段等多个信息项共同组成的。其中，用户段 system_u 代表系统进程的身份，角色段 object_r 代表文件目录的角色，类型段 httpd_sys_content_t 代表网站服务的系统文件。由于 SELinux 服务实在太复杂，现在只需要简单熟悉 SELinux 服务的作用就可以。

针对当前这种情况，只需要使用 semanage 命令，将当前网站目录/home/wwwroot 的 SELinux 安全上下文修改为跟原始网站目录的一样就可以了。

semanage 命令用于管理 SELinux 的策略，格式为 semanage［选项］［文件］。

SELinux 服务极大地提升了 Linux 系统的安全性，将用户权限牢牢地锁在笼子里。semanage 命令不仅能够像传统 chcon 命令那样设置文件、目录的策略，还可以管理网络端口、消息接口。使用 semanage 命令时，经常用到的几个参数及其功能如下所示。

（1）-l 参数用于查询；

（2）-a 参数用于添加；

（3）-m 参数用于修改；

（4）-d 参数用于删除。

例如，可以向新的网站数据目录中添加一条 SELinux 安全上下文，让这个目录以及里面的所有文件能够被 httpd 服务程序访问到：

```
semanage fcontext －a －t httpd_sys_content_t /home/wwwroot
semanage fcontext －a －t httpd_sys_content_t /home/wwwroot/*
```

注意，执行上述设置之后，还无法立即访问网站，还需要使用 restorecon 命令将设置好的 SELinux 安全上下文立即生效。在使用 restorecon 命令时，可以加上-Rv 参数对指定的目录进行递归操作，以及显示 SELinux 安全上下文的修改过程。最后，再次刷新页面，就可以正常看到网页内容了。

```
restorecon －Rv /home/wwwroot/
```

备注：因为在 RHCSA、RHCE 或 RHCA 考试中，都需要先重启机器然后再执行判分脚本，因此，建议读者在日常工作中要养成将所需服务添加到开机启动项中的习惯，例如这里就需要添加 systemctl enable httpd 命令。

12.4　搭建开放式与认证式个人网站

在 CentOS 系统中，httpd 服务程序提供了一种叫作"个人用户主页"的功能，即可以快速地为每位用户建立一个独立的网站，该功能可以让系统内所有的用户在自己的家目录中管理个人网站，而且访问起来也非常容易。

第 1 步：开启个人用户主页功能。

编辑/etc/httpd/conf.d/userdir.conf 文件，在第 17 行的 UserDir disabled 参数前面加上井号（♯），表示让 httpd 服务程序开启个人用户主页功能；同时再把第 24 行的 UserDir public_html 参数前面的井号（♯）去掉（UserDir 参数表示网站数据在用户家目录中的保存目录名称，即 public_html 目录）。最后，在修改完毕后一定要保存，如图 12-8 所示。

```
vim /etc/httpd/conf.d/userdir.conf
```

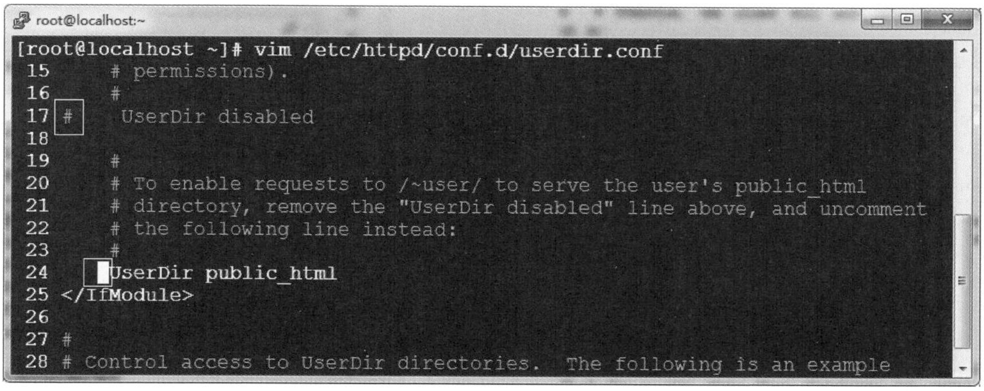

图 12-8　开启个人用户主页功能

第 2 步：建立主页文件。

在用户家目录中建立用于保存网站数据的目录及主页面文件。另外，还需要把家目录的权限修改为 755，保证其他人也有权限读取里面的内容。

```
su - linux-yhy
mkdir public_html
echo "This is linux-yhy's website" > public_html/index.html
chmod -Rf 755 /home/linux-yhy
```

第3步：启动服务与验证。

重新启动 httpd 服务程序"systemctl restart httpd"，在浏览器的地址栏中输入网址，其格式为"网址/～用户名"（其中的波浪号是必需的，而且网址、波浪号、用户名之间没有空格），这时从理论上来讲就可以看到用户的个人网站了。但是可能会显示报错页面，如图 12-9 所示，因为有 SELinux。

```
systemctl start httpd
```

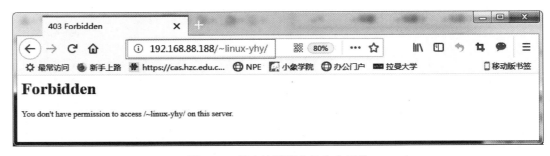

图 12-9　禁止访问用户的个人网站

第4步：修改 SELinux 策略。

httpd 服务程序在提供个人用户主页功能时，该用户的网站数据目录本身就应该是存放到与这位用户对应的家目录中的，所以应该不需要修改家目录的 SELinux 安全上下文。但是，Linux 还有一个域的概念。Linux 域确保服务程序不能执行违规的操作，只能本本分分地为用户提供服务。接下来使用 getsebool 命令查询并过滤出所有与 HTTP 相关的安全策略。其中，off 为禁止状态，on 为允许状态。

```
【getsebool -a | grep http】
httpd_anon_write --> off
httpd_builtin_scripting --> on
httpd_can_check_spam --> off
httpd_can_connect_ftp --> off
httpd_can_connect_ldap --> off
httpd_can_connect_mythtv --> off
httpd_can_connect_zabbix --> off
httpd_can_network_connect --> off
httpd_can_network_connect_cobbler --> off
httpd_can_network_connect_db --> off
httpd_can_network_memcache --> off
httpd_can_network_relay --> off
httpd_can_sendmail --> off
httpd_dbus_avahi --> off
httpd_dbus_sssd --> off
httpd_dontaudit_search_dirs --> off
```

```
httpd_enable_cgi --> on
httpd_enable_ftp_server --> off
httpd_enable_homedirs --> off
httpd_execmem --> off
httpd_graceful_shutdown --> on
httpd_manage_ipa --> off
httpd_mod_auth_ntlm_winbind --> off
httpd_mod_auth_pam --> off
httpd_read_user_content --> off
httpd_run_stickshift --> off
httpd_serve_cobbler_files --> off
httpd_setrlimit --> off
httpd_ssi_exec --> off
httpd_sys_script_anon_write --> off
httpd_tmp_exec --> off
httpd_tty_comm --> off
httpd_unified --> off
httpd_use_cifs --> off
httpd_use_fusefs --> off
httpd_use_gpg --> off
httpd_use_nfs --> off
httpd_use_openstack --> off
httpd_use_sasl --> off
httpd_verify_dns --> off
named_tcp_bind_http_port --> off
prosody_bind_http_port --> off
```

开启httpd服务的个人用户主页功能,用到的SELinux域安全策略是httpd_enable_homedirs。其实面对如此多的SELinux域安全策略规则,实在没有必要逐个理解它们,只要能通过名字大致猜测出相关的策略用途就足够了。接着可以用setsebool命令来修改SELinux策略中各条规则的布尔值了。一定要记得在setsebool命令后面加上-P参数,让修改后的SELinux策略规则永久生效且立即生效。随后刷新网页,其效果如图12-10所示。

```
setsebool -P httpd_enable_homedirs=on
```

图12-10　正常看到个人用户主页面中的内容

有时,网站的拥有者并不希望直接将网页内容显示出来,只想让通过身份验证的用户访客看到里面的内容,这时就可以在网站中添加口令功能了。

第1步:生成密码数据库。

使用htpasswd命令生成密码数据库。-c参数表示第一次生成;后面再分别添加密码数据库的存放文件,以及验证要用到的用户名称(该用户不必是系统中已有的本地账户)。

【htpasswd -c /etc/httpd/passwd linux-yhy】
New password:此处输入用于网页验证的密码
Re-type new password:再输入一遍进行确认
Adding password for user linux-yhy

第 2 步:编辑个人用户主页功能的配置文件。

把第 31～35 行的参数信息修改成下列内容,如图 12-11 所示,其中,井号(#)开头的内容为注释信息,可将其忽略。随后保存并退出配置文件,重启 httpd 服务程序即可生效。

```
vim /etc/httpd/conf.d/userdir.conf
33 authuserfile "/etc/httpd/passwd"    #刚刚生成出来的密码验证文件保存路径
34 authname "My privately website"     #当用户尝试访问个人用户网站时的提示信息
36 require user linux-yhy              #用户进行账户密码登录时需要验证的用户名称
```
【systemctl restart httpd】

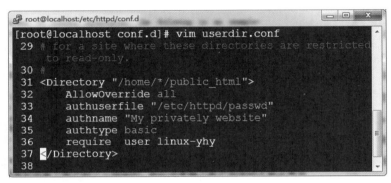

图 12-11　编辑个人用户主页功能的配置文件

第 3 步:访问验证。

此时,当用户再想访问某个用户的个人网站时,就必须要输入账户和密码才能正常访问了。另外,验证时使用的账户和密码是用 htpasswd 命令生成的专门用于网站登录的口令密码,而不是系统中的用户密码,请不要搞错了。登录界面如图 12-12 所示。

图 12-12　网站提示需要输入账户和密码才能访问

12.5 虚拟主机配置案例

如果每台运行 Linux 系统的服务器上只能运行一个网站,那么人气低、流量小的草根站长就要被迫承担高昂的服务器租赁费用了,这显然也会造成硬件资源的浪费。在虚拟专用服务器(Virtual Private Server,VPS)与云计算技术诞生以前,IDC 服务供应商为了能够更充分地利用服务器资源,同时也为了降低购买门槛,纷纷启用了虚拟主机功能。

利用虚拟主机功能,可以把一台处于运行状态的物理服务器分割成多个"虚拟的服务器"。但是,该技术无法实现目前云主机技术的硬件资源隔离,让这些虚拟的服务器共同使用物理服务器的硬件资源,供应商只能限制硬盘的使用空间大小。出于各种考虑的因素(主要是价格低廉),目前依然有很多企业或个人站长在使用虚拟主机的形式来部署网站。

Apache 的虚拟主机功能是服务器基于用户请求的不同 IP 地址、主机域名或端口号,实现提供多个网站同时为外部提供访问服务的技术。

备注:在做每个实验之前请先将虚拟机还原到最初始状态,以免多个实验之间相互产生冲突。

12.5.1 基于多 IP 的虚拟主机

如果一台服务器有多个 IP 地址,而且每个 IP 地址与服务器上部署的每个网站一一对应,这样当用户请求访问不同的 IP 地址时,会访问到不同网站的页面资源。而且,每个网站都有一个独立的 IP 地址,对搜索引擎优化也大有裨益。因此以这种方式提供虚拟网站主机功能不仅最常见,也受到了网站站长的欢迎。

在前面章节中讲解了用于配置网络的两种方法,读者在实验中和工作中可随意选择。就当前的实验来讲,通过"nmtui"命令配置的 IP 地址如图 12-13 所示。在配置完毕并重启网卡服务使用"systemctl restart network"命令,记得检查网络的连通性,确保三个 IP 地址均可正常访问。

第 1 步:分别在 /home/wwwroot 中创建用于保存不同网站数据的 3 个目录,并向其中分别写入网站的首页文件。每个首页文件中应有明确区分不同网站内容的信息,方便稍后能更直观地检查效果。

```
mkdir -p /home/wwwroot/10
mkdir -p /home/wwwroot/20
mkdir -p /home/wwwroot/30
echo "IP:192.168.88.10" > /home/wwwroot/10/index.html
echo "IP:192.168.88.20" > /home/wwwroot/20/index.html
echo "IP:192.168.88.30" > /home/wwwroot/30/index.html
```

第 2 步:在 httpd 服务的配置文件中倒数第 3 行处开始,分别追加写入三个基于 IP 地址的虚拟主机网站参数,然后保存并退出,如图 12-14 所示。

记得需要重启 httpd 服务(使用"systemctl restart httpd"命令),这些配置才生效,文本内容如下。

【vim /etc/httpd/conf/httpd.conf】

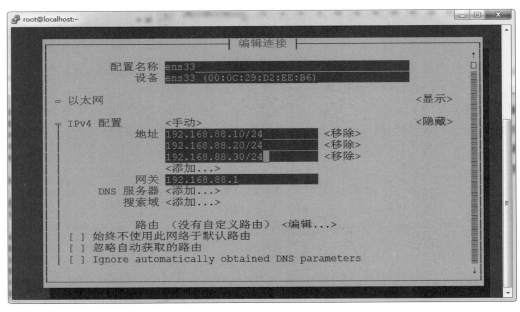

图 12-13 使用 nmtui 命令配置网络参数

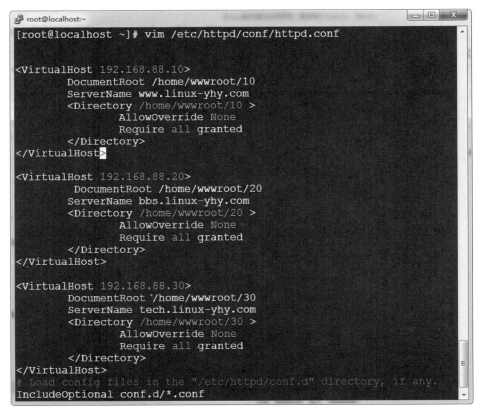

图 12-14 编辑配置文件

```
………………省略部分输出信息………………
<VirtualHost 192.168.88.188>
    DocumentRoot /home/wwwroot/10
    ServerName www.linux-yhy.com
    <Directory /home/wwwroot/10>
        AllowOverride None
        Require all granted
    </Directory>
</VirtualHost>
<VirtualHost 192.168.88.20>
    DocumentRoot /home/wwwroot/20
    ServerName bbs.linux-yhy.com
    <Directory /home/wwwroot/20>
        AllowOverride None
        Require all granted
    </Directory>
</VirtualHost>
<VirtualHost 192.168.88.30>
    DocumentRoot /home/wwwroot/30
    ServerName tech.linux-yhy.com
    <Directory /home/wwwroot/30>
        AllowOverride None
        Require all granted
    </Directory>
</VirtualHost>
………………省略部分输出信息………………
```

第 3 步：此时访问网站，则会看到 httpd 服务程序的默认首页面。读者现在应该立刻就反应过来：这是 SELinux 在捣鬼。由于当前的 /home/wwwroot 目录及里面的网站数据目录的 SELinux 安全上下文与网站服务不吻合，因此 httpd 服务程序无法获取到这些网站数据目录。需要手动把新的网站数据目录的 SELinux 安全上下文设置正确，并使用 restorecon 命令让新设置的 SELinux 安全上下文立即生效，这样就可以立即看到网站的访问效果了，如图 12-15 所示。

```
semanage fcontext -a -t httpd_sys_content_t /home/wwwroot
semanage fcontext -a -t httpd_sys_content_t /home/wwwroot/10
semanage fcontext -a -t httpd_sys_content_t /home/wwwroot/10/*
semanage fcontext -a -t httpd_sys_content_t /home/wwwroot/20
semanage fcontext -a -t httpd_sys_content_t /home/wwwroot/20/*
semanage fcontext -a -t httpd_sys_content_t /home/wwwroot/30
semanage fcontext -a -t httpd_sys_content_t /home/wwwroot/30/*
restorecon -Rv /home/wwwroot
```

12.5.2 基于多域名的虚拟主机

当服务器无法为每个网站都分配一个独立 IP 地址的时候，可以尝试让 Apache 自动识别用户请求的域名，从而根据不同的域名请求来传输不同的内容。在这种情况下的配置更加简单，只需要保证位于生产环境中的服务器上有一个可用的 IP 地址（这里以 192.168.88.188 为例)就可以了。由于当前还没有介绍如何配置 DNS 解析服务,因此需要手工定义 IP 地址与域名之间的对应关系。/etc/hosts 是 Linux 系统中用于强制把某个主机域名解析到指定 IP 地址的配置文件。简单来说,只要这个文件配置正确,即使网卡参数中没有 DNS 信息也依然能够将域名解析为某个 IP 地址。

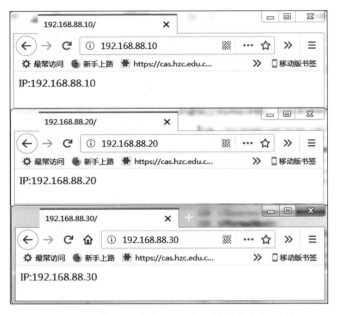

图 12-15　基于不同的 IP 地址访问虚拟主机网站

第 1 步:通过修改配置文件的方式修改服务器的 IP 地址为 192.168.88.188,修改网卡的配置文件后,记得重启网络服务。

```
vim /etc/sysconfig/network-scripts/ifcfg-ens33
systemctl restart network
```

第 2 步:手工定义 IP 地址与域名之间对应关系的配置文件,保存并退出后会立即生效。可以通过分别 ping 这些域名来验证域名是否已经成功解析为 IP 地址。

```
vim /etc/hosts
```

添加如下行:

```
192.168.88.188 www.linux-yhy.com bbs.linux-yhy.com tech.linux-yhy.com
```

使用"ping -c 4 www.linux-yhy.com"命令测试域名能够 ping 通,再进行下一步。

第 3 步:分别在/home/wwwroot 中创建用于保存不同网站数据的三个目录,并向其中分别写入网站的首页文件。每个首页文件中应有明确区分不同网站内容的信息,方便稍后能更直观地检查效果。

```
mkdir -p /home/wwwroot/www
mkdir -p /home/wwwroot/bbs
mkdir -p /home/wwwroot/tech
echo "WWW.linux-yhy.com" > /home/wwwroot/www/index.html
```

```
echo "BBS.linux-yhy.com" > /home/wwwroot/bbs/index.html
echo "TECH.linux-yhy.com" > /home/wwwroot/tech/index.html
```

第 4 步：在 httpd 服务的配置文件中倒数第 3 行处开始，分别追加写入三个基于主机名的虚拟主机网站参数，然后保存并退出。记得需要重启 httpd 服务，这些配置才生效。

```
【vim /etc/httpd/conf/httpd.conf】
………………省略部分输出信息………………
<VirtualHost 192.168.88.188>
    DocumentRoot "/home/wwwroot/www"
    ServerName "www.linux-yhy.com"
    <Directory "/home/wwwroot/www">
        AllowOverride None
        Require all granted
    </directory>
</VirtualHost>
<VirtualHost 192.168.88.188>
    DocumentRoot "/home/wwwroot/bbs"
    ServerName "bbs.linux-yhy.com"
    <Directory "/home/wwwroot/bbs">
        AllowOverride None
        Require all granted
    </Directory>
</VirtualHost>
<VirtualHost 192.168.88.188>
    DocumentRoot "/home/wwwroot/tech"
    ServerName "tech.linux-yhy.com"
    <Directory "/home/wwwroot/tech">
        AllowOverride None
        Require all granted
    </directory>
</VirtualHost>
………………省略部分输出信息………………
【systemctl restart httpd】
```

第 5 步：因为当前的网站数据目录还是在 /home/wwwroot 目录中，因此还是必须要正确设置网站数据目录文件的 SELinux 安全上下文，使其与网站服务功能相吻合。最后记得用 restorecon 命令让新配置的 SELinux 安全上下文立即生效，这样就可以立即访问到虚拟主机网站了，效果如图 12-16 所示。

```
semanage fcontext -a -t httpd_sys_content_t /home/wwwroot
semanage fcontext -a -t httpd_sys_content_t /home/wwwroot/www
semanage fcontext -a -t httpd_sys_content_t /home/wwwroot/www/*
semanage fcontext -a -t httpd_sys_content_t /home/wwwroot/bbs
semanage fcontext -a -t httpd_sys_content_t /home/wwwroot/bbs/*
semanage fcontext -a -t httpd_sys_content_t /home/wwwroot/tech
semanage fcontext -a -t httpd_sys_content_t /home/wwwroot/tech/*
restorecon -Rv /home/wwwroot
```

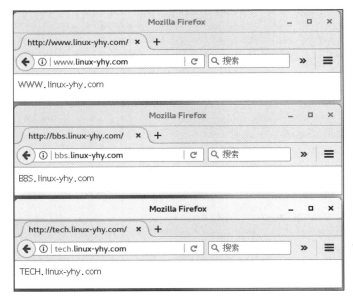

图 12-16　基于主机域名访问虚拟主机网站

12.5.3 基于多端口的虚拟主机

基于端口号的虚拟主机功能可以让用户通过指定的端口号来访问服务器上的网站资源。在使用 Apache 配置虚拟网站主机功能时，基于端口号的配置方式是最复杂的。因此不仅要考虑 httpd 服务程序的配置因素，还需要考虑到 SELinux 服务对新开设端口的监控。一般来说，使用 80、443、8080 等端口号来提供网站访问服务是比较合理的，如果使用其他端口号则会受到 SELinux 服务的限制。

在接下来的实验中，不但要考虑到目录上应用的 SELinux 安全上下文的限制，还需要考虑 SELinux 域对 httpd 服务程序的管控。

第 1 步：分别在 /home/wwwroot 中创建用于保存不同网站数据的两个目录，并向其中分别写入网站的首页文件。每个首页文件中应有明确区分不同网站内容的信息，方便稍后能更直观地检查效果。

```
mkdir -p /home/wwwroot/8111
mkdir -p /home/wwwroot/8222
echo "port:8111" > /home/wwwroot/8111/index.html
echo "port:8222" > /home/wwwroot/8222/index.html
```

第 2 步：在 httpd 服务配置文件的第 43 行和第 44 行分别添加用于监听 8111 和 8222 端口的参数。

【vim /etc/httpd/conf/httpd.conf】
…………………省略部分输出信息…………………
 42 Listen 80
 43 Listen 8111
 44 Listen 8222
…………………省略部分输出信息…………………

第 3 步：在 httpd 服务的配置文件中大约倒数第 3 行处开始，分别追加写入两个基于端口号的虚拟主机网站参数，然后保存并退出。记得需要重启 httpd 服务，这些配置才生效。

```
【vim /etc/httpd/conf/httpd.conf】
………………省略部分输出信息………………
<VirtualHost 192.168.88.188:8111>
    DocumentRoot "/home/wwwroot/8111"
    ServerName www.linux-yhy.com
    <Directory "/home/wwwroot/8111">
        AllowOverride None
        Require all granted
    </Directory>
</VirtualHost>
<VirtualHost 192.168.88.188:8222>
    DocumentRoot "/home/wwwroot/8222"
    ServerName bbs.linux-yhy.com
    <Directory "/home/wwwroot/8222">
        AllowOverride None
        Require all granted
    </Directory>
</VirtualHost>
………………省略部分输出信息………………
```

第 4 步：因为把网站数据目录存放在 /home/wwwroot 目录中，因此还是必须要正确设置网站数据目录文件的 SELinux 安全上下文，使其与网站服务功能相吻合。最后记得用 restorecon 命令让新配置的 SELinux 安全上下文立即生效。

```
semanage fcontext -a -t httpd_sys_content_t /home/wwwroot
semanage fcontext -a -t httpd_sys_content_t /home/wwwroot/8111
semanage fcontext -a -t httpd_sys_content_t /home/wwwroot/8111/*
semanage fcontext -a -t httpd_sys_content_t /home/wwwroot/8222
semanage fcontext -a -t httpd_sys_content_t /home/wwwroot/8222/*
restorecon -Rv /home/wwwroot/
```

在妥当配置 httpd 服务程序和 SELinux 安全上下文并重启 httpd 服务后，通过浏览器访问基于端口的网站，竟然出现报错信息。这是因为 SELinux 服务检测到 8111 和 8222 端口原本不属于 Apache 服务应该需要的资源，但现在却以 httpd 服务程序的名义监听使用了，所以 SELinux 会拒绝使用 Apache 服务使用这两个端口。可以使用 semanage 命令查询并过滤出所有与 HTTP 相关且 SELinux 服务允许的端口列表。

```
【semanage port -l | grep http】
http_cache_port_t     tcp     8080, 8118, 8123, 10001-10010
http_cache_port_t     udp     3130
http_port_t           tcp     80, 81, 443, 488, 8008, 8009, 8443, 9000
pegasus_http_port_t   tcp     5988
pegasus_https_port_t  tcp     5989
```

第 5 步：SELinux 允许的与 HTTP 相关的端口号中默认没有包含 8111 和 8222，因此需要将这两个端口号手动添加进去。该操作会立即生效，而且在系统重启过后依然有效。

设置好后再重启 httpd 服务程序,然后就可以看到网页内容了,结果如图 12-17 所示。

【semanage port -a -t http_port_t -p tcp 8111】
【semanage port -a -t http_port_t -p tcp 8222】
【semanage port -l | grep http】
http_cache_port_t   tcp   8080, 8118, 8123, 10001-10010
http_cache_port_t   udp   3130
http_port_t   tcp   80, 81, 443, 488, 8008, 8009, 8111, 8222, 8443, 9000
pegasus_http_port_t   tcp   5988
pegasus_https_port_t tcp   5989
【systemctl restart httpd】

图 12-17　基于端口号访问虚拟主机网站

12.6　配置访问控制规则

　　Apache 可以基于源主机名、源 IP 地址或源主机上的浏览器特征等信息对网站上的资源进行访问控制。它通过 Allow 指令允许某个主机访问服务器上的网站资源,通过 Deny 指令实现禁止访问。在允许或禁止访问网站资源时,还会用到 Order 指令,这个指令用来定义 Allow 或 Deny 指令起作用的顺序,其匹配原则是按照顺序进行匹配,若匹配成功则执行后面的默认指令。例如"Order Allow,Deny"表示先将源主机与允许规则进行匹配,若匹配成功则允许访问请求,反之则拒绝访问请求。

　　第 1 步:先在服务器上的网站数据目录中新建一个子目录,并在这个子目录中创建一个包含 Order 单词的首页文件。

```
mkdir /var/www/html/server
echo " Order " > /var/www/html/server/index.html
```

　　第 2 步:打开 httpd 服务的配置文件,在倒数第 3 行后面添加下述规则来限制源主机的访问。这段规则的含义是允许使用 Firefox 浏览器的主机访问服务器上的首页文件,除此之外的所有请求都将被拒绝。使用 Firefox 浏览器的访问效果如图 12-18 所示。

【vim /etc/httpd/conf/httpd.conf】
…………省略部分输出信息…………
<Directory "/var/www/html/server">
    SetEnvIf User-Agent "Firefox" ff=1
    Order allow,deny
    Allow from env=ff
</Directory>
…………省略部分输出信息…………
【systemctl restart httpd】

图 12-18　Firefox 浏览器成功访问

除了匹配源主机的浏览器特征之外,还可以通过匹配源主机的 IP 地址进行访问控制。例如,只允许 IP 地址为 192.168.88.20 的主机访问网站资源,那么就可以在 httpd 服务配置文件的第 129 行后面添加下述规则。这样在重启 httpd 服务程序后再用本机(即服务器,其 IP 地址为 192.168.88.188)访问网站的首页时就会提示访问被拒绝了,如图 12-19 所示。

【vim /etc/httpd/conf/httpd.conf】
…………省略部分输出信息…………
<Directory "/var/www/html/server">
    Order allow,deny
    Allow from 192.168.88.20
    Order allow,deny
</Directory>
…………省略部分输出信息…………
【systemctl restart httpd】

图 12-19　因 IP 地址不符合要求而被拒绝访问

习 题

一、选择题

1. 以下（　　）是 Apache 的基本配置文件。
   A. http.conf   B. srm.conf
   C. mime.type   D. apache.conf

2. 以下关于 Apache 的描述（　　）是错误的。
   A. 不能改变服务端口   B. 只能为一个域名提供服务
   C. 可以给目录设定密码   D. 默认端口是 8080

3. 启动 Apache 服务器的命令是（　　）。
   A. systemctl apache start   B. systemctl http start
   C. systemctl httpd start   D. systemctl httpd reload

4. 若要设置 Web 站点根目录的位置，应在配置文件中通过（　　）配置语句来实现。
   A. ServerRoot   B. ServerName
   C. DocumentRoot   D. DirectoryIndex

5. 若要设置站点的默认主页，可在配置文件中通过（　　）配置项来实现。
   A. RootIndex   B. ErrorDocument
   C. DocumentRoot   D. DirectoryIndex

二、简答题

1. 试述启动和关闭 Apache 服务器的方法。
2. 简述 Apache 配置文件的结构及其关系。
3. Apache 服务器可架设哪几种类型的虚拟主机？各有什么特点？

三、操作题

1. 建立 Web 服务器，并根据以下要求配置 Web 服务器。
   （1）设置主目录的路径为/var/www/web。
   （2）添加 index.jsp 文件作为默认文档。
   （3）设置 Apache 监听的端口号为 8888。
   （4）设置默认字符集为 GB 2312。

2. 在 Web 服务器中建立一个名为 temp 的虚拟目录，其对应的物理路径是/usr/local/temp，并配置 Web 服务器允许该虚拟目录具备目录浏览和允许内容协商的多重视图特性。

3. 在 Web 服务器中建立一个名为 private 的虚拟目录，其对应的物理路径是/usr/local/private，并配置 Web 服务器对该虚拟目录启用用户认证，只允许用户名为 abc 和 xyz 的用户访问。

4. 在 Web 服务器中建立一个名为 test 的虚拟目录，其对应的物理路径是/usr/local/test，并配置 Web 服务器仅允许来自网络 192.168.16.0/24 客户机的访问。

5. 使用 192.168.1.17 和 192.168.1.18 两个 IP 地址创建基于 IP 地址的虚拟主机，其中，IP

地址为 192.168.1.17 的虚拟主机对应的主目录为/usr/www/web1,IP 地址为 192.168.1.18 的虚拟主机对应的主目录为/usr/www/web2。

6. 在 DNS 服务器中建立 www.example.com 和 www.test.com 两个域名,使它们解析到同一个 IP 地址 192.168.16.17 上,然后创建基于域名的虚拟主机。其中,域名为 www.example.com 的虚拟主机对应的主目录为/usr/www/web1,域名为 www.test.com 的虚拟主机对应的主目录为/usr/www/web2。

第 13 章　使用 BIND 提供 DNS 域名解析服务

在 Internet 中使用 IP 地址来确定某台计算机的唯一地址，而 IP 地址不太容易记忆。为了方便访问网络中的计算机，人们为计算机分配了一个名称，通过将每台计算机名称与 IP 地址建立一个映射关系，在访问计算机时可直接利用计算机名称。将计算机名称与 IP 地址的映射关系保存并提供相关查询功能的系统就被称为名称解析系统。名称解析系统有很多类型，例如 WINS、DNS 等。目前大部分操作系统使用的都是本章讲述的 DNS。

本章讲解了 DNS 域名解析服务的原理以及作用，介绍了域名查询功能中正向解析与反向解析的作用，并通过实验的方式演示了如何在 DNS 主服务器上部署正、反解析工作模式，以便读者深刻体会到 DNS 域名查询的便利以及强大。

13.1　DNS 域名解析服务

相对于由数字构成的 IP 地址，域名更容易被理解和记忆，所以人们通常更习惯通过域名的方式来访问网络中的资源。但是，网络中的计算机之间只能基于 IP 地址来相互识别对方的身份，而且要想在互联网中传输数据，也必须基于外网的 IP 地址来完成。

为了降低用户访问网络资源的门槛，DNS（Domain Name System，域名系统）技术应运而生。这是一项用于管理和解析域名与 IP 地址对应关系的技术，简单来说，就是能够接收用户输入的域名或 IP 地址，然后自动查找与之匹配（或者说具有映射关系）的 IP 地址或域名，即将域名解析为 IP 地址（正向解析），或将 IP 地址解析为域名（反向解析）。这样一来，只需要在浏览器中输入域名就能打开想要访问的网站了。DNS 域名解析技术的正向解析也是最常使用的一种工作模式。

鉴于互联网中的域名和 IP 地址对应关系数据库过于庞大，DNS 域名解析服务采用了类似目录树的层次结构来记录域名与 IP 地址之间的对应关系，从而形成了一个分布式的数据库系统，如图 13-1 所示。

域名后缀一般分为国际域名和国内域名。原则上来讲，域名后缀都有严格的定义，但在实际使用时可以不必严格遵守。DNS 根域下一级是顶级域，是由 Internet 名字授权机构管理的。顶级域有 3 种类型：组织域、国家域和地区域，如表 13-1 所示。

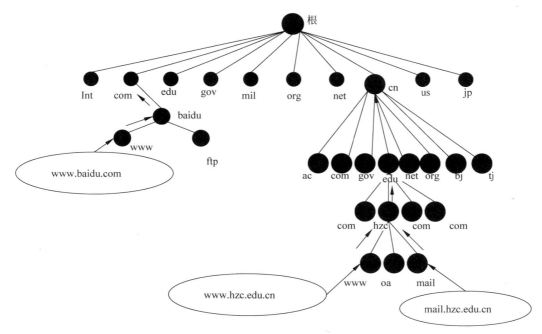

图 13-1　DNS 域名解析服务采用的目录树层次结构

表 13-1　组织域、国家域

组　织　域	说　　　明	国家域	说　　　明
com	商业部门	cn	中国
gov	政府部门	de	德国
org	民间团体组织	it	意大利
net	网络服务机构	uk	英国
edu	教育部门	jp	日本
mil	军事部门	kr	韩国

当今世界的信息化程度越来越高，大数据、云计算、物联网、人工智能等新技术不断涌现，全球网民的数量也超过了 35 亿，而且每年还在以 10% 的速度迅速增长。这些因素导致互联网中的域名数量进一步激增，被访问的频率也进一步加大。假设全球网民每人每天只访问一个网站域名，而且只访问一次，也会产生 35 亿次的查询请求，如此庞大的请求数量肯定无法被某一台服务器全部处理掉。DNS 技术作为互联网基础设施中重要的一环，为了为网民提供不间断、稳定且快速的域名查询服务，保证互联网的正常运转，提供了下面三种类型的服务器。

（1）主服务器：在特定区域内具有唯一性，负责维护该区域内的域名与 IP 地址之间的对应关系。

（2）从服务器：从主服务器中获得域名与 IP 地址的对应关系并进行维护，以防主服务器宕机等情况。

（3）缓存服务器：通过向其他域名解析服务器查询获得域名与 IP 地址的对应关系，并将经常查询的域名信息保存到服务器本地，以此来提高重复查询时的效率。

简单来说，主服务器是用于管理域名和IP地址对应关系的真正服务器，从服务器帮助主服务器"打下手"，分散部署在各个国家、省市或地区，以便让用户就近查询域名，从而减轻主服务器的负载压力。缓存服务器不太常用，一般部署在企业内网的网关位置，用于加速用户的域名查询请求。

下面通过一个查询www.qq.com的例子来了解DNS查询的工作原理，如图13-2所示。

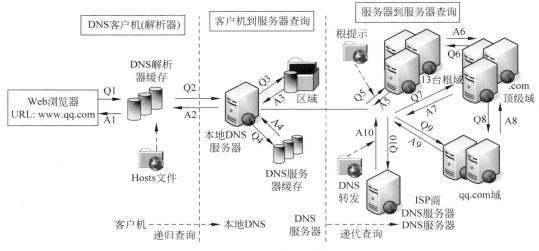

图13-2 DNS查询的工作原理

（1）在浏览器中输入"www.qq.com"域名，操作系统会先检查自己本地的hosts文件是否有网址映射关系，如果有，就先调用这个IP地址映射，完成域名解析。

（2）如果hosts里没有这个域名的映射，则查找本地DNS解析器缓存中是否有这个网址映射关系，如果有，直接返回，完成域名解析。

（3）如果hosts与本地DNS解析器缓存都没有相应的网址映射关系，首先会找TCP/IP参数中设置的首选DNS服务器，在此叫它本地DNS服务器。此服务器收到查询时，如果要查询的域名包含在本地配置区域资源中，则返回解析结果给客户机，完成域名解析，此解析具有权威性。

（4）如果要查询的域名不由本地DNS服务器区域解析，但该服务器已缓存了此网址映射关系，则调用这个IP地址映射，完成域名解析，此解析不具有权威性。

（5）如果本地DNS服务器的本地区域文件与缓存解析都失效，则根据本地DNS服务器的设置（是否设置转发器）进行查询，如果未用转发模式，本地DNS就把请求发至13台根DNS，根DNS服务器收到请求后会判断这个域名(.com)是谁来授权管理，并会返回一个负责该顶级域名服务器的一个IP。本地DNS服务器收到IP信息后，将会联系负责.com域的这台服务器。这台负责.com域的服务器收到请求后，如果自己无法解析，它就会找一个管理.com域的下一级DNS服务器地址(qq.com)给本地DNS服务器。当本地DNS服务器收到这个地址后，就会找qq.com域服务器，重复上面的动作，进行查询，直至找到www.qq.com主机。

（6）如果用的是转发模式，此DNS服务器就会把请求转发至上一级DNS服务器，由上一级服务器进行解析。上一级服务器如果不能解析，或找根DNS或把请求转至上上级，以此循环。不管是本地 DNS 服务器转发，还是根提示，最后都是把结果返回给本地 DNS 服务器，由此 DNS 服务器再返回给客户机。

其中，最高级、最权威的根 DNS 服务器总共有 13 台，分布在世界各地，其管理单位、具体的地理位置，以及 IP 地址如表 13-2 所示。

表 13-2　世界上的 13 台根 DNS 服务器的具体信息

主 机 名	IPv4 地址	IPv6 地址	DNS 软件	所在国家地区
A. root-servers.net	198.41.0.4	2001:503:BA3E::2:30	BIND	美国弗吉尼亚州
B. root-servers.net	192.228.79.2	2001:478:65::53	BIND	美国加利福尼亚州
C. root-servers.net	192.33.4.12		BIND	美国弗吉尼亚州
D. root-servers.net	128.8.10.90		BIND	美国马里兰州
E. root-servers.net	192.203.230.10		BIND	美国加利福尼亚州
F. root-servers.net	192.5.5.241	2001:500:2f::f	BIND	美国加利福尼亚州
G. root-servers.net	192.112.36.4		BIND	美国弗吉尼亚州
H. root-servers.net	128.63.2.53	2001:500:1::803f:235	NSD	美国马里兰州
I. root-servers.net	192.36.148.17	2001:7fe::53	BIND	瑞典斯德哥尔摩
J. root-servers.net	192.58.128.30	2001:503:C27::2:30	BIND	美国弗吉尼亚州
K. root-servers.net	193.0.14.129	2001:7fd::1	NSD	英国伦敦
L. root-servers.net	198.32.64.12	2001:500:3::42	NSD	美国弗吉尼亚州
M. root-servers.net	202.12.27.33	2001:dc3::35	BIND	日本东京

13.2　配置主 DNS 服务器

BIND(Berkeley Internet Name Domain，伯克利因特网名称域)服务是全球范围内使用最广泛、最安全可靠且高效的域名解析服务程序。DNS 域名解析服务作为互联网基础设施服务，其责任之重可想而知，因此建议读者在生产环境中安装部署 BIND 服务程序时加上 chroot(俗称牢笼机制)扩展包，以便有效地限制 BIND 服务程序仅能对自身的配置文件进行操作，以确保整个服务器的安全。

```
yum install  -y bind-chroot
```

BIND 服务程序的配置并不简单，因为要想为用户提供健全的 DNS 查询服务，要在本地保存相关的域名数据库，而如果把所有域名和 IP 地址的对应关系都写入某个配置文件中，估计要有上千万条的参数，这样既不利于程序的执行效率，也不方便日后的修改和维护。因此在 BIND 服务程序中有下面这三个比较关键的文件。

(1) 主配置文件(/etc/named.conf)：只有 58 行，而且在去除注释信息和空行之后，实际有效的参数仅在 30 行左右，这些参数用来定义 BIND 服务程序的运行。

(2) 区域配置文件(/etc/named.rfc1912.zones)：用来保存域名和 IP 地址对应关系的所在位置。类似于图书的目录，对应着每个域和相应 IP 地址所在的具体位置，当需要查看或修改时，可根据这个位置找到相关文件。

(3) 数据配置文件目录(/var/named)：该目录用来保存域名和 IP 地址真实对应关系的数据配置文件。

在 Linux 系统中，BIND 服务程序的名称为 named。首先需要在/etc 目录中找到该服务程序的主配置文件，然后把第 11 行和第 17 行的地址均修改为 any。这两个地方一定要修改准确，如图 13-3 所示。

vim /etc/named.conf

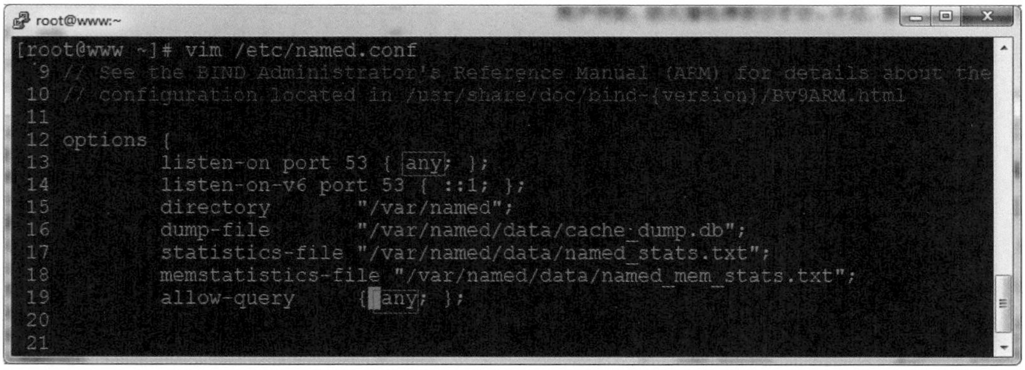

图 13-3　修改主配置文件

listen-on port 53 { any; };设置监听在这部 DNS 服务器系统上面的哪个网络接口。预设是监听"localhost 或 127.0.0.1"，即只有本机可以对 DNS 服务进行查询，那当然是很不合理的。所以这里要将大括号内的数据改写成 any。因为可以监听多个接口，因此 any 后面要加上分号才算结束。另外，这个项目如果忘记写也没有关系，因为默认是对整个主机系统的所有接口进行监听的。

allow-query { any; };是针对客户端的设定，到底谁可以对我的 DNS 服务提出查询请求的意思。原本的内容预设只是针对 localhost 开放而已，这里改成对所有的用户开放，防火墙也得放行才行。不过，默认 DNS 就是对所有用户放行，所以这个设定值也可以不用写。

如前所述，BIND 服务程序的区域配置文件(/etc/named.rfc1912.zones)用来保存域名和 IP 地址对应关系的所在位置。在这个文件中，定义了域名与 IP 地址解析规则保存的文件位置以及服务类型等内容，而没有包含具体的域名、IP 地址对应关系等信息。服务类型有三种，分别为 hint(根区域)、master(主区域)、slave(辅助区域)。其中常用的 master 和 slave 指的就是主服务器和从服务器。将域名解析为 IP 地址的正向解析参数和将 IP 地址解析为域名的反向解析参数分别如图 13-4 和图 13-5 所示。

下面的实验中会分别修改 BIND 服务程序的主配置文件、区域配置文件与数据配置文件。如果在实验中遇到了 BIND 服务程序启动失败的情况，而用户认为这是由于参数写错

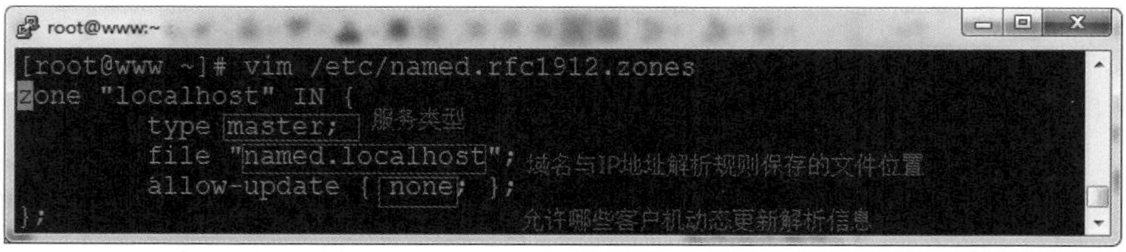

图 13-4　正向解析参数

而导致的,则可以执行 named-checkconf 命令和 named-checkzone 命令,分别检查主配置文件与数据配置文件中语法或参数的错误。

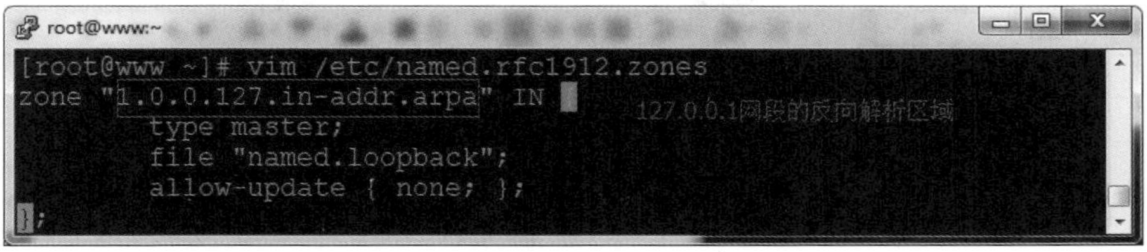

图 13-5　反向解析参数

13.2.1　配置正向解析区域

在 DNS 域名解析服务中,正向解析是指根据域名(主机名)查找到对应的 IP 地址。也就是说,当用户输入了一个域名后,BIND 服务程序会自动进行查找,并将匹配到的 IP 地址返给用户。这也是最常用的 DNS 工作模式。

第 1 步:编辑区域配置文件。该文件中默认已经有了一些无关紧要的解析参数,旨在让用户有一个参考。可以将下面的参数添加到区域配置文件的最下面,当然,也可以将该文件中的原有信息全部清空,而只保留自己的域名解析信息。

【vim /etc/named.rfc1912.zones】
zone "linux – yhy.com" IN {
　　type master;
　　file "linux – yhy.com.zone";
　　allow – update {none;};
};

第 2 步:编辑数据配置文件"vim linux-yhy.com.zone"。可以从/var/named 目录中复制一份正向解析的模板文件(cp -p named.localhost linux-yhy.com.zone),然后把域名和 IP 地址的对应数据填写到数据配置文件中并保存。在复制时记得加上-p 参数,这可以保留原始文件的所有者、所属组、权限属性等信息,以便让 BIND 服务程序顺利读取文件内容。

编辑数据配置文件,如图 13-6 所示。

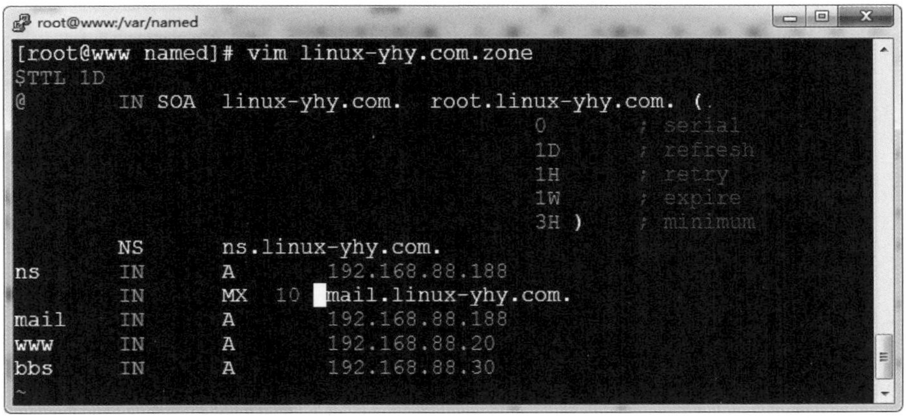

图 13-6　正向解析文件

使用 BIND 提供 DNS 域名解析服务

在保存并退出文件后记得重启 named 服务程序（systemctl restart named），让新的解析数据生效。考虑到正向解析文件中的参数较多，而且相对都比较重要，笔者在每个参数后面都做了简要的说明。

$TTL 1D	#生存周期为1天			
@	IN SOA	linux-yhy.com.	root.linux-yhy.com.	(
	#授权信息开始	#DNS区域的地址	#域名管理员的邮箱(不要用@符号)	
			0;serial	#更新序列号
			1D;refresh	#更新时间
			1H;retry	#重试延时
			1W;expire	#失效时间
			3H);minimum	#无效解析记录的缓存时间
	NS	ns.linux-yhy.com.	#域名服务器记录	
ns	IN A	192.168.88.188	#地址记录(ns.linux-yhy.com.)	
	IN MX 10	mail.linux-yhy.com.	#邮箱交换记录	
mail	IN A	192.168.88.188	#地址记录(mail.linux-yhy.com.)	
www	IN A	192.168.88.188	#地址记录(www.linux-yhy.com.)	
bbs	IN A	192.168.88.20	#地址记录(bbs.linux-yhy.com.)	

第 3 步：检验解析结果。为了检验解析结果，一定要先把 Linux 系统网卡中的 DNS 地址参数修改成本机 IP 地址，这样就可以使用由本机提供的 DNS 查询服务了，如图 13-7 所示。修改完成后重启网络服务（systemctl restart network）。

图 13-7　修改本机的 DNS 地址

nslookup 命令用于检测能否从 DNS 服务器中查询到域名与 IP 地址的解析记录，进而更准确地检验 DNS 服务器是否已经能够为用户提供服务，如图 13-8 所示。

13.2.2　配置反向解析区域

在 DNS 域名解析服务中，反向解析的作用是将用户提交的 IP 地址解析为对应的域名信息，它一般用于对某个 IP 地址上绑定的所有域名进行整体屏蔽，屏蔽由某些域名发送的垃圾邮件。它也可以针对某个 IP 地址进行反向解析，大致判断出有多少个网站运行在上面。当购买虚拟主机时，可以使用这一功能验证虚拟主机提供商是否有严重的超售问题。

第 1 步：编辑区域配置文件。在编辑该文件时，除了不要写错格式之外，还需要记住此处定义的数据配置文件名称，因为一会儿还需要在/var/named 目录中建立与其对应的同名文件。反向解析是把 IP 地址解析成域名格式，因此在定义 zone（区域）时应该要把 IP 地址反写，例如原来是 192.168.88.0，反写后应该就是 10.168.192，而且只需写出 IP 地址的网络位即可。把下列参数添加至正向解析参数的后面。

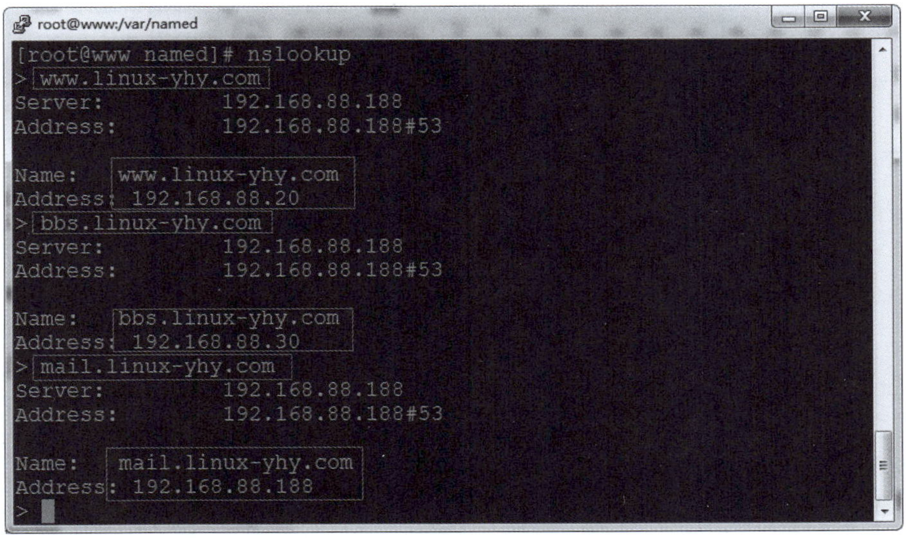

图 13-8　nslookup 检测结果

【vim /etc/named.rfc1912.zones】
```
zone "linux－yhy.com" IN {
    type master;
    file "linux－yhy.com.zone";
    allow－update {none;};
};
zone "88.168.192.in－addr.arpa" IN {
    type master;
    file "192.168.88.arpa";
};
```

第 2 步：编辑数据配置文件。首先从/var/named 目录中复制一份反向解析的模板文件(cp－p named.loopback 192.168.88.arpa)，然后把下面的参数填写到文件中(vim 192.168.88.arpa)。其中，IP 地址仅需要写主机位，如图 13-9 所示。最后重启 BIND 服务(systemctl restart named)。

图 13-9　反向解析文件中 IP 地址参数规范

$TTL 1D				
@	IN SOA	linux-yhy.com.	root.linux-yhy.com.	(
				0 ;serial
				1D ;refresh
				1H ;retry
				1W ;expire
				3H) ;minimum
	NS	ns.linux-yhy.com.		
ns	A	192.168.88.188		
188	PTR	ns.linux-yhy.com.	#PTR 为指针记录,仅用于反向解析	
188	PTR	mail.linux-yhy.com.	# 对应 IP 地址为 192.168.88.188	
20	PTR	www.linux-yhy.com.	# 对应 IP 地址为 192.168.88.20	
30	PTR	bbs.linux-yhy.com.	# 对应 IP 地址为 192.168.88.30	

第 3 步：检验解析结果。在前面的正向解析实验中，已经把系统网卡中的 DNS 地址参数修改成了本机 IP 地址，因此可以直接使用 nslookup 命令来检验解析结果，仅需输入 IP 地址即可查询到对应的域名信息，如图 13-10 所示。

图 13-10　反向检验解析结果

13.3　配置从 DNS 服务器

作为重要的互联网基础设施服务，保证 DNS 域名解析服务的正常运转至关重要，只有这样才能提供稳定、快速且不间断的域名查询服务。在 DNS 域名解析服务中，从服务器（IP 地址：192.168.88.20）可以从主服务器（IP 地址：192.168.88.188）上获取指定的区域数据文件，从而起到备份解析记录与负载均衡的作用，因此通过部署从服务器可以减轻主服务器的负载压力，还可以提升用户的查询效率，具体的操作步骤如下。

第 1 步：在主服务器的区域配置文件中允许该从服务器的更新请求，即修改 allow-update{允许更新区域信息的主机地址;};参数，然后重启主服务器的 DNS 服务程序。

【vim /etc/named.rfc1912.zones】
```
zone "linux-yhy.com" IN {
    type master;
    file "linux-yhy.com.zone";
    allow-update { 192.168.88.20; };
};
zone "88.168.192.in-addr.arpa" IN {
    type master;
    file "192.168.88.arpa";
    allow-update { 192.168.88.20; };
};
```
【systemctl restart named】

第 2 步：在从服务器中填写主服务器的 IP 地址与要抓取的区域信息，然后重启服务。注意此时的服务类型应该是 slave（从），而不再是 master（主）。masters 参数后面应该为主服务器的 IP 地址，而且 file 参数后面定义的是同步数据配置文件后要保存到的位置，稍后可以在该目录内看到同步的文件。

【vim /etc/named.rfc1912.zones】
```
zone "linux-yhy.com" IN {
    type slave;
    masters { 192.168.88.188; };
    file "slaves/linux-yhy.com.zone";
};
zone "10.168.192.in-addr.arpa" IN {
    type slave;
    masters { 192.168.88.188; };
    file "slaves/192.168.88.arpa";
};
```
【systemctl restart named】

第 3 步：检验解析结果。当从服务器的 DNS 服务程序重启后，一般就已经自动从主服务器上同步了数据配置文件，而且该文件默认会放置在区域配置文件中所定义的目录位置中。随后修改从服务器的网络参数，把 DNS 地址参数修改成 192.168.88.20，这样即可使用从服务器自身提供的 DNS 域名解析服务了。最后就可以使用 nslookup 命令顺利看到解析结果了。使用"cd /var/named/slaves"命令切换到相应目录，ls 命令可查看从主服务器复制过来的文件，如图 13-11 所示。

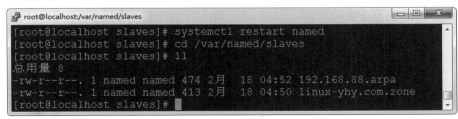

图 13-11　从服务器复制过来的文件

习 题

一、选择题

1. 若须检查当前 Linux 系统是否已安装了 DNS 服务器,以下命令正确的是( )。
   A. rpm -q dns   B. rpm -q bind
   C. rpm -aux｜grep bind   D. rpm ps aux｜grep dns

2. 启动 DNS 服务的命令是( )。
   A. systemctl bind restart B. service bind start
   C. systemctl named state   D. systemctl named restart

3. 以下对 DNS 服务的描述正确的是( )。
   A. DNS 服务的主要配置文件是/etc/named.config/nds.conf
   B. 配置 DNS 服务,只需配置/etc/named.conf 即可
   C. 配置 DNS 服务,通常需要配置/etc/named.conf 和对应的区域文件
   D. 配置 DNS 服务时,正向和反向区域文件都必须配置才行

4. 检验 DNS 服务器配置是否成功,解析是否正确,最好采用( )命令来实现。
   A. ping   B. netstat
   C. ps -aux｜bind   D. nslookup

二、简答题

1. Linux 中的 DNS 服务器主要有哪几种类型?
2. 如何启动、关闭和重启 DNS 服务?
3. BIND 的配置文件主要有哪些?每个文件的作用是什么?
4. 测试 DNS 服务器和配置是否正确主要有哪几个方法?
5. 正向区域文件和反向区域文件分别由哪些记录组成?

三、操作题

1. 安装基于 chroot 的 DNS 服务器,并根据以下要求配置主要名称服务器。

(1) 设置根区域并下载根服务器信息文件 named.ca,以便 DNS 服务器在本地区域文件不能进行查询的解析时,能转到根 DNS 服务器查询。

(2) 建立 xyz.com 主区域,设置允许区域复制的辅域名服务器的地址为 192.168.7.17。

(3) 建立以下 A 资源记录。

```
dns.xyz.com.        IN   A   192.168.16.177
www.xyz.com.        IN   A   192.168.16.9
mail.xyz.com.       IN   A   192.168.16.178
```

(4) 建立以下别名 CNAME 资源记录。

```
bbs                 IN   A   192.168.16.177
```

(5) 建立以下邮件交换器 MX 资源记录。

```
xyz.com.            IN   MX   10   mail.xyz.com.
```

(6) 建立反向解析区域 16.168.192.in-addr.arpa，并为以上 A 资源记录建立对应的指针 PTR 资源记录。

2. 安装基于 chroot 的 DNS 服务器，并根据以下要求配置辅助名称服务器。

(1) 建立 xyz.com 从区域，设置主要名称服务器的地址为 192.168.16.177。

(2) 建立反向解析从区域 16.168.192.in-addr.arpa，设置主要名称服务器的地址为 192.168.16.177。

3. 安装基于 chroot 的 DNS 服务器，并将其配置成缓存 Cache-only 服务器，然后将客户机的查询转发到 61.144.56.101 这台 DNS 服务器上。

第 14 章 使用 Postfix 与 Dovecot 部署邮件系统

电子邮件服务器是处理邮件交换的软硬件设施的总称,包括电子邮件程序、电子邮箱等。它是为用户提供全球 E-mail 服务的电子邮件系统,人们通过访问服务器实现邮件的交换。服务器程序通常不能由用户启动,而是一直在系统中运行,它一方面负责把本机器上发出的 E-mail 发送出去,另一方面负责接收其他主机发过来的 E-mail,并把各种电子邮件分发给每个用户。

本章将介绍在 Linux 系统中使用 Postfix 和 Dovecot 服务程序配置电子邮件系统服务的方法,并重点讲解常用的配置参数,此外还将结合 BIND 服务程序提供的 DNS 域名解析服务来验证客户端主机与服务器之间的邮件收发功能。本章最后还介绍了如何在电子邮件系统中设置用户别名,以帮助读者在生产环境中更好地控制、管理电子邮件账户以及信箱地址。

14.1 电子邮件工作原理

与传统信件的收发流程类似,电子邮件采用存储转发的方式。在了解电子邮件工作原理前,首先了解几个概念。

(1) MUA:MUA(Mail User Agent,邮件用户代理)提供使用者编写邮件、执行收发邮件动作等功能,不论是收信还是发信,一般客户端都是通过操作系统提供的 MUA 使用邮件系统,在测试邮件系统或其他一些很少的情况下也可以使用 Telnet 直接连接到 MTA。提供 MUA 功能的邮件客户端软件有 Outlook、Outlook Express、Mozilla Thunderbird(雷鸟)、Foxmail 等,如表 14-1 所示。当然还有目前非常流行的 WebMail 方式。

表 14-1 常见 MUA

版 本	开发商	收费方式	软件许可证	操作系统支持
Apple Mail	苹果	MacOS X 的一部分	专有	MacOS X
Foxmail	腾讯	免费	专有	Windows
Mozilla Thunderbird	Mozilla	免费	MPL、MPL/GPL/LGPL 三重许可证	MacOS X、Windows、Linux(BSN/UNIX)
Outlook Express	微软	Windows 的一部分	专有	Windows
Microsoft Office Outlook	微软	Office 的一部分	专有	MacOS X、Windows
Kmail	KDE	KDE 的一部分	GPL	MacOS X、Linux(BSNA/UNIX)

（2）MTA：当 MUA 将邮件交给邮件系统后，邮件系统会将邮件发送给正确的接收主机，MTA（Mail Transfer Agent，邮件传输代理）就负责完成这项工作。邮件系统的设计与具体的网络结构无关，不管是互联网还是 UUCP 网络，理论上只要能识别对应网络协议的 MTA，邮件系统就可以通过 MTA 将邮件从一个主机发送到另一个主机。一个 MTA 应该具备接收信件、转发信件以及响应客户端收取邮件请求等功能。提供 MTA 功能的软件在 Windows 平台中有 Exchange Server（Exchange Server 并不只是提供 MTA 的功能，微软为了满足企业对异步通信平台的需要在其中增加了很多其他功能，例如 OWA、OMA、统一通信等）、MDaemon、Foxmail Server 等，在 Linux 平台中有 SendMail、Postfix、QMail 等。

（3）MDA：MDA（Mail Delivery Agent，邮件投递代理）根据 MTA 接收的邮件，收信人将邮件存放到对应邮件存放地点或者通过 MTA 将邮件投递到下一个 MTA。

（4）MRA：MRA（Mail Retrieval Agent，邮件收取代理）为 MUA 读取邮件提供标准，接口目前主要使用 POP3 或 IMAP。

如图 14-1 所示是电子邮件的工作原理，当发送邮件时，进行如下操作。

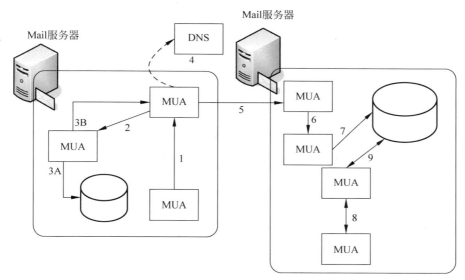

图 14-1　电子邮件的工作原理

（1）用户通过 MUA 将邮件投递到 MTA。
（2）MTA 首先将邮件传递给 MDA。
（3）MDA 会根据邮件收件人的不同采取两种不同的方式处理：一种方式是当收件人和发件人来自同一个区域时，MDA 将邮件存放到对应邮件存放地点；另一种方式是当收件人和发件人不是来自同一个区域时，MDA 再将邮件还给 MTA。
（4）MTA 通过 DNS 查询到收件人 MTA 的 IP 地址。
（5）将邮件投递到收件人 MTA。
（6）收件人所在区域 MTA 将邮件投递到 MDA。
（7）MDA 将邮件存放到对应邮件存放地点。

当用户收取邮件时，进行如下操作。
（1）用户通过 MUA 连接 MRA。

（2）MRA 在邮件存放地点将邮件收取，并传递回 MDA。

在 MTA 通过 DNS 查询到收件人 MTA 的 IP 地址(4)时，DNS 的区域信息中一般至少会有 MX(Mail eXchange)记录(其作用是指明收件人 MTA 的 FQDN)和收件人 MTA 的 FQDN 对应的 A 记录。MX 记录存在的原因在于，在发件人的邮件中只有收件人的邮件地址，例如 yanghaiyan@yhy.com，通过这个地址无法判断出收件人所在区域 MTA 的 IP 地址，这里发件人 MTA 在向 DNS 查询时，首先会通过 MX 记录找到收件人 MTA 对应的 FQDN，再通过收件人 MTA 的 FQDN 对应的 A 记录查询到 IP 地址。当然如果发件人在邮件中采用 yhy@收件人 MTA 的 FQDN 或 yhy@收件人 MTA 的 IP 地址时，没有 MX 记录或 A 记录也是可以的，但是很少有人会这样写邮件。

MX 记录与 DNS 中其他记录最大的区别在于多了一个优先级(下例中的 5 和 10 就是定义的优先级)，其有效值为 0~65 536 中的任何整数。MX 记录指向的是一个 A 记录，不推荐指向别名(CNAME)记录。

```
yhy.com.        IN    MX    5     mail.yhy.com
yhy.com         IN    MX    10    maill.yhy.com
yhy.com         IN    A           192.168.0.15
yhy.com         IN    A           192.168.0.16
```

同一个区域中允许有多条 MX 记录，数字越小优先级越高，当发件人 MTA 在向 DNS 查询发现收件人区域中有多条 MX 记录时，发件人 MTA 会从优先级高的开始尝试投递邮件，如果无法投递则会尝试将邮件投递给优先级第二高的，以此类推。假设这里第二高的 MX 所指的 MTA 可以连接，邮件被投递给优先级第二高的，它不会对邮件进行处理，而是暂时收下邮件后再尝试将邮件投递给优先级更高的(优先级低的帮助优先级高的临时保存邮件)。

电子邮件系统基于邮件协议来完成电子邮件的传输，常见的邮件协议有下面这些。

(1) 简单邮件传输协议(Simple Mail Transfer Protocol, SMTP)：用于发送和中转发出的电子邮件，占用服务器的 25/TCP 端口。

(2) 邮局协议版本 3(Post Office Protocol 3)：用于将电子邮件存储到本地主机，占用服务器的 110/TCP 端口。

(3) Internet 消息访问协议版本 4(Internet Message Access Protocol 4)：用于在本地主机上访问邮件，占用服务器的 143/TCP 端口。

在上文中提到当 MTA 收到邮件时会采取两种处理方式，其中一种处理方式是向外投递邮件，这就发生了中继。有一种特殊的情况是当 MTA 投递邮件，而这封邮件的收件人及发件人都不是 MTA 所在区域时，这种情况被称为第三方中继，如图 14-2 所示。如果 MTA

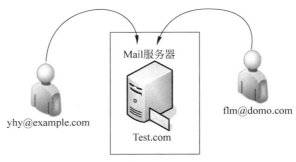

图 14-2　第三方中继

不进行任何验证就将邮件投递到外部区域,这时 MTA 就提供了所谓的开放中继(Open Relay)。如果某个互联网邮件服务器是开放中继,那么用不了多久这台邮件服务器就会成为垃圾邮件服务器。

14.2 部署基础的电子邮件系统

一个最基础的电子邮件系统肯定要能提供发信服务和收信服务,为此需要使用基于 SMTP 的 Postfix 服务程序提供发信服务功能,并使用基于 POP3 协议的 Dovecot 服务程序提供收信服务功能。这样一来,用户就可以使用 Outlook Express 或 Foxmail 等客户端服务程序正常收发邮件了。

在 RHEL 5、RHEL 6 以及诸多早期的 Linux 系统中,默认使用的发件服务是由 Sendmail 服务程序提供的,而在 CentOS 7 系统中已经替换为 Postfix 服务程序。相比于 Sendmail 服务程序,Postfix 服务程序减少了很多不必要的配置步骤,而且在稳定性、并发性方面也有很大改进。

一般而言,用户的信箱地址类似于"root@linux-yhy.com"这样,也就是按照"用户名@主机地址(域名)"格式来规范的。如果给出一串"root@192.168.88.188"信息,可能不知道这是一个信箱地址,没准会将它当作 SSH 协议的连接信息。因此,要想更好地检验电子邮件系统的配置效果,需要先部署 bind 服务程序,为电子邮件服务器和客户端提供 DNS 域名解析服务。

第 1 步:配置主机名。

配置服务器主机名称,需要保证服务器主机名称与发信域名保持一致。

【vim /etc/hostname】
mail.linux-yhy.com
【hostname】
mail.linux-yhy.com

第 2 步:清空防火墙。

清空 iptables 防火墙默认策略,并保存策略状态,避免因防火墙中默认存在的策略阻止了客户端 DNS 解析域名及收发邮件。

【iptables -F】
【service iptables save】

第 3 步:配置域名解析。

为电子邮件系统提供域名解析。由于第 13 章已经讲解了 bind-chroot 服务程序的配置方法,因此这里只提供主配置文件、区域配置文件和域名数据文件的配置内容,其余配置步骤请读者自行完成。

【cat /etc/named.conf】
 10 options {
 11 listen-on port 53 { any; };
 12 listen-on-v6 port 53 { ::1; };
 13 directory "/var/named";

```
14 dump-file "/var/named/data/cache_dump.db";
15 statistics-file "/var/named/data/named_stats.txt";
16 memstatistics-file "/var/named/data/named_mem_stats.txt";
17 allow-query { any; };
18
················省略部分输出信息················
```
【cat /etc/named.rfc1912.zones】
```
zone "linux-yhy.com" IN {
    type master;
    file "linux-yhy.com.zone";
    allow-update {none;};
};
```
【cat /var/named/linux-yhy.com.zone】

$TTL 1D				
@	IN SOA	linux-yhy.com.	root.linux-yhy.com	(
				0;serial
				1D;refresh
				1H;retry
				1W;expire
				3H;minimum
	NS	ns.linux-yhy.com		
ns	IN A	192.168.88.188		
@	IN MX 10	mail.linux-yhy.com		
mail	IN A	192.168.88.188		

```
systemctl restart named
systemctl enable named
```

修改好配置文件后记得重启 BIND 服务程序,这样电子邮件系统所对应的服务器主机名即为 mail.linux-yhy.com,而邮件域为@linux-yhy.com。把服务器的 DNS 地址修改成本地 IP 地址,如图 14-3 所示。

图 14-3　配置服务器的 DNS 地址

14.2.1　配置 Postfix 电子邮件服务器

Postfix 是一种电子邮件服务器,它是由任职于 IBM 华生研究中心(T. J. Watson Research Center)的荷兰籍研究员 Wietse Venema 为了改良 Sendmail 邮件服务器而产生的。最早在 20 世纪 90 年代晚期出现,是一个开放源代码的软件。Postfix 想要作用的范围是广大的 Internet 用户,试图影响大多数的 Internet 上的电子邮件系统,因此它是免费的。

Postfix 在性能上大约比 Sendmail 快三倍。一部运行 Postfix 的台式 PC 每天可以收发上百万封邮件。Postfix 是与 Sendmail 兼容的,从而使 Sendmail 用户可以很方便地迁移到 Postfix。Postfix 被设计成在重负荷之下仍然可以正常工作。当系统运行超出了可用的内存或磁盘空间时,Postfix 会自动减少运行进程的数目。当处理的邮件数目增长时,Postfix 运行的进程不会跟着增加。

Postfix 是由十多个小程序组成的,每个程序完成特定的功能。可以通过配置文件设置每个程序的运行参数。

Postfix 具有多层防御结构,可以有效地抵御恶意入侵者。如大多数的 Postfix 程序可以运行在较低的权限之下,用户不可以通过网络访问 Postfix 与安全性相关的本地投递程序。

第 1 步:关闭防火墙。

Postfix 服务程序在 CentOS 7 系统中默认已经安装,可以通过命令来检查,如果没有安装,也可用过 YUM 安装,在正式配置之前,建议禁用 iptables 防火墙,否则外部用户无法访问电子邮件系统。

```
rpm -qa postfix
yum install postfix
systemctl disable iptables
```

第 2 步:配置 Postfix 服务程序。

Postfix 服务程序文件大约有 679 行内容,但是需要掌握的只有 7 个参数,如表 14-2 所示。大部分为注释内容。

表 14-2 Postfix 服务程序主配置文件中的重要参数

参 数	作 用	大 概 位 置
myhostname	邮局系统的主机名	第 76 行
mydomain	邮局系统的域名	第 83 行
myorigin	从本机发出邮件的域名名称	第 99 行
inet_interfaces	监听的网卡接口	第 116 行
mydestination	可接收邮件的主机名或域名	第 164 行
mynetworks	设置可转发哪些主机的邮件	第 264 行
relay_domains	设置可转发哪些网域的邮件	第 296 行

在 Postfix 服务程序的主配置文件中,总计需要修改 5 处。首先是在第 76 行定义一个名为 myhostname 的变量,用来保存服务器的主机名称。请记住这个变量的名称,下边的参数需要调用它,注意去掉前面的注释符号井号"#"。

```
[vim /etc/postfix/main.cf]
………………省略部分输出信息………………
75 #myhostname = host.domain.tld
76 myhostname = mail.linux-yhy.com
………………省略部分输出信息………………
```

然后在第 83 行定义一个名为 mydomain 的变量,用来保存邮件域的名称。读者也要记住这个变量名称,下面将调用它。

```
78 # The mydomain parameter specifies the local internet domain name.
79 # The default is to use $myhostname minus the first component.
80 # $mydomain is used as a default value for many other configuration
81 # parameters.
82 #
83 mydomain = linux-yhy.com
```

在第 99 行调用前面的 mydomain 变量,用来定义发出邮件的域。调用变量的好处是避免重复写入信息,以及便于日后统一修改。

```
94 # For the sake of consistency between sender and recipient addresses,
95 # myorigin also specifies the default domain name that is appended
96 # to recipient addresses that have no @domain part.
97 #
98 # myorigin = $myhostname
99 myorigin = $mydomain
```

第 4 处修改是在第 116 行定义网卡监听地址。可以指定要使用服务器的哪些 IP 地址对外提供电子邮件服务;也可以干脆写成 all,代表所有 IP 地址都能提供电子邮件服务。

```
113 # inet_interfaces = all
114 # inet_interfaces = $myhostname
115 # inet_interfaces = $myhostname, localhost
116 inet_interfaces = all
```

最后一处修改是在第 164 行定义可接收邮件的主机名或域名列表。这里可以直接调用前面定义好的 myhostname 和 mydomain 变量(如果不想调用变量,也可以直接调用变量中的值)。

```
162 # See also below, section "REJECTING MAIL FOR UNKNOWN LOCAL USERS".
163 #
164 mydestination = $myhostname, $mydomain
165 # mydestination = $myhostname, localhost.$mydomain, localhost, $mydomain
166 # mydestination = $myhostname, localhost.$mydomain, localhost, $mydomain,
```

第 3 步:创建电子邮件系统的登录账户。

Postfix 可以调用本地系统的账户和密码,因此在本地系统创建常规账户即可。最后重启配置妥当的 Postfix 服务程序,并将其添加到开机启动项中即可。

```
useradd boss
echo "linux-yhy" | passwd --stdin boss
systemctl restart postfix
systemctl enable postfix
```

14.2.2 配置 Dovecot 服务

POP/IMAP 是 MUA 从邮件服务器中读取邮件时使用的协议。其中,POP3 协议是从邮件服务器中下载邮件存起来,IMAP4 则是将邮件留在服务器端直接对邮件进行管理、操作。Dovecot 是一个开源的 IMAP 和 POP3 邮件服务器,由 Timo Sirainen 开发,最初发布于 2002 年 7 月。作者将安全性放在第一,所以 Dovecot 在安全性方面比较出众。另外,

Dovecot 支持多种认证方式,所以在功能方面也比较符合一般的应用。

第 1 步:安装 Dovecot 服务程序软件包。

首先配置 YUM 软件仓库、挂载光盘镜像到指定目录,然后输入要安装的 Dovecot 软件包名称即可。

```
yum install -y dovecot
```

第 2 步:配置部署 Dovecot 服务程序。

在 Dovecot 服务程序的主配置文件中进行如下修改。首先是第 24 行,把 Dovecot 服务程序支持的电子邮件协议修改为 IMAP、POP3 和 IMTP。然后在这一行下面添加一行参数,允许用户使用明文进行密码验证。之所以这样操作,是因为 Dovecot 服务程序为了保证电子邮件系统的安全而默认强制用户使用加密方式进行登录,而由于当前还没有加密系统,因此需要添加该参数来允许用户的明文登录。

【vim /etc/dovecot/dovecot.conf】
```
………………省略部分输出信息………………
23 # Protocols we want to be serving.
24 protocols = imap pop3 lmtp
25 disable_plaintext_auth = no
………………省略部分输出信息………………
```

在主配置文件中的第 48 行,设置允许登录的网段地址,也就是说可以在这里限制只有来自于某个网段的用户才能使用电子邮件系统。如果想允许所有人都能使用,则不用修改本参数。

```
44 # Space separated list of trusted network ranges. Connections from these
45 # IPs are allowed to override their IP addresses and ports (for logging and
46 # for authentication checks). disable_plaintext_auth is also ignored for
47 # these networks. Typically you'd specify your IMAP proxy servers here.
48 login_trusted_networks = 192.168.88.0/24
```

第 3 步:配置邮件格式与存储路径。

在 Dovecot 服务程序单独的子配置文件中,定义一个路径,用于指定要将收到的邮件存放到服务器本地的哪个位置。这个路径默认已经定义好了,只需要将该配置文件中第 25 行前面的井号(#)删除即可。

【vim /etc/dovecot/conf.d/10-mail.conf】
```
24 # mail_location = maildir:~/Maildir
25 mail_location = mbox:~/mail:INBOX=/var/mail/%u
26 # mail_location = mbox:/var/mail/%d/%1n/%n:INDEX=/var/indexes/%d/%1n/%n
………………省略部分输出信息………………
```

然后切换到配置 Postfix 服务程序时创建的 boss 账户,并在家目录中建立用于保存邮件的目录。记得要重启 Dovecot 服务并将其添加到开机启动项中。至此,对 Dovecot 服务程序的配置部署步骤全部结束。

【su - boss】
```
Last login: Sat Aug 15 16:15:58 CST 2017 on pts/1
```

【mkdir -p mail/.imap/INBOX】
【exit】
【systemctl restart dovecot】
【systemctl enable dovecot】

14.2.3 配置电子邮件客户端

世界上有很多种著名的邮件客户端，主要有 Windows 自带的 Outlook，Mozilla Thunderbird，The Bat!，Becky!，还有微软 Outlook 的升级版 Windows Live Mail，国内客户端三剑客 FoxMail、Dreammail 和 KooMail 等。

邮件客户端通常指使用 IMAP/APOP/POP3/SMTP/ESMTP 等协议收发电子邮件的软件。用户不需要登录邮箱就可以收发邮件。

下面将介绍如何使用 Windows 操作系统中自带的 Outlook 软件来进行测试（也可以使用其他电子邮件客户端来测试，例如 Foxmail）。请按照图 14-4 来设置电子邮件系统及 DNS 服务器和客户端主机的 IP 地址，以便能正常解析邮件域名。

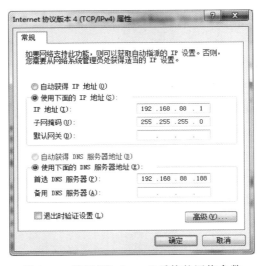

图 14-4　配置 Windows 7 系统的网络参数

第 1 步：在 Windows 7 系统中运行 Outlook 软件程序。

由于各位读者使用的 Windows 7 系统版本不一定相同，因此笔者决定采用 Outlook 2013 版本为对象进行实验。如果想要与这里的实验环境尽量保持一致，请先安装 Office 2013，如图 14-5 所示。

第 2 步：配置电子邮件账户。

在如图 14-6 所示的"账户设置"页面中单击"是"单选按钮，然后单击"下一步"按钮。

第 3 步：填写电子邮件账户信息。

在如图 14-7 所示的页面中，"您的姓名"文本框中可以为自定义的任意名字，"电子邮件地址"文本框中则需要输入服务器系统内的账户名外加发件域，"密码"文本框中要输入该账户在服务器内的登录密码。在填写完毕之后，单击"下一步"按钮。

第 4 步：进行电子邮件服务登录验证。

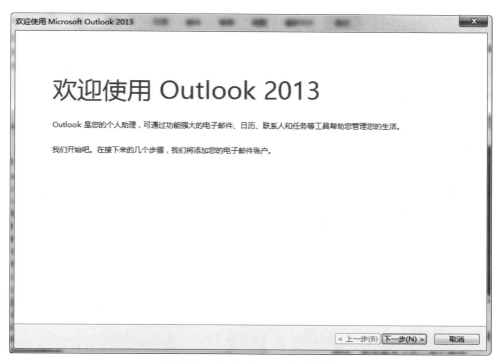

图 14-5　Outlook 2013 启动向导

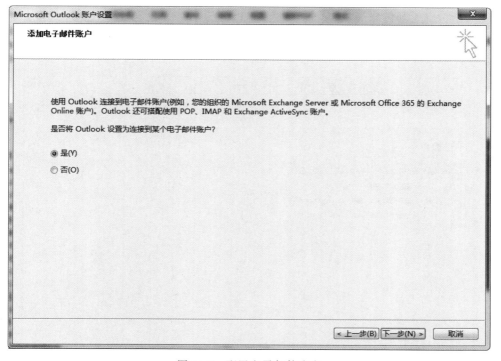

图 14-6　配置电子邮件账户

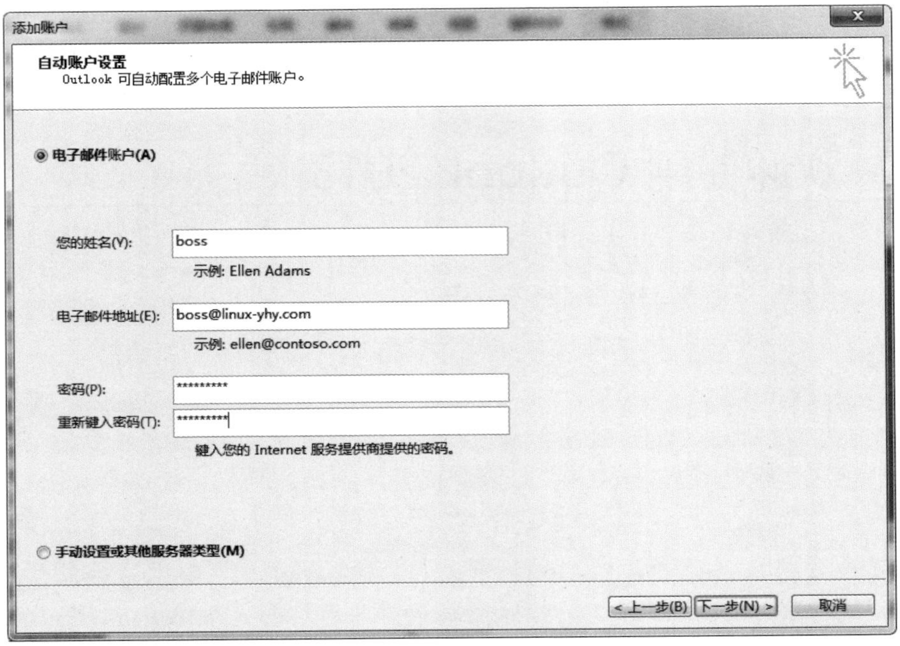

图 14-7 填写电子邮件账户信息

由于当前没有可用的 SSL 加密服务,因此在 Dovecot 服务程序的主配置文件中写入了一条参数,让客户可以使用明文登录到电子邮件服务。Outlook 软件默认会通过 SSL 加密协议尝试登录电子邮件服务,所以在进行如图 14-8 所示的"搜索 boss@linux-yhy.com 服务器设置"大约 30~60s 后,系统会出现登录失败的报错信息。此时只需再次单击"下一步"按钮,即可让 Outlook 软件通过非加密的方式验证登录,如图 14-9 所示。

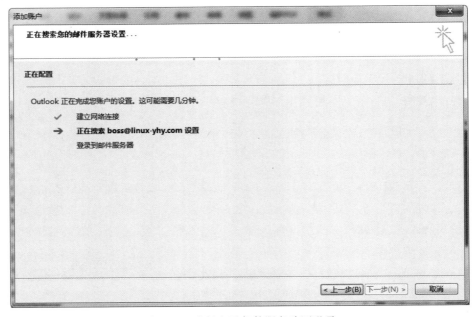

图 14-8 进行电子邮件服务验证登录

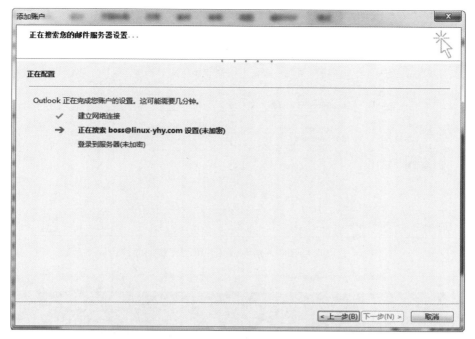

图 14-9 使用非加密的方式进行电子邮件服务验证登录

第 5 步：向其他信箱发送邮件。

在成功登录 Outlook 软件后即可尝试编写并发送新邮件了。只需在软件界面的空白处右击，在弹出的菜单中选择"新邮件"命令，如图 14-10 所示，然后在邮件界面中填写收件人的信箱地址以及完整的邮件内容后单击"发送"按钮，如图 14-11 所示。

当使用 Outlook 软件成功发送邮件后，便可以在电子邮件服务器上使用 mail 命令查看到新邮件提醒了。如果想查看邮件的完整内容，只需输入收件人姓名前面的编号即可。ROOT 用户查看邮件效果如图 14-12 所示。

图 14-10 向其他信箱发送邮件

使用 Postfix 与 Dovecot 部署邮件系统

图 14-11　填写收件人信箱地址并编写完整的邮件内容

图 14-12　ROOT 用户查看邮件效果图

14.3　设置邮件监控

邮件监控即用户别名功能，该功能是一项简单实用的邮件账户伪装技术，可以用来设置多个虚拟信箱的账户以接收发送的邮件，从而保证自身的邮件地址不被泄露，还可以用来接收自己的多个信箱中的邮件。刚才已经顺利地向 ROOT 账户发送了邮件，下面再向 bin 账户发送一封邮件，如图 14-13 所示。

图 14-13　向服务器上的 bin 账户发送邮件

在邮件发送后登录到服务器,然后尝试以 bin 账户的身份登录。由于 bin 账户在 Linux 系统中是系统账户,默认的 Shell 终端是/sbin/nologin,因此在以 bin 账户登录时,系统会提示当前账户不可用。但是,在电子邮件服务器上使用 mail 命令后,却看到这封原本要发送给 bin 账户的邮件已经被存放到了 ROOT 账户的信箱中,如图 14-14 所示。

【su - bin】
This account is currently not available.
【mail】

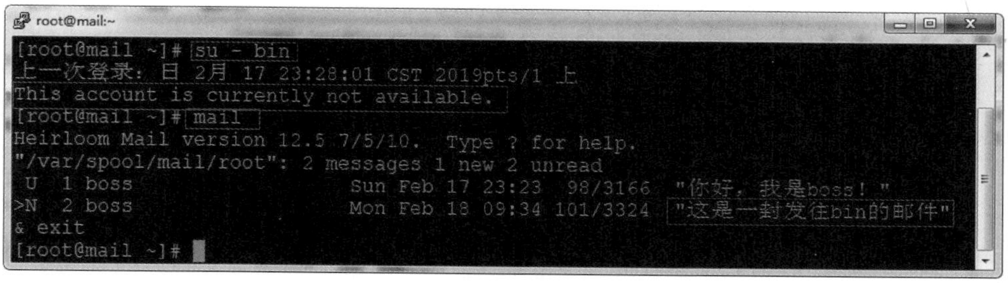

图 14-14　ROOT 用户收到了 bin 的邮件

可以看到发送给 bin 账户的邮件会被 ROOT 账户收到,这就是使用用户别名技术来实现的。在 aliases 邮件别名服务的配置文件中可以看到,里面定义了大量的用户别名,这些用户别名大多数是 Linux 系统本地的系统账户,而在冒号(:)间隔符后面的 ROOT 账户则是用来接收这些账户邮件的人。用户别名可以是 Linux 系统内的本地用户,也可以是完全虚构的用户名字。通过"cat /etc/aliases"命令可以查看具体的对应关系。原来 aliases 邮件别名服务的配置文件是专门用来定义用户别名与邮件接收人的映射。除了使用本地系统中系统账户的名称外,还可以自行定义一些别名来接收邮件。例如,创建一个名为 yhy 的账户,而真正接收该账户邮件的应该是 ROOT 账户。

echo "yhy :　root" >> /etc/aliases

保存并退出 aliases 邮件别名服务的配置文件后,需要再执行 newaliases 命令,其目的是让新的用户别名配置文件立即生效。然后再次尝试发送邮件,如图 14-15 所示。

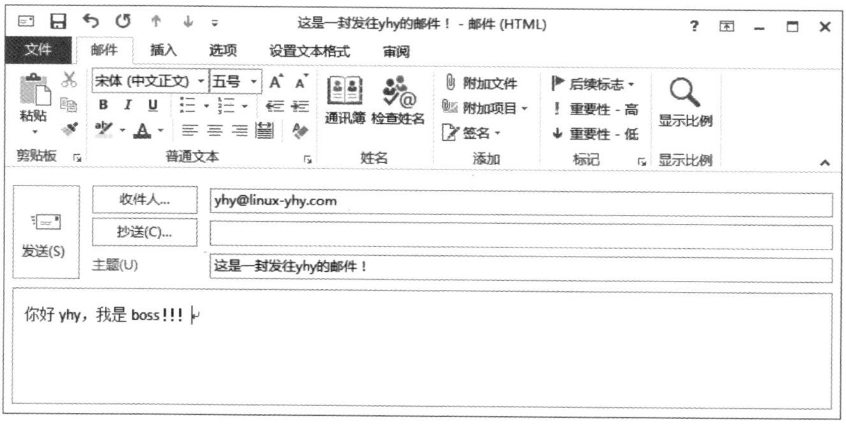

图 14-15　向服务器上的 yhy 账户发送邮件

使用 Postfix 与 Dovecot 部署邮件系统

这时，使用 ROOT 账户在服务器上执行 mail 命令后，就能看到这封原本要发送给 yhy 账户的邮件了，如图 14-16 所示。

```
mail
```

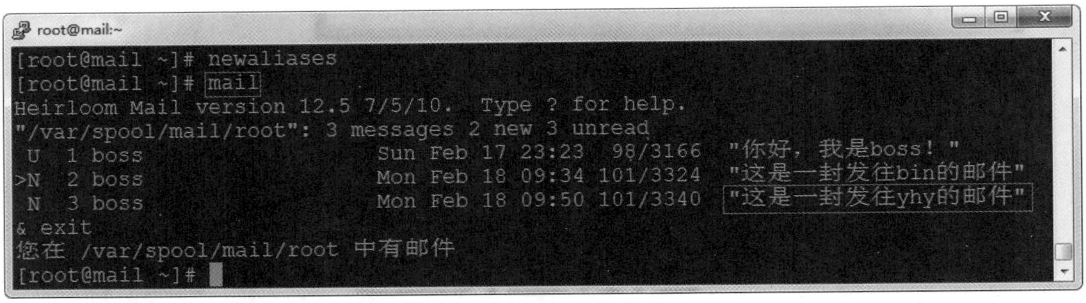

图 14-16　ROOT 账户查看邮件效果

用户别名技术不仅应用广泛，而且配置也很简单。一般的公司总经理都会要求公司员工的所有邮件往来发送一份给总经理，而公司的员工不会察觉。

习　　题

一、选择题

1. Postfix 的主配置文件是（　　）。
   A. /etc/postfix/sendmail.mc　　　　　B. /etc/postfix/mian.cf
   C. /etc/postfix/sendmail.conf　　　　D. /etc/postfix/sendmail
2. 能实现邮件的接收和发送的协议是（　　）。
   A. POP3　　　　　　　　　　　　　　B. MAT
   C. SMTP　　　　　　　　　　　　　　D. 无
3. 安装 Postfix 服务器后，若要启动该服务，则正确的命令是（　　）。
   A. systemctl start postfix　　　　　B. service sendmail restart
   C. systemctl postfix start　　　　　D. /etc/rc.d/init.d/sendmail restart
4. Postfix 日志功能可以用来记录该服务的事件，其日志保存在（　　）目录下。
   A. /var/log/message　　　　　　　　B. /var/log/maillog
   C. /var/mail/maillog　　　　　　　　D. /var/mail/message
5. 为了转发邮件下面（　　）是必需的。
   A. POP　　　　　　　　　　　　　　B. IMAP
   C. BIND　　　　　　　　　　　　　　D. Postfix

二、简答题

1. 简述 MUA 和 MTA 的功能。
2. 简述邮件系统和配置过程。
3. 架设一台 Postfix＋Cyrus-imapd＋SquirrelMail 电子邮件服务器，并按照下面的要求进行配置。

（1）只为子网 192.168.1.0/24 提供邮件转发功能。

（2）允许用户使用多个电子邮件地址，如用户 tom 的电子邮件地址可有 tom@example.com 和 gdxs_tom@example.com。

（3）设置邮件群发功能。

（4）设置 SMTP 认证功能。

（5）用户可以使用 SquirrelMail 收发邮件。

4．试用 Outlook Express 客户端软件收发电子邮件。

第 15 章　配置网络数据库 MariaDB 服务

网络数据库服务就是以后台运行的数据库管理系统为基础,加上一定的前台程序,为网络用户提供数据的存储、查询等功能的服务,广泛地应用在 Internet 网站、搜索引擎、电子商务、电子政务和网上教育等各个方面。

MariaDB 数据库管理系统是 MySQL 的一个分支,主要由开源社区在维护,采用 GPL 授权许可。MariaDB 的目的是完全兼容 MySQL,包括 API 和命令行,使之能轻松成为 MySQL 的代替品。在存储引擎方面,使用 XtraDB 来代替 MySQL 的 InnoDB。MariaDB 由 MySQL 的创始人 Michael Widenius 主导开发,他早前曾以 10 亿美元的价格,将自己创建的公司 MySQL AB 卖给了 SUN,此后,随着 SUN 被甲骨文收购,MySQL 的所有权也落入 Oracle 的手中。MariaDB 的名称来自 Michael Widenius 的女儿 Maria 的名字。

当前,谷歌、维基百科等技术领域决定将 MySQL 数据库上的业务转移到 MariaDB 数据库,Linux 开源系统的领袖红帽公司也决定在 RHEL 7、CentOS 7 以及最新的 Fedora 系统中,将 MariaDB 作为默认的数据库管理系统,而且红帽公司更是首次将数据库知识加入了 RHCE 认证的考试内容中。

本章主要介绍 MariaDB 数据库管理系统的内容,包括账户的创建与管理、账户权限的授权;新建数据库、新建数据库表单;对数据库执行新建、删除、修改、查询以及数据库的备份与恢复等操作。

15.1　MariaDB 的基本配置

相对于 MySQL,MariaDB 数据库管理系统有了很多新鲜的扩展特性,例如,对微秒级别的支持、线程池、子查询优化、进程报告等。在配置妥当 YUM 软件仓库后,即可安装部署 MariaDB 数据库主程序及服务端程序了。在安装完毕后,记得启动服务进程,并将其加入开机启动项中。

```
yum install -y mariadb mariadb-server
systemctl start mariadb
systemctl enable mariadb
```

在确认 MariaDB 数据库软件程序安装完毕并成功启动后请不要立即使用。为了确保数据库的安全性和正常运转,需要先对数据库程序进行初始化操作。这个初始化操作涉及下面 5 个步骤。

第 1 步:登录系统,MariaDB 数据库管理的默认密码为空(注意,该密码并非 ROOT 管理员在系统中的密码),可直接按 Enter 键,进入 MariaDB 数据库初识化设计步骤。

第 2 步:设置管理员密码,设置 ROOT 管理员在数据库中的专有密码。

第 3 步:随后删除匿名账户,并使用 ROOT 管理员从远程登录数据库,以确保数据库上运行的业务的安全性。

第 4 步:删除默认的测试数据库,取消测试数据库的一系列访问权限。

第 5 步:刷新授权列表,让初始化的设定立即生效。

下面是详细的数据库初始化的操作步骤。

【mysql_secure_installation】

```
[root@mail ~]# mysql_secure_installation

NOTE: RUNNING ALL PARTS OF THIS SCRIPT IS RECOMMENDED FOR ALL MariaDB
      SERVERS IN PRODUCTION USE!    PLEASE READ EACH STEP CAREFULLY!

In order to log into MariaDB to secure it, we'll need the current
password for the root user.  If you've just installed MariaDB, and
you haven't set the root password yet, the password will be blank,
so you should just press enter here.

Enter current password for root (enter for none):当前数据库密码为空,直接按 Enter 键
OK, successfully used password, moving on...

Setting the root password ensures that nobody can log into the MariaDB
root user without the proper authorisation.

Set root password? [Y/n] y
New password:输入要为 root 管理员设置的数据库密码
Re-enter new password:再次输入密码
Password updated successfully!
Reloading privilege tables..
 ... Success!


By default, a MariaDB installation has an anonymous user, allowing anyone
to log into MariaDB without having to have a user account created for
them.  This is intended only for testing, and to make the installation
go a bit smoother.  You should remove them before moving into a
production environment.

Remove anonymous users? [Y/n] y(删除匿名账户)
 ... Success!

Normally, root should only be allowed to connect from 'localhost'.  This
ensures that someone cannot guess at the root password from the network.

Disallow root login remotely? [Y/n] y(禁止 root 管理员从远程登录)
 ... Success!

By default, MariaDB comes with a database named 'test' that anyone can
```

access. This is also intended only for testing, and should be removed
before moving into a production environment.

Remove test database and access to it? [Y/n] y(删除 test 数据库并取消对它的访问权限)
 - Dropping test database...
 ... Success!
 - Removing privileges on test database...
 ... Success!

Reloading the privilege tables will ensure that all changes made so far
will take effect immediately.

Reload privilege tables now? [Y/n] y(刷新授权表,让初始化后的设定立即生效)
 ... Success!

Cleaning up...

All done! If you've completed all of the above steps, your MariaDB
installation should now be secure.

Thanks for using MariaDB!

在很多生产环境中都需要使用站库分离的技术(即网站和数据库不在同一个服务器上),如果需要让 ROOT 管理员远程访问数据库,可在上面的初始化操作中设置策略,以允许 ROOT 管理员从远程访问。然后还需要设置防火墙,使其放行对数据库服务程序的访问请求,数据库服务程序默认会占用 3306 端口,在防火墙策略中服务名称统一叫作 mysql。

【firewall-cmd -- permanent -- add-service=mysql】
【firewall-cmd -- reload】
success

首次登录 MariaDB 数据库使用-u 参数来指定以 ROOT 管理员的身份登录,而-p 参数用来验证该用户在数据库中的密码值。

【mysql -u root -p】
Enter password: 此处输入刚才设置的 ROOT 管理员在数据库中的密码
Welcome to the MariaDB monitor. Commands end with ; or \g.
Your MariaDB connection id is 10
Server version: 5.5.56-MariaDB MariaDB Server

Copyright (c) 2000, 2017, Oracle, MariaDB Corporation Ab and others.

Type 'help;' or '\h' for help. Type '\c' to clear the current input statement.

MariaDB [(none)]>

在登录 MariaDB 数据库后执行数据库命令时,都需要在命令后面用分号(;)结尾,这也是与 Linux 命令最显著的区别。下面执行"SHOW databases;"命令查看数据库管理系统中当前都有哪些数据库,如图 15-1 所示。

接下来使用数据库命令"SET password = PASSWORD('linux-yhy');"将 ROOT 管理

员在数据库管理系统中的密码值修改为linux-yhy。这样退出后再尝试登录，如果还坚持输入原先的密码，则将提示访问失败。

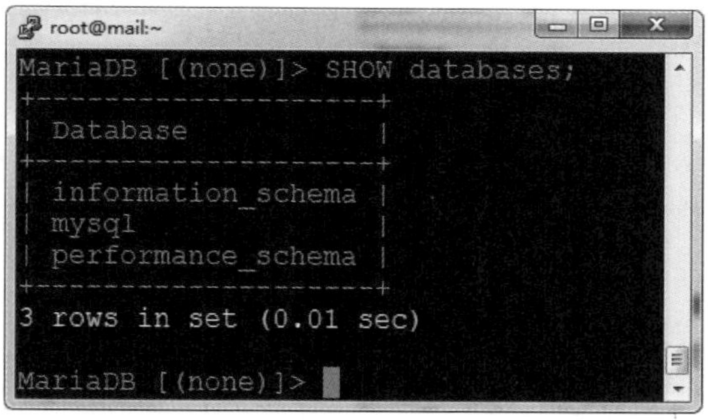

图15-1　查看数据库管理系统中当前都有哪些数据库

15.2　账户的授权与移除

为了保障数据库系统的安全性，在生产环境中不能一直使用ROOT管理员，同时也需要让其他用户协同管理数据库，可以在MariaDB数据库管理系统中为他们创建多个专用的数据库管理账户，然后再分配合理的权限，以满足他们的工作需求。为此，可使用ROOT管理员登录数据库管理系统，然后按照"CREATE USER 用户名@主机名 IDENTIFIED BY '密码'；"的格式创建数据库管理账户yhy(CREATE USER yhy@localhost IDENTIFIED BY 'linux-yhy';)。主要注意的是每条数据库命令后面的分号(;)。

```
MariaDB [(none)]>
Query OK, 0 rows affected (0.01 sec)
```

创建的账户信息可以使用select命令语句来查询。"SELECT HOST, USER, PASSWORD FROM user WHERE USER="yhy";"命令查询的是账户yhy的主机名称、账户名称以及经过加密的密码值信息。

```
MariaDB [(none)]> use mysql
Reading table information for completion of table and column names
You can turn off this feature to get a quicker startup with - A

Database changed
MariaDB [mysql]> SELECT HOST,USER,PASSWORD FROM user WHERE USER = "yhy";
+-----------+------+-------------------------------------------+
| HOST      | USER | PASSWORD                                  |
+-----------+------+-------------------------------------------+
| localhost | yhy  | *02DBD63F97607D554501DC5D89DA88B6A0C9D277 |
+-----------+------+-------------------------------------------+
1 row in set (0.00 sec)

MariaDB [mysql]>
```

不过，用户yhy仅仅是一个普通账户，没有数据库的任何操作权限。需要授权才能操作数据库。GRANT 命令用于为账户进行授权，其常见格式如表 15-1 所示。在使用 GRANT 命令时需要写上要赋予的权限、数据库及表单名称，以及对应的账户及主机信息。

表 15-1　GRANT 命令的常见格式以及解释

命　　令	作　　用
GRANT 权限 ON 数据库.表单名称 TO 账户名@主机名	对某个特定数据库中的特定表单给予授权
GRANT 权限 ON 数据库.* TO 账户名@主机名	对某个特定数据库中的所有表单给予授权
GRANT 权限 ON *.* TO 账户名@主机名	对所有数据库及所有表单给予授权
GRANT 权限1,权限2 ON 数据库.* TO 账户名@主机名	对某个数据库中的所有表单给予多个授权
GRANT ALL PRIVILEGES ON *.* TO 账户名@主机名	对所有数据库及所有表单给予全部授权（需谨慎操作）

账户的授权工作需要数据库管理员才能执行。下面以 ROOT 管理员的身份登录到数据库管理系统中，针对 mysql 数据库中的 user 表单向账户 yhy 授予查询、更新、删除以及插入等权限。

【mysql -u root -p】
Enter password:此处输入 ROOT 管理员在数据库中的密码
MariaDB [(none)]> use mysql;
Reading table information for completion of table and column names
You can turn off this feature to get a quicker startup with -A
Database changed
MariaDB [mysql]> GRANT SELECT,UPDATE,DELETE,INSERT ON mysql.user TO yhy@localhost;
Query OK, 0 rows affected (0.00 sec)

在执行完上述授权操作之后，再查看一下账户 yhy 的权限。

MariaDB [mysql]> SHOW GRANTS FOR yhy@localhost;
+--+
| Grants for yhy@localhost |
+--+
|GRANT USAGE ON *.* TO 'yhy'@'localhost' IDENTIFIED BY PASSWORD '*02DBD63F9
7607D554501DC5D89DA88B6A0C9D277' |
|GRANT SELECT, INSERT, UPDATE, DELETE ON 'mysql'.'user' TO 'yhy'@'localhost' |
+--+
2 rows in set (0.00 sec)

MariaDB [mysql]>

上面输出信息中显示账户 yhy 已经拥有了针对 mysql 数据库中 user 表单的一系列权限了。这时再切换到账户 yhy，此时就能够看到 mysql 数据库了，而且还能看到表单 user（其余表单会因无权限而被继续隐藏）。

【mysql -u yhy -p】
Enter password:此处输入 yhy 用户在数据库中的密码
MariaDB [(none)]> SHOW DATABASES;

```
+--------------------+
| Database           |
+--------------------+
| information_schema |
| mysql              |
+--------------------+
2 rows in set (0.01 sec)
MariaDB [(none)]> use mysql
Reading table information for completion of table and column names
You can turn off this feature to get a quicker startup with -A
Database changed
MariaDB [mysql]> SHOW TABLES;
+-----------------+
| Tables_in_mysql |
+-----------------+
| user            |
+-----------------+
1 row in set (0.01 sec)
MariaDB [mysql]> exit
Bye
```

当前，先切换回 ROOT 账户，移除刚才的授权。

```
【mysql -u root -p】
Enter password:此处输入 ROOT 管理员在数据库中的密码
MariaDB [(none)]> use mysql;
Reading table information for completion of table and column names
You can turn off this feature to get a quicker startup with -A
Database changed
MariaDB [(none)]> REVOKE SELECT,UPDATE,DELETE,INSERT ON mysql.user FROM yhy@localhost;
Query OK, 0 rows affected (0.00 sec)
```

可以看到，除了移除授权的命令（REVOKE）与授权命令（GRANT）不同之外，其余部分都是一致的。这不仅好记而且也容易理解。执行移除授权命令后，再来查看账户 yhy 的信息。

```
MariaDB [(none)]> SHOW GRANTS FOR yhy@localhost;
+-------------------------------------------------------------------------------+
| Grants for yhy@localhost                                                      |
+-------------------------------------------------------------------------------+
| GRANT USAGE ON *.* TO 'yhy'@'localhost' IDENTIFIED BY PASSWORD
'*02DBD63F97607D554501DC5D89DA88B6A0C9D277' |
+-------------------------------------------------------------------------------+
1 row in set (0.00 sec)
```

15.3　操作 MariaDB 数据库表

操作 MariaDB 数据库用的是标准 SQL。SQL（Structured Query Language，结构化查询语言）是一种特殊目的的编程语言，是一种数据库查询和程序设计语言，用于存取数据以及查询、更新和管理关系数据库系统；其名称同时也是其数据库脚本文件的扩展名。

结构化查询语言是高级的非过程化编程语言，允许用户在高层数据结构上工作。它不要求用户指定对数据的存放方法，也不需要用户了解具体的数据存放方式，所以具有完全不同底层结构的不同数据库系统，可以使用相同的结构化查询语言作为数据输入与管理的接口。结构化查询语句可以嵌套，这使它具有极大的灵活性和强大的功能。

在 MariaDB 数据库管理系统中，一个数据库可以存放多个数据表。表是数据库中最重要最核心的内容，可以根据自己的需求自定义表结构，然后在其中合理地存放数据，以便后期轻松地维护和修改。表 15-2 罗列了后文中将使用到的数据库命令以及对应的作用。

表 15-2 用于创建数据库的命令以及作用

命令	作用
CREATE DATABASE 数据库名称	创建新的数据库
DESCRIBE 表名称	描述表
UPDATE 表名称 SET attribute＝新值 WHERE attribute＞原始值	更新表中的数据
USE 数据库名称	指定使用的数据库
SHOW databases	显示当前已有的数据库
SHOW tables	显示当前数据库中的表
SELECT * FROM 表名称	从表单中选中某个记录值
DELETE FROM 表单名 WHERE attribute＝值	从表单中删除某个记录值

建立数据库是管理数据的起点。现在尝试创建一个名为 linux-yhy 的数据库，然后再查看数据库列表，此时就能看到它了。

```
MariaDB [(none)]> CREATE DATABASE linux-yhy;
Query OK, 1 row affected (0.00 sec)
MariaDB [(none)]> SHOW databases;
+--------------------+
| Database           |
+--------------------+
| information_schema |
| linux-yhy          |
| mysql              |
| performance_schema |
+--------------------+
4 rows in set (0.04 sec)
```

要想创建表，需要先切换到某个指定的数据库中。比如在新建的 linux-yhy 数据库中创建表 mybook，然后进行表的初始化，即定义存储数据内容的结构。分别定义 3 个字段项，其中，长度为 15 个字符的字符型字段 name 用来存放图书名称，整型字段 price 和 pages 分别存储图书的价格和页数。当执行完下述命令之后，就可以看到表的结构信息了。

```
MariaDB [(none)]> use linux-yhy;
Database changed
MariaDB [linux-yhy]> CREATE TABLE mybook (name char(15),price int,pages int);
Query OK, 0 rows affected (0.16 sec)
```

```
MariaDB [linux-yhy]> DESCRIBE mybook;
+-------+----------+------+-----+---------+-------+
| Field | Type     | Null | Key | Default | Extra |
+-------+----------+------+-----+---------+-------+
| name  | char(15) | YES  |     | NULL    |       |
| price | int(11)  | YES  |     | NULL    |       |
| pages | int(11)  | YES  |     | NULL    |       |
+-------+----------+------+-----+---------+-------+
3 rows in set (0.02 sec)
```

接下来向mybook表中插一条图书信息。为此需要使用INSERT命令,并在命令中写清表名称以及对应的字段项。执行该命令之后即可完成图书写入信息。下面使用该命令插入一条图书信息,其中书名为linux-yhy,价格和页数分别是49元和300页。在命令执行后也就意味着图书信息已经成功写入表中,然后就可以查询表中的内容了。在使用SELECT命令查询表内容时,需要加上想要查询的字段;如果想查看表中的所有内容,则可以使用星号(*)通配符来显示。

```
MariaDB [linux-yhy]> INSERT INTO mybook(name,price,pages) VALUES('linux-yhy',
'60', '518');
Query OK, 1 row affected (0.00 sec)
MariaDB [linux-yhy]> SELECT * FROM mybook;
+-----------+-------+-------+
| name      | price | pages |
+-----------+-------+-------+
| linux-yhy |    49 |   300 |
+-----------+-------+-------+
1 rows in set (0.01 sec)
```

对数据库运维人员来讲,需要做好四门功课——增、删、改、查。这意味着创建数据表并在其中插入内容仅仅是第一步,还需要掌握表内容的修改方法。例如,可以使用UPDATE命令将刚才插入的linux-yhy图书信息的价格修改为45元,然后再使用SELECT命令查看该图书的名称和定价信息。注意,因为这里只查看图书的名称和定价,而不涉及页码,所以无须再用星号通配符来显示所有内容。

```
MariaDB [linux-yhy]> UPDATE mybook SET price = 55 ;
Query OK, 1 row affected (0.00 sec)
Rows matched: 1  Changed: 1  Warnings: 0
MariaDB [linux-yhy]> SELECT name,price FROM mybook;
+-----------+-------+
| name      | price |
+-----------+-------+
| linux-yhy |    45 |
+-----------+-------+
1 row in set (0.00 sec)
```

还可以使用DELETE命令删除某个表中的内容。下面使用DELETE命令删除表mybook中的所有内容,然后再查看该表中的内容,可以发现该表内容为空了。

```
MariaDB [linux-yhy]> DELETE FROM mybook;
Query OK, 1 row affected (0.01 sec)
MariaDB [linux-yhy]> SELECT * FROM mybook;
Empty set (0.00 sec)
```

一般来讲,表中会存放成千上万条数据信息。例如刚刚创建的用于保存图书信息的 mybook 表,随着时间的推移,里面的图书信息也会越来越多。在这样的情况下,如果只想查看其价格大于某个数值的图书时,又该如何定义查询语句呢?

下面先使用 INSERT 命令依次插入 4 条图书信息。

```
MariaDB [linux-yhy]> INSERT INTO mybook(name,price,pages) VALUES('linux-yhy1','30','518');
Query OK, 1 row affected (0.05 sec)
MariaDB [linux-yhy]> INSERT INTO mybook(name,price,pages) VALUES('linux-yhy2','50','518');
Query OK, 1 row affected (0.05 sec)
MariaDB [linux-yhy]> INSERT INTO mybook(name,price,pages) VALUES('linux-yhy3','80','518');
Query OK, 1 row affected (0.01 sec)
MariaDB [linux-yhy]> INSERT INTO mybook(name,price,pages) VALUES('linux-yhy4','100','518');
Query OK, 1 row affected (0.00 sec)
```

要想让查询结果更加精准,就需要结合使用 SELECT 与 WHERE 命令了。其中,WHERE 命令是在数据库中进行匹配查询的条件命令。通过设置查询条件,就可以仅查找出符合该条件的数据。表 15-3 列出了 WHERE 命令中常用的查询参数以及作用。

表 15-3　WHERE 命令中使用的参数以及作用

参　数	作　用	参　数	作　用
=	相等	<=	小于或等于
<>或!=	不相等	BETWEEN	在某个范围内
>	大于	LIKE	搜索一个例子
<	小于	IN	在列中搜索多个值
>=	大于或等于		

现在进入动手环节。分别在 mybook 表中查找出价格大于 75 元或价格不等于 80 元的图书,其对应的命令如下所示。在熟悉了这两个查询条件之后,读者可以自行尝试精确查找图书名为 linux-yhy2 的图书信息。

```
MariaDB [linux-yhy]> SELECT * FROM mybook WHERE price>75;
+------------+-------+-------+
| name       | price | pages |
+------------+-------+-------+
| linux-yhy3 |    80 |   518 |
| linux-yhy4 |   100 |   518 |
+------------+-------+-------+
2 rows in set (0.06 sec)
MariaDB [linux-yhy]> SELECT * FROM mybook WHERE price!=80;
```

```
+------------+-------+-------+
| name       | price | pages |
+------------+-------+-------+
| linux-yhy1 |    30 |   518 |
| linux-yhy2 |    50 |   518 |
| linux-yhy4 |   100 |   518 |
+------------+-------+-------+
3 rows in set (0.01 sec)
MariaDB [mysql]> exit
Bye
```

15.4 数据库的备份及恢复

随着计算机的普及和信息技术的进步,特别是计算机网络的飞速发展,信息安全的重要性日趋明显,数据备份是保证信息安全的一个重要方法。只要发生数据传输、数据存储和数据交换,就有可能产生数据故障,这时,如果没有采取数据备份数据恢复手段和措施,就会导致数据的丢失。有时造成的损失是无法弥补与估量的。

MariaDB 备份数据库的命令为 mysqldump,该命令的工作原理很简单。它先查出需要备份的表的结构,再在文本文件中生成一个 CREATE 语句。然后,将表中的所有记录转换成一条 INSERT 语句。然后通过这些语句,就能够创建表并插入数据。

mysqldump 命令格式为"mysqldump [参数] [数据库名称]"。其中的参数与 mysql 命令大致相同,-u 参数用于定义登录数据库的账户名称,-p 参数代表密码提示符。下面将 linux-yhy 数据库中的内容导出成一个文件,并保存到 ROOT 管理员的家目录中。

【mysqldump -u root -p linux-yhy > /root/linux-yhyDB.dump】
Enter password: 此处输入 ROOT 管理员在数据库中的密码

然后进入 MariaDB 数据库管理系统,彻底删除 linux-yhy 数据库,这样 mybook 表也将被彻底删除。然后重新建立 linux-yhy 数据库。

```
MariaDB [(none)]> DROP DATABASE linux-yhy;
Query OK, 1 row affected (0.04 sec)
MariaDB [(none)]> SHOW databases;
+--------------------+
| Database           |
+--------------------+
| information_schema |
| mysql              |
| performance_schema |
+--------------------+
3 rows in set (0.02 sec)
MariaDB [(none)]> CREATE DATABASE linux-yhy;
Query OK, 1 row affected (0.00 sec)
```

接下来验证数据恢复的效果,使用输入重定向符把刚刚备份的数据库文件导入 mysql 命令中,然后执行该命令。然后登录到 MariaDB 数据库,就又能看到 linux-yhy 数据库以及

mybook 表了。数据库恢复成功！

【mysql -u root -p linux-yhy < /root/linux-yhyDB.dump】
Enter password: 此处输入 ROOT 管理员在数据库中的密码值
【mysql -u root -p】
Enter password: 此处输入 ROOT 管理员在数据库中的密码值
MariaDB [(none)]> use linux-yhy;
Reading table information for completion of table and column names
You can turn off this feature to get a quicker startup with -A
Database changed
MariaDB [linux-yhy]> SHOW tables;
+--------------------+
| Tables_in_linux-yhy |
+--------------------+
| mybook |
+--------------------+
1 row in set (0.05 sec)
MariaDB [linux-yhy]> DESCRIBE mybook;
+-------+----------+------+-----+---------+-------+
| Field | Type | Null | Key | Default | Extra |
+-------+----------+------+-----+---------+-------+
name	char(15)	YES		NULL	
price	int(11)	YES		NULL	
pages	int(11)	YES		NULL	
+-------+----------+------+-----+---------+-------+
3 rows in set (0.02 sec)

习 题

1. 初始化 MariaDB 或 MySQL 数据库管理系统的命令是什么？
2. 若只想查看 mybook 表单中价格大于 75 元的图书信息，应该执行什么命令？
3. 架设一台 MariaDB 数据库服务器，并按照下面的要求进行操作。

(1) 建立一个数据库，在该数据库中建立一个至少包含 5 个字段的数据表，并为数据表添加至少 10 条记录。

(2) 试完成对数据库、表及记录的各项编辑工作。

(3) 为数据库创建各类用户，并为他们设置适当的访问权限。

第 16 章 安装与配置 LNMP 服务器

LNMP 动态网站部署架构是一套由 Linux＋Nginx＋MySQL＋PHP 组成的动态网站系统解决方案。Nginx 是十分轻量级的 HTTP 服务器,是一个高性能的 HTTP 和反向代理服务器,同时也是一个 IMAP/POP3/SMTP 代理服务器。Nginx 是由俄罗斯人 Igor Sysoev 为俄罗斯访问量第二的 Rambler.ru 站点开发的,是 Apache 服务器不错的替代品。Nginx 同时也可以作为 7 层负载均衡服务器来使用。Nginx 0.8.46 ＋ PHP 5.2.14 (FastCGI)可以承受 3 万以上的并发连接数,相当于同等环境下 Apache 的 10 倍。

Nginx 超越了 Apache 的高性能和稳定性,使得国内使用 Nginx 作为 Web 服务器的网站也越来越多,其中包括新浪博客、新浪播客、网易新闻、腾讯网、搜狐博客等门户网站频道、六间房、56.com 等视频分享网站,Discuz! 官方论坛、水木社区等知名论坛,盛大在线、金山逍遥网等网络游戏网站,豆瓣、人人网、YUPOO 相册、金山爱词霸、迅雷在线等新兴 Web 2.0 网站。

16.1 编译安装源码包软件

顾名思义,源码包就是源代码可见的软件包,基于 Linux 和 BSD 系统的软件最常见;在国内源可见的软件几乎绝迹了,大多开源软件都是国外出品;在国内较为出名的开源软件有 Fcitx、LumaQQ 及 SCIM 等。

但软件的源代码可见并不等于软件是开源的,还要以软件的许可为准;例如有些软件是源码可见的,但它要求用户只能按它约定的内容来修改,例如 vbb 论坛程序;所以一个软件是否是开源软件,要具备两个条件:一是源代码可见;二是要有宽松的许可证书,例如 GPL 证书等。

在 GNU Linux 或 BSD 社区中,开发人员在放出软件的二进制软件包的同时,也会提供源代码软件包。

一般来讲,在安装软件时,如果能通过 YUM 软件仓库来安装,就用 YUM 方式;反之则去寻找合适的 RPM 软件包来安装;如果实在没有资源可用,那就只能使用源码包来安装了。

使用源码包安装服务程序的过程相对复杂,下面是归纳总结的几个步骤。

第 1 步:下载及解压源码包文件。为了方便在网络中传输,源码包文件通常会在归档后使用 gzip 或 bzip2 等格式进行压缩,因此一般会具有 .tar.gz 与 .tar.bz2 后缀。要想使用源码包安装服务程序,必须先把里面的内容解压出来,然后再切换到源码包文件的目录中:

```
tar xzvf FileName.tar.gz
cd FileDirectory
```

第 2 步：编译源码包代码。

在正式使用源码包安装服务程序之前，还需要使用编译脚本针对当前系统进行一系列的评估工作，包括对源码包文件、软件之间及函数库之间的依赖关系、编译器、汇编器及连接器进行检查。还可以根据需要来追加--prefix参数，以指定稍后源码包程序的安装路径，从而对服务程序的安装过程更加可控。当编译工作结束后，如果系统环境符合安装要求，一般会自动在当前目录下生成一个 Makefile 安装文件。

```
./configure --prefix=/usr/local/program
```

第 3 步：生成二进制的安装程序。

刚刚生成的 Makefile 文件中会保存有关系统环境、软件依赖关系和安装规则等内容，接下来便可以使用 make 命令来根据 Makefile 文件内容提供的合适规则编译生成出真正可供用户安装服务程序的二进制可执行文件了。

```
make
```

第 4 步：运行二进制的安装程序。

由于不需要再检查系统环境，也不需要再编译代码，因此运行二进制的安装程序安装包应该是速度最快的步骤。如果在源码包编译阶段使用了--prefix参数，那么此时安装程序就会被安装到那个目录，如果没有自行使用参数定义目录的话，一般会被默认安装到/usr/local/bin 目录中。

```
make install
```

第 5 步：清理源码包临时文件。

由于在安装程序的过程中进行了代码编译的工作，因此在安装后目录中会遗留下很多临时垃圾文件，本着尽量不要浪费磁盘存储空间的原则，可以使用 make clean 命令对临时文件进行彻底的清理工作。

```
make clean
```

估计有读者会有疑问，为什么通常是安装一个安装程序，源码包的编译工作（configure）与生成二进制文件的工作（make）会使用这么长的时间，而采用 RPM 软件包安装就特别有效率呢？其实原因很简单，在 RHCA 认证的 RH401 考试中，会要求考生写一个 RPM 软件包。RPM 软件包就是把软件的源码包和一个针对特定系统、架构、环境编写的安装规定打包成一起的指令集。因此为了让用户都能使用这个软件包来安装程序，通常一个软件程序会发布多种格式的 RPM 软件包（例如 i386、x86_64 等架构）来让用户选择。而源码包的软件作者肯定希望自己的软件能够被安装到更多的系统上面，能够被更多的用户所了解、使用，因此便会在编译阶段（configure）来检查用户当前系统的情况，然后制定出一份可行的安装方案，所以会占用很多的系统资源，需要更长的等待时间。

16.2　架设 LNMP 动态网站

LNMP 动态网站架构是一套由 Linux ＋ Nginx ＋ MySQL ＋ PHP 组成的动态网站系统解决方案。LNMP 中的字母 L 是 Linux 系统的意思，不仅可以是 RHEL、CentOS、Fedora，还可以是 Debian、Ubuntu 等系统。LNMP 的 Logo 如图 16-1 所示。

图 16-1　LNMP 动态网站部署架构的 Logo

在使用源码包安装服务程序之前，首先要让安装主机具备编译程序源码的环境，它需要具备 C 语言、C++语言、Perl 语言的编译器，以及各种常见的编译支持函数库程序。因此请先配置妥当 YUM 软件仓库，然后把下面列出的这些软件包都安装上。

【yum install －y apr＊ autoconf auyhyake bison bzip2 bzip2＊ compat＊ cpp curl curl－devel fontconfig fontconfig－devel freetype freetype＊ freetype－devel gcc gcc－++ gd gettext gettext－devel glibc kernel kernel－headers keyutils keyutils－libs－devel krb5－devel libcom_err－devel libpng libpng－devel libjpeg＊ libsepol－devel libselinux－devel libstdc++－devel libtool＊ libgomp libxml2 libxml2－devel libXpm＊ libtifflibtiff＊ make mpfr ncurses＊ ntp openssl openssl－devel patch pcre－devel perl php－common php－gd policycoreutils telnet t1lib t1lib＊ nasm nasm＊ wget zlib－devel Loaded plugins: langpacks, product－id, subscription－manager】

安装 LNMP 动态网站需要将所需的 16 个软件源码包和 1 个用于检查效果的论坛网站系统软件包上传至服务器上。读者可以在 Windows 系统中下载后通过 ssh 服务传送到打算部署 LNMP 动态网站架构的 Linux 服务器中，也可以直接在 Linux 服务器中使用 wget 命令下载这些源码包文件，软件在本书配套的资源文件夹 software 中。建议把要安装的软件包存放在/usr/local/src 目录中。

【cd /usr/local/src】
【ls】
zlib－1.2.8.tar.gz　　　　　libmcrypt－2.5.8.tar.gz　　　pcre－8.35.tar.gz
cmake－2.8.11.2.tar.gz　　　libpng－1.6.12.tar.gz　　　　php－5.5.14.tar.gz
Discuz_X3.2_SC_GBK.zip　　 libvpx－v1.3.0.tar.bz2　　　 t1lib－5.1.2.tar.gz
freetype－2.5.3.tar.gz　　　mysql－5.6.19.tar.gz　　　　 tiff－4.0.3.tar.gz
jpegsrc.v9a.tar.gz　　　　　nginx－1.6.0.tar.gz　　　　　yasm－1.2.0.tar.gz
libgd－2.1.0.tar.gz　　　　 openssl－1.0.1h.tar.gz

CMake 是 Linux 系统中一款常用的编译工具。要想通过源码包安装服务程序，就一定要严格遵守上面总结的安装步骤:下载及解压源码包文件,编译源码包代码,生成二进制安装程序,运行二进制的服务程序安装包。接下来在解压、编译各个软件包源码程序时,都会生成大量的输出信息,下文中将其省略,请读者以实际操作为准。

```
tar xzvf cmake-2.8.11.2.tar.gz
cd cmake-2.8.11.2/
./configure
make
make install
```

16.2.1 配置 MySQL 服务

在使用 YUM 软件仓库安装服务程序时,系统会自动根据 RPM 软件包中的指令集完成软件配置等工作。但是一旦选择使用源码包的方式来安装,这一切就需要自己来完成了。针对 MySQL 数据库来讲,需要在系统中创建一个名为 mysql 的用户,专门用于负责运行 MySQL 数据库。请记得要把这类账户的 Bash 终端设置成 nologin 解释器,避免黑客通过该用户登录到服务器中,从而提高系统安全性。

```
cd /usr/local/src
useradd mysql -s /sbin/nologin
```

创建一个用于保存 MySQL 数据库程序和数据库文件的目录,并把该目录的所有者和所属组身份修改为 mysql。其中,/usr/local/mysql 是用于保存 MySQL 数据库服务程序的目录,/usr/local/mysql/var 则是用于保存真实数据库文件的目录。

```
mkdir -p /usr/local/mysql/var
chown -Rf mysql:mysql /usr/local/mysql
```

接下来解压、编译、安装 MySQL 数据库服务程序。在编译数据库时使用的是 cmake 命令,其中,-DCMAKE_INSTALL_PREFIX 参数用于定义数据库服务程序的保存目录,-DMYSQL_DATADIR 参数用于定义真实数据库文件的目录,-DSYSCONFDIR 则是定义 MySQL 数据库配置文件的保存目录。由于 MySQL 数据库服务程序比较大,因此编译的过程比较漫长。

```
tar xzvf mysql-5.6.19.tar.gz
cd mysql-5.6.19/
cmake . -DCMAKE_INSTALL_PREFIX=/usr/local/mysql -DMYSQL_DATADIR=/usr/local/mysql/var -DSYSCONFDIR=/etc
make
make install
```

为了让 MySQL 数据库程序正常运转起来,需要先删除/etc 目录中的默认配置文件,然后在 MySQL 数据库程序的保存目录 scripts 内找到一个名为 mysql_install_db 的脚本程序,执行这个脚本程序并使用--user 参数指定 MySQL 服务的对应账号名称(在前面步骤已经创建),使用--basedir 参数指定 MySQL 服务程序的保存目录,使用--datadir 参数指定 MySQL 真实数据库的文件保存目录,这样既可生成系统数据库文件,也会生成出新的 MySQL 服务配置文件。

```
rm -rf /etc/my.cnf
cd /usr/local/mysql
./scripts/mysql_install_db --user=mysql --basedir=/usr/local/mysql --datadir=/usr/local/mysql/var
```

把系统新生成的MySQL数据库配置文件链接到/etc目录中,然后把程序目录中的开机程序文件复制到/etc/rc.d/init.d目录中,以便通过service命令来管理MySQL数据库服务程序。记得把数据库脚本文件的权限修改成755,以便于让用户有执行该脚本的权限。

```
ln -s my.cnf /etc/my.cnf
cp ./support-files/mysql.server /etc/rc.d/init.d/mysqld
chmod 755 /etc/rc.d/init.d/mysqld
```

编辑刚复制的MySQL数据库脚本文件,把第46、47行的basedir与datadir参数分别修改为MySQL数据库程序的保存目录和真实数据库的文件内容。

```
【vim /etc/rc.d/init.d/mysqld】
………………省略部分输出信息………………
 45
 46 basedir=/usr/local/mysql
 47 datadir=/usr/local/mysql/var
 48
………………省略部分输出信息………………
```

配置好脚本文件后便可以用service命令启动mysqld数据库服务了。mysqld是MySQL数据库程序的服务名称,注意不要写错。顺带再使用chkconfig命令把mysqld服务程序加入开机启动项中。

```
【service mysqld start】
Starting MySQL. SUCCESS!
【chkconfig mysqld on】
```

MySQL数据库程序自带了许多命令,但是Bash终端的PATH变量并不会包含这些命令所存放的目录,因此也无法顺利地对MySQL数据库进行初始化,也就不能使用MySQL数据库自带的命令。想要把命令所保存的目录永久性地定义到PATH变量中,需要编辑/etc/profile文件并写入追加的命令目录,这样当物理设备在下一次重启时就会永久生效。如果不想通过重启设备的方式来生效,也可以使用source命令加载一下/ect/profile文件,此时新的PATH变量也可以立即生效。

```
【vim /etc/profile】
………………省略部分输出信息………………
 73 done
 74 export PATH=$PATH:/usr/local/mysql/bin
 75 unset i
【source /etc/profile】
```

MySQL数据库服务程序还会调用到一些程序文件和函数库文件。由于当前是通过源码包方式安装MySQL数据库,因此现在也必须以手动方式把这些文件链接过来。

```
mkdir /var/lib/mysql
```

```
ln -s /usr/local/mysql/lib/mysql /usr/lib/mysql
ln -s /tmp/mysql.sock /var/lib/mysql/mysql.sock
ln -s /usr/local/mysql/include/mysql /usr/include/mysql
```

现在，MySQL 数据库服务程序已经启动，调用的各个函数文件已经就位，PATH 环境变量中也加入了 MySQL 数据库命令的所在目录。接下来准备对 MySQL 数据库进行初始化，这个初始化的配置过程与 MariaDB 数据库是一样的。

【mysql_secure_installation】

```
NOTE: RUNNING ALL PARTS OF THIS SCRIPT IS RECOMMENDED FOR ALL MySQL
      SERVERS IN PRODUCTION USE!   PLEASE READ EACH STEP CAREFULLY!

In order to log into MySQL to secure it, we'll need the current
password for the root user. If you've just installed MySQL, and
you haven't set the root password yet, the password will be blank,
so you should just press enter here.

Enter current password for root (enter for none)：此处只需按下 Enter 键
OK, successfully used password, moving on...

Setting the root password ensures that nobody can log into the MySQL
root user without the proper authorisation.

Set root password? [Y/n] y(要为 ROOT 管理员设置数据库的密码)
New password：输入要为 ROOT 管理员设置的数据库密码
Re-enter new password：再输入一次密码
Password updated successfully!
Reloading privilege tables..
 ... Success!


By default, a MySQL installation has an anonymous user, allowing anyone
to log into MySQL without having to have a user account created for
them.  This is intended only for testing, and to make the installation
go a bit smoother.  You should remove them before moving into a
production environment.

Remove anonymous users? [Y/n] y(删除匿名账户)
 ... Success!

Normally, root should only be allowed to connect from 'localhost'. This
ensures that someone cannot guess at the root password from the network.

Disallow root login remotely? [Y/n] y (禁止 ROOT 管理员从远程登录)
 ... Success!

By default, MySQL comes with a database named 'test' that anyone can
access. This is also intended only for testing, and should be removed
before moving into a production environment.

Remove test database and access to it? [Y/n] y (删除 test 数据库并取消对其的访问权限)
```

```
 - Dropping test database...
 ... Success!
 - Removing privileges on test database...
 ... Success!

Reloading the privilege tables will ensure that all changes made so far
will take effect immediately.
Reload privilege tables now? [Y/n] y (刷新授权表,让初始化后的设定立即生效)
 ... Success!
All done!  If you've completed all of the above steps, your MySQL
installation should now be secure.
Thanks for using MySQL!
Cleaning up...
[root@localhost mysql]#
```

16.2.2 配置 Nginx 服务

Nginx 是一款相当优秀的用于部署动态网站的轻量级服务程序,它最初是为俄罗斯门户站点而开发的,因其稳定性好、功能丰富、占用内存少且并发能力强而备受用户的信赖。目前国内外诸多门户站点均已使用了此服务。

在正式安装 Nginx 服务程序之前,还需要为其解决相关的软件依赖关系,例如,用于提供 Perl 语言兼容的正则表达式库的软件包 pcre,就是 Nginx 服务程序用于实现伪静态功能必不可少的依赖包。下面来解压、编译、生成、安装 Nginx 服务程序的源码文件。

```
cd /usr/local/src
tar xzvf pcre-8.35.tar.gz
cd pcre-8.35
./configure --prefix=/usr/local/pcre
make
make install
```

openssl 软件包是用于提供网站加密证书服务的程序文件,在安装该程序时需要自定义服务程序的安装目录,以便于稍后调用它们的时候更可控。

```
cd /usr/local/src
tar xzvf openssl-1.0.1h.tar.gz
cd openssl-1.0.1h
./config --prefix=/usr/local/openssl
make
make install
```

openssl 软件包安装后默认会在/usr/local/openssl/bin 目录中提供很多的可用命令,需要像前面的操作那样,将这个目录添加到 PATH 环境变量中,并写入配置文件中,最后执行 source 命令以便让新的 PATH 环境变量内容可以立即生效。

```
【vim /etc/profile】
…………省略部分输出信息…………
73 done
```

```
74 export PATH=$PATH:/usr/local/mysql/bin:/usr/local/openssl/bin
75 unset i
```
【source /etc/profile】

zlib 软件包是用于提供压缩功能的函数库文件。其实 Nginx 服务程序调用的这些服务程序无须深入了解,只要大致了解其作用就已经足够了。

```
cd /usr/local/src
tar xzvf zlib-1.2.8.tar.gz
cd zlib-1.2.8
./configure --prefix=/usr/local/zlib
make
make install
```

在安装部署好具有依赖关系的软件包之后,创建一个用于执行 Nginx 服务程序的账户 www。账户名称可以自定义,但一定别忘记,因为在后续需要调用。

```
cd ..
useradd www -s /sbin/nologin
```

在使用命令编译 Nginx 服务程序时,需要设置特别多的参数,其中,--prefix 参数用于定义服务程序稍后安装到的位置,--user 与--group 参数用于指定执行 Nginx 服务程序的用户名和用户组。在使用参数调用 openssl、zlib、pcre 软件包时,请写出软件源码包的解压路径,而不是程序的安装路径。

```
tar xzvf nginx-1.6.0.tar.gz
cd nginx-1.6.0/
./configure --prefix=/usr/local/nginx --without-http_memcached_module --user=www --group=www --with-http_stub_status_module --with-http_ssl_module --with-http_gzip_static_module --with-openssl=/usr/local/src/openssl-1.0.1h --with-zlib=/usr/local/src/zlib-1.2.8 --with-pcre=/usr/local/src/pcre-8.35
make
make install
```

要想启动 Nginx 服务程序以及将其加入开机启动项中,也需要有脚本文件。可惜的是,在安装完 Nginx 软件包之后默认并没有为用户提供脚本文件,因此笔者给各位读者准备了一份可用的启动脚本文件,读者只需在/etc/rc.d/init.d 目录中创建脚本文件并直接复制下面的脚本内容即可。

【vim /etc/rc.d/init.d/nginx】
```
#!/bin/bash
# nginx - this script starts and stops the nginx daemon
# chkconfig: - 85 15
# description: Nginx is an HTTP(S) server, HTTP(S) reverse \
# proxy and IMAP/POP3 proxy server
# processname: nginx
# config: /etc/nginx/nginx.conf
# config: /usr/local/nginx/conf/nginx.conf
# pidfile: /usr/local/nginx/logs/nginx.pid
# Source function library.
```

```bash
. /etc/rc.d/init.d/functions
# Source networking configuration.
. /etc/sysconfig/network
# Check that networking is up.
[ "$NETWORKING" = "no" ] && exit 0
nginx="/usr/local/nginx/sbin/nginx"
prog=$(basename $nginx)
NGINX_CONF_FILE="/usr/local/nginx/conf/nginx.conf"
[ -f /etc/sysconfig/nginx ] && . /etc/sysconfig/nginx
lockfile=/var/lock/subsys/nginx
make_dirs() {
# make required directories
user='$nginx -V 2>&1 | grep "configure arguments:" | sed 's/[^*]*--user=\([^]*\).*/\1/g' -'
        if [ -z "'grep $user /etc/passwd'" ]; then
                useradd -M -s /bin/nologin $user
        fi
options='$nginx -V 2>&1 | grep 'configure arguments:''
for opt in $options; do
        if [ 'echo $opt | grep '.*-temp-path'' ]; then
                value='echo $opt | cut -d "=" -f 2'
                if [ ! -d "$value" ]; then
                        # echo "creating" $value
                        mkdir -p $value && chown -R $user $value
                fi
        fi
done
}
start() {
[ -x $nginx ] || exit 5
[ -f $NGINX_CONF_FILE ] || exit 6
make_dirs
echo -n $"Starting $prog: "
daemon $nginx -c $NGINX_CONF_FILE
retval=$?
echo
[ $retval -eq 0 ] && touch $lockfile
return $retval
}
stop() {
echo -n $"Stopping $prog: "
killproc $prog -QUIT
retval=$?
echo
[ $retval -eq 0 ] && rm -f $lockfile
return $retval
}
restart() {
# configtest || return $?
stop
sleep 1
```

```
        start
}
reload() {
#configtest || return $?
echo -n $"Reloading $prog: "
killproc $nginx -HUP
RETVAL=$?
echo
}
force_reload() {
restart
}
configtest() {
  $nginx -t -c $NGINX_CONF_FILE
}
rh_status() {
status $prog
}
rh_status_q() {
rh_status >/dev/null 2>&1
}
case "$1" in
start)
        rh_status_q && exit 0
        $1
        ;;
stop)
        rh_status_q || exit 0
        $1
        ;;
restart|configtest)
 $1
 ;;
reload)
        rh_status_q || exit 7
        $1
        ;;
force-reload)
        force_reload
        ;;
status)
        rh_status
        ;;
condrestart|try-restart)
        rh_status_q || exit 0
        ;;
*)
echo $"Usage: $0 {start|stop|status|restart|condrestart|try-restart|reload|force-reload|configtest}"
exit 2
esac
```

保存脚本文件后记得为其赋予 755 权限，以便能够执行这个脚本。然后以绝对路径的方式执行这个脚本，通过 restart 参数重启 Nginx 服务程序，最后再使用 chkconfig 命令将 Nginx 服务程序添加至开机启动项中。大功告成！

```
chmod 755 /etc/rc.d/init.d/nginx
/etc/rc.d/init.d/nginx restart
chkconfig nginx on
```

Nginx 服务程序在启动后就可以在浏览器中输入服务器的 IP 地址来查看到默认网页了。相较于 Apache 服务程序的红色默认页面，Nginx 服务程序的默认页面显得更加简洁，如图 16-2 所示。

图 16-2　Nginx 服务程序的默认页面

16.2.3　配置 PHP 服务

PHP（Hypertext Preprocessor，超文本预处理器）是一种通用的开源脚本语言，发明于 1995 年，它吸取了 C 语言、Java 语言及 Perl 语言的很多优点，具有开源、免费、快捷、跨平台性强、效率高等优良特性，是目前 Web 开发领域最常用的语言之一。

使用源码包的方式编译安装 PHP 语言环境其实并不复杂，难点在于解决 PHP 的程序包和其他软件的依赖关系。为此需要先安装部署将近十个用于搭建网站页面的软件程序包，然后才能正式安装 PHP 程序。

yasm 源码包是一款常见的开源汇编器，其解压、编译、安装过程中生成的输出信息均已省略。

```
cd ..
tar zxvf yasm-1.2.0.tar.gz
cd yasm-1.2.0
./configure
make
make install
```

libmcrypt 源码包是用于加密算法的扩展库程序，其解压、编译、安装过程中生成的输出信息均已省略。

```
cd ..
tar zxvf libmcrypt-2.5.8.tar.gz
cd libmcrypt-2.5.8
./configure
make
make install
```

libvpx 源码包是用于提供视频编码器的服务程序,其解压、编译、安装过程中生成的输出信息均已省略。相信会有很多粗心的读者顺手使用了 tar 命令的 xzvf 参数,但如果仔细观察就会发现 libvpx 源码包的后缀是.tar.bz2,即表示使用 bzip2 格式进行的压缩,因此正确的解压参数应该是 xjvf。

```
cd ..
tar xjvf libvpx-v1.3.0.tar.bz2
cd libvpx-v1.3.0
./configure --prefix=/usr/local/libvpx --enable-shared --enable-vp9
make
make install
```

tiff 源码包是用于提供标签图像文件格式的服务程序,其解压、编译、安装过程中生成的输出信息均已省略。

```
cd ..
tar zxvf tiff-4.0.3.tar.gz
cd tiff-4.0.3
./configure --prefix=/usr/local/tiff --enable-shared
make
make install
```

libpng 源码包是用于提供 png 图片格式支持函数库的服务程序,其解压、编译、安装过程中生成的输出信息均已省略。

```
cd ..
tar zxvf libpng-1.6.12.tar.gz
cd libpng-1.6.12
./configure --prefix=/usr/local/libpng --enable-shared
make
make install
```

freetype 源码包是用于提供字体支持引擎的服务程序,其解压、编译、安装过程中生成的输出信息均已省略。

```
cd ..
tar zxvf freetype-2.5.3.tar.gz
cd freetype-2.5.3
./configure --prefix=/usr/local/freetype -enable-shared
make
make install
```

jpeg 源码包是用于提供 jpeg 图片格式支持函数库的服务程序,其解压、编译、安装过程中生成的输出信息均已省略。

```
cd ..
tar zxvf jpegsrc.v9a.tar.gz
cd jpeg-9a
./configure --prefix=/usr/local/jpeg --enable-shared
make
make install
```

libgd 源码包是用于提供图形处理的服务程序,其解压、编译、安装过程中生成的输出信息均已省略。在编译 libgd 源码包时,请记得写入的是 jpeg、libpng、freetype、tiff、libvpx 等服务程序在系统中的安装路径,即在上面安装过程中使用--prefix 参数指定的目录路径。

```
cd ..
tar zxvf libgd-2.1.0.tar.gz
cd libgd-2.1.0
./configure --prefix=/usr/local/libgd --enable-shared --with-jpeg=/usr/local/jpeg --with-png=/usr/local/libpng --with-freetype=/usr/local/freetype --with-fontconfig=/usr/local/freetype --with-xpm=/usr/ --with-tiff=/usr/local/tiff --with-vpx=/usr/local/libvpx
make
make install
```

t1lib 源码包是用于提供图片生成函数库的服务程序,其解压、编译、安装过程中生成的输出信息均已省略。安装后把/usr/lib64 目录中的函数文件链接到/usr/lib 目录中,以便系统能够顺利调取到函数文件。

```
cd ..
tar zxvf t1lib-5.1.2.tar.gz
cd t1lib-5.1.2
./configure --prefix=/usr/local/t1lib --enable-shared
make
make install
ln -s /usr/lib64/libltdl.so /usr/lib/libltdl.so
cp -frp /usr/lib64/libXpm.so* /usr/lib/
```

此时终于把编译 php 服务源码包的相关软件包都已经安装部署妥当了。在开始编译 php 源码包之前,先定义一个名为 LD_LIBRARY_PATH 的全局环境变量,该环境变量的作用是帮助系统找到指定的动态链接库文件,这些文件是编译 php 服务源码包的必需元素之一。编译 php 服务源码包时,除了定义要安装到的目录以外,还需要依次定义配置 php 服务程序配置文件的保存目录、MySQL 数据库服务程序所在目录、MySQL 数据库服务程序配置文件所在目录,以及 libpng、jpeg、freetype、libvpx、zlib、t1lib 等服务程序的安装目录路径,并通过参数启动 php 服务程序的诸多默认功能。

```
cd ..
tar -zvxf php-5.5.14.tar.gz
cd php-5.5.14
export LD_LIBRARY_PATH=/usr/local/libgd/lib
./configure --prefix=/usr/local/php --with-config-file-path=/usr/local/php/etc --with-mysql=/usr/local/mysql --with-mysqli=/usr/local/mysql/bin/mysql_config --with-mysql-sock=/tmp/mysql.sock --with-pdo-mysql=/usr/local/mysql --with-gd --with-
```

```
png-dir=/usr/local/libpng --with-jpeg-dir=/usr/local/jpeg --with-freetype-dir=
/usr/local/freetype --with-xpm-dir=/usr/ --with-vpx-dir=/usr/local/libvpx/ --with
-zlib-dir=/usr/local/zlib --with-t1lib=/usr/local/t1lib --with-iconv --enable-
libxml --enable-xml --enable-bcmath --enable-shmop --enable-sysvsem --enable-
inline-optimization --enable-opcache --enable-mbregex --enable-fpm --enable-
mbstring --enable-ftp --enable-gd-native-ttf --with-openssl --enable-pcntl --
enable-sockets --with-xmlrpc --enable-zip --enable-soap --without-pear --with-
gettext --enable-session --with-mcrypt --with-curl --enable-ctype
make
make install
```

在 php 源码包程序安装完成后,需要删除当前默认的配置文件,然后将 php 服务程序目录中相应的配置文件复制过来。

```
rm -rf /etc/php.ini
cp php.ini-production /usr/local/php/etc/php.ini
ln -s /usr/local/php/etc/php.ini /etc/php.ini
cp /usr/local/php/etc/php-fpm.conf.default /usr/local/php/etc/php-fpm.conf
ln -s /usr/local/php/etc/php-fpm.conf /etc/php-fpm.conf
```

php-fpm.conf 是 php 服务程序重要的配置文件之一,需要启用该配置文件中第 25 行左右的 pid 文件保存目录,然后分别将第 148 和 149 行的 user 与 group 参数分别修改为 www 账户和用户组名称。

```
vim /usr/local/php/etc/php-fpm.conf
…………省略部分输出信息…………
24 ; Default Value: none
25 pid = run/php-fpm.pid
26
…………省略部分输出信息…………
147 ; will be used.
148 user = www
149 group = www
150
…………省略部分输出信息…………
```

配置妥当后便可把用于管理 php 服务的脚本文件复制到/etc/rc.d/init.d 中了。为了能够执行脚本,请记得为脚本赋予 755 权限。最后把 php-fpm 服务程序加入开机启动项中。

```
cp sapi/fpm/init.d.php-fpm /etc/rc.d/init.d/php-fpm
chmod 755 /etc/rc.d/init.d/php-fpm
chkconfig php-fpm on
```

由于 php 服务程序的配置参数直接会影响到 Web 服务的运行环境,因此,如果默认开启了一些不必要且高危的功能(如允许用户在网页中执行 Linux 命令),则会降低网站被入侵的难度,入侵人员甚至可以拿到整台 Web 服务器的管理权限。因此需要编辑 php.ini 配置文件,在 305 行的 disable_functions 参数后面追加上要禁止的功能。下面的禁用功能名单来源于笔者的经验,不一定适合每个生产环境,建议读者在此基础上根据自身工作需求酌情删减。

```
vim /usr/local/php/etc/php.ini
……………………省略部分输出信息……………………
304 ; http://php.net/disable-functions
305 disable_functions = passthru, exec, system, chroot, scandir, chgrp, chown, shell_exec, proc_
open, proc_get_status, ini_alter, ini_alter, ini_restor e, dl, openlog, syslog, readlink, symlink,
popepassthru, stream_socket_server, escapeshellcmd, dll, popen, disk_free_space, checkdnsrr,
checkdnsrr, g etservbyname, getservbyport, disk_total_space, posix_termid, posix_get_last_
error, posix_getcwd, posix_getegid, posix_geteuid, posix_getgid, posix_getgrgid, posix_
getgrnam, posix_getgroups, posix_getlogin, posix_getpgid, posix_getpgrp, posix_getpid, posix_
getppid, posix_getpwnam, posix_ getpwuid, posix_getrlimit, posix_getsid, posix_getuid, posix_
isatty, posix_kill, posix_mkfifo, posix_setegid, posix_seteuid, posix_setgid, posix_ setpgid,
posix_setsid, posix_setuid, posix_strerror, posix_times, posix_ttyname, posix_uname
306
……………………省略部分输出信息……………………
```

这样就把 php 服务程序配置妥当了。最后，还需要编辑 Nginx 服务程序的主配置文件，把第 2 行的井号（♯）删除，然后在后面写上负责运行 Nginx 服务程序的账户名称和用户组名称；在第 45 行的 index 参数后面写上网站的首页名称。最后是将第 65～71 行参数前的井号（♯）删除来启用参数，主要是修改第 69 行的脚本名称路径参数，其中，$document_root 变量即为网站信息存储的根目录路径，若没有设置该变量，则 Nginx 服务程序无法找到网站信息，因此会提示"404 页面未找到"的报错信息。在确认参数信息填写正确后便可重启 Nginx 服务与 php-fpm 服务。

```
【vim /usr/local/nginx/conf/nginx.conf】
 1
 2 user www www;
 3 worker_processes 1;
 4
……………………省略部分输出信息……………………

 {
 44 root html;
 45 index index.html index.htm index.php;
 46 }
……………………省略部分输出信息……………………
 68 fastcgi_index index.php;
 69 fastcgi_param SCRIPT_FILENAME $document_root$fastcgi_script_name;
 70 include fastcgi_params;
……………………省略部分输出信息……………………
【systemctl restart nginx】
【systemctl restart php-fpm】
```

至此，LNMP 动态网站环境架构的配置实验全部结束。

16.3　搭建 Discuz!论坛

Discuz!论坛程序因其简便、快捷、易使用的特性成为目前使用最多的论坛程序。而通过 Discuz!程序也能快速地搭建出符合自己需求的论坛网站。在搭建 Discuz!论坛时需要根据自己的论坛发展需求选择合适的空间。一般来说,由于论坛的特殊性,在空间的选择上也尽量选择足够大的空间,或者是可以通过购买服务器来保证自己论坛的高可用性。目前,Discuz!是基于 PHP 开发的,所以在空间的选择上选择 PHP 的程序空间加上 MySQL 数据库即可。一般的网站选择 500MB 虚拟空间加 50MB 的数据库即可。但论坛可以考虑 2GB 的空间+200MB 的 MySQL 数据库来完成初步的程序搭建。

Discuz! X3.2 软件包的后缀是.zip 格式,因此应当使用专用的 unzip 命令来进行解压。解压后会在当前目录中出现一个名为 upload 的文件目录,这里面保存的就是 Discuz!论坛的系统程序。把 Nginx 服务程序网站根目录的内容清空后,就可以把这个目录中的文件都复制进去了。记得把 Nginx 服务程序的网站根目录的所有者和所属组修改为本地的 www 用户,并为其赋予 755 权限,以便于能够读、写、执行该论坛系统内的文件。

第 1 步:接受 Discuz!安装向导的许可协议。

在把 Discuz!论坛系统程序(即刚才 upload 目录中的内容)复制到 Nginx 服务网站根目录后便可刷新浏览器页面,这将自动跳转到 Discuz! X3.2 论坛系统的安装界面,此处需单击"我同意"按钮,进入下一步的安装过程中,如图 16-3 所示。

图 16-3 接受 Discuz! X3.2 论坛系统的安装许可

第 2 步:检查 Discuz! X3.2 论坛系统的安装环境及目录权限。

部署的 LNMP 动态网站环境版本和软件都与 Discuz! 论坛的要求相符合,如果图 16-4 中的目录状态为不可写,请自行检查目录的所有者和所属组是否为 www 用户,以及是否对目录设置了 755 权限,然后单击"下一步"按钮。

第 3 步:选择"全新安装 Discuz! X(含 UCenter Server)"。UCenter Server 是站点的管理平台,能够在多个站点之间同步会员账户及密码信息,单击"下一步"按钮,如图 16-5 所示。

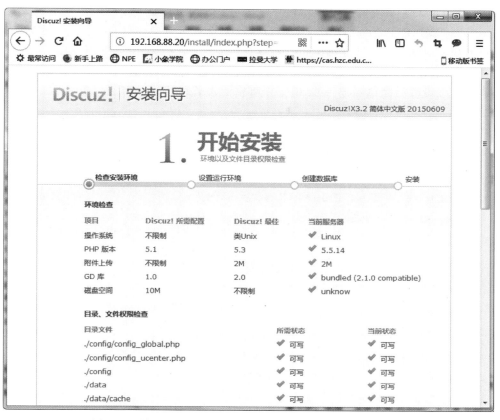

图 16-4　检查 Discuz! X3.2 论坛系统的安装环境及目录权限

图 16-5　选择全新安装 Discuz! 论坛及 UCenter Server

第 4 步：填写服务器的数据库信息与论坛系统管理员信息。网站系统使用由服务器本地（localhost）提供的数据库服务，数据名称与数据表前缀可由用户自行填写，其中，数据库的用户名和密码则为用于登录 MySQL 数据库的信息（以初始化 MySQL 服务程序时填写的信息为准）。论坛系统的管理员账户为今后登录、管理 Discuz! 论坛时使用的账号，其管理员账户可以设置得简单好记一些，但是要将密码设置得尽可能复杂一些。在信息填写正确后单击"下一步"按钮，如图 16-6 所示。

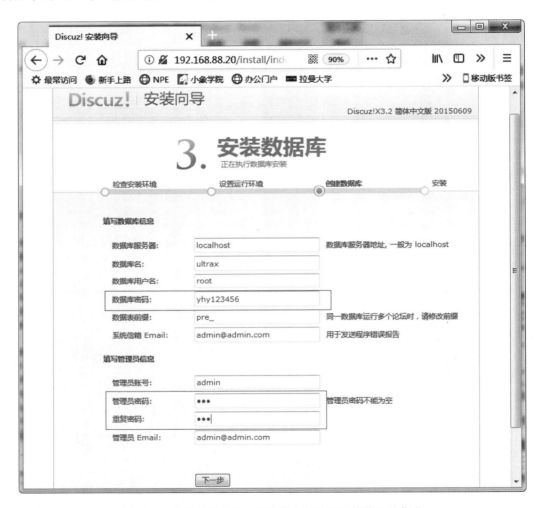

图 16-6　填写服务器的数据库信息与论坛系统管理员信息

第 5 步：等待 Discuz! X3.2 论坛系统安装完毕。这个安装过程是非常快速的，大概只需要 30s 左右，然后就可看到论坛安装完成的欢迎界面了。由于虚拟机主机可能并没有连接到互联网，因此该界面中可能无法正常显示 Discuz! 论坛系统的广告信息。在接入了互联网的服务器上成功安装完 Discuz! X3.2 论坛系统之后，其界面如图 16-7 所示。随后单击"您的论坛已完成安装，点此访问"按钮，即可访问到论坛首页，如图 16-8 所示。

图 16-7　成功安装 Discuz! X3.2 论坛系统后的欢迎界面

图 16-8　Discuz! X3.2 论坛系统的首页界面

习 题

1. LNMP 动态网站部署架构通常包含哪些服务程序？
2. 在 MySQL 数据库服务程序中，/usr/local/mysql 与 /usr/local/mysql/var 目录的作用是什么？

参 考 文 献

[1] 鸟哥. 鸟哥的 Linux 私房菜：服务器架设篇[M]. 3 版. 北京：人民邮电出版社，2012.
[2] 鸟哥. 鸟哥的 Linux 私房菜：基础学习篇[M]. 3 版. 北京：人民邮电出版社，2010.
[3] 张迎春，胡国胜. Linux 服务与安全管理[M]. 北京：电子工业出版社，2014.
[4] 老男孩. 跟老男孩学 Linux 运维——Web 集群实战[M]. 北京：机械工业出版社，2016.

图书资源支持

感谢您一直以来对清华版图书的支持和爱护。为了配合本书的使用，本书提供配套的资源，有需求的读者请扫描下方的"书圈"微信公众号二维码，在图书专区下载，也可以拨打电话或发送电子邮件咨询。

如果您在使用本书的过程中遇到了什么问题，或者有相关图书出版计划，也请您发邮件告诉我们，以便我们更好地为您服务。

我们的联系方式：

地　　址：北京市海淀区双清路学研大厦 A 座 701

邮　　编：100084

电　　话：010-83470236　010-83470237

资源下载：http://www.tup.com.cn

客服邮箱：2301891038@qq.com

QQ：2301891038（请写明您的单位和姓名）

书圈

扫一扫，获取最新目录

课程直播

用微信扫一扫右边的二维码，即可关注清华大学出版社公众号"书圈"。